深圳改革创新丛书·第四辑

杜　玲◎主编

绿色发展理念
与深圳盐田的实践

中国社会科学出版社

图书在版编目（CIP）数据

绿色发展理念与深圳盐田的实践／杜玲主编 . —北京：中国社会科学出版社，2017.5

（深圳改革创新丛书 . 第四辑）

ISBN 978-7-5161-9854-4

Ⅰ.①绿…　Ⅱ.①杜…　Ⅲ.①生态城市—城市建设—研究—深圳　Ⅳ.①X321.653

中国版本图书馆 CIP 数据核字（2017）第 031364 号

出 版 人	赵剑英	
责任编辑	王　茵　马　明	
责任校对	胡新芳	
责任印制	王　超	

出　　版	中国社会科学出版社
社　　址	北京鼓楼西大街甲 158 号
邮　　编	100720
网　　址	http://www.csspw.cn
发 行 部	010-84083685
门 市 部	010-84029450
经　　销	新华书店及其他书店
印　　刷	北京君升印刷有限公司
装　　订	廊坊市广阳区广增装订厂
版　　次	2017 年 5 月第 1 版
印　　次	2017 年 5 月第 1 次印刷
开　　本	710×1000　1/16
印　　张	19
插　　页	2
字　　数	274 千字
定　　价	79.00 元

凡购买中国社会科学出版社图书,如有质量问题请与本社营销中心联系调换

电话:010-84083683

总序：突出改革创新的时代精神

王京生[*]

在人类历史长河中，改革创新是社会发展和历史前进的一种基本方式，是一个国家和民族兴旺发达的决定性因素。古今中外，国运的兴衰、地域的起落，莫不与改革创新息息相关。无论是中国历史上的商鞅变法、王安石变法，还是西方历史上的文艺复兴、宗教改革，这些改革和创新都对当时的政治、经济、社会甚至人类文明产生了深远的影响。但在实际推进中，世界上各个国家和地区的改革创新都不是一帆风顺的，力量的博弈、利益的冲突、思想的碰撞往往伴随改革创新的始终。就当事者而言，对改革创新的正误判断并不像后人在历史分析中提出的因果关系那样确定无疑。因此，透过复杂的枝蔓，洞察必然的主流，坚定必胜的信念，对一个国家和民族的改革创新来说就显得极其重要和难能可贵。

改革创新，是深圳的城市标识，是深圳的生命动力，是深圳迎接挑战、突破困局、实现飞跃的基本途径。不改革创新就无路可走、就无以召唤。30多年来，深圳的使命就是作为改革开放的"试验田"，为改革开放探索道路。改革开放以来，历届市委、市政府以挺立潮头、敢为人先的勇气，进行了一系列大胆的探索、改革和创新，使深圳不仅占得了发展先机，而且获得了强大的发展后劲，为今后的发展奠定了坚实的基础。深圳的每一步发展都源于改革创新的推动；改革创新不仅创造了深圳经济社会和文化发展的奇迹，而且使深圳成为引领全国社会主义现代化建设的"排头兵"。

---

[*] 王京生，现任国务院参事。

从另一个角度来看，改革创新又是深圳矢志不渝、坚定不移的命运抉择。为什么一个最初基本以加工别人产品为生计的特区，变成了一个以高新技术产业安身立命的先锋城市？为什么一个最初大学稀缺、研究院所几乎是零的地方，因自主创新而名扬天下？原因很多，但极为重要的是深圳拥有以移民文化为基础，以制度文化为保障的优良文化生态，拥有崇尚改革创新的城市优良基因。来到这里的很多人，都有对过去的不满和对未来的梦想，他们骨子里流着创新的血液。许多个体汇聚起来，就会形成巨大的创新力量。可以说，深圳是一座以创新为灵魂的城市，正是移民文化造就了这座城市的创新基因。因此，在特区30多年发展历史上，创新无所不在，打破陈规司空见惯。例如，特区初建时缺乏建设资金，就通过改革开放引来了大量外资；发展中遇到瓶颈压力，就向改革创新要空间、要资源、要动力。再比如，深圳作为改革开放的探索者、先行者，在向前迈出的每一步都面临着处于十字路口的选择，不创新不突破就会迷失方向。从特区酝酿时的"建"与"不建"，到特区快速发展中的姓"社"姓"资"，从特区跨越中的"存"与"废"，到新世纪初的"特"与"不特"，每一次挑战都考验着深圳改革开放的成败进退，每一次挑战都把深圳改革创新的招牌擦得更亮。因此，多元包容的现代移民文化和敢闯敢试的城市创新氛围，成就了深圳改革开放以来最为独特的发展优势。

30多年来，深圳正是凭着坚持改革创新的赤胆忠心，在汹涌澎湃的历史潮头上劈波斩浪、勇往直前，经受住了各种风浪的袭扰和摔打，闯过了一个又一个关口，成为锲而不舍地走向社会主义市场经济和中国特色社会主义的"闯将"。从这个意义上说，深圳的价值和生命就是改革创新，改革创新是深圳的根、深圳的魂，铸造了经济特区的品格秉性、价值内涵和运动程式，成为深圳成长和发展的常态。深圳特色的"创新型文化"，让创新成为城市生命力和活力的源泉。

2013年召开的党的十八届三中全会，是我们党在新的历史起点上全面深化改革做出的新的战略决策和重要部署，必将对推动中国特色社会主义事业发展、实现民族伟大复兴的中国梦产生重大而深远的影响。深圳面临着改革创新的新使命和新征程，市委市政府打出全面深化改革组合拳，肩负起全面深化改革的历史重任。

如果说深圳前30年的创新，主要立足于"破"，可以视为打破旧规矩、挣脱旧藩篱，以破为先、破多于立，"摸着石头过河"，勇于冲破计划经济体制等束缚；那么今后深圳的改革创新，更应当着眼于"立"，"立"字为先、立法立规、守法守规，弘扬法治理念，发挥制度优势，通过立规矩、建制度，不断完善社会主义市场经济制度，推动全面深化改革，创造新的竞争优势。特别是在党的十八届三中全会后，深圳明确了以实施"三化一平台"（市场化、法治化、国际化和前海合作区战略平台）重点攻坚来牵引和带动全局改革，推动新时期的全面深化改革，实现重点领域和关键环节的率先突破；强调坚持"质量引领、创新驱动"，聚焦湾区经济，加快转型升级，打造好"深圳质量"，推动深圳在新一轮改革开放中继续干在实处、走在前列，加快建设现代化国际化先进城市。

如今，新时期的全面深化改革既展示了我们的理论自信、制度自信、道路自信，又要求我们承担起巨大的改革勇气、智慧和决心。在新的形势下，深圳如何通过改革创新实现更好更快的发展，继续当好全面深化改革的排头兵，为全国提供更多更有意义的示范和借鉴，为中国特色社会主义事业和实现民族伟大复兴的中国梦做出更大贡献，这是深圳当前和今后一段时期面临的重大理论和现实问题，需要各行业、各领域着眼于深圳全面深化改革的探索和实践，加大理论研究，强化改革思考，总结实践经验，作出科学回答，以进一步加强创新文化建设，唤起全社会推进改革的勇气、弘扬创新的精神和实现梦想的激情，形成深圳率先改革、主动改革的强大理论共识。比如，近些年深圳各行业、各领域应有什么重要的战略调整？各区、各单位在改革创新上取得什么样的成就？这些成就如何在理论上加以总结？形成怎样的制度成果？如何为未来提供一个更为明晰的思路和路径指引？等等，这些颇具现实意义的问题都需要在实践基础上进一步梳理和概括。

为了总结和推广深圳当前的重要改革创新探索成果，深圳社科理论界组织出版了《深圳改革创新丛书》，通过汇集深圳市直部门和各区（新区）、社会各行业和领域推动改革创新探索的最新总结成果，希图助力推动深圳全面深化改革事业的新发展。其编撰要求主要包括：

首先，立足于创新实践。丛书的内容主要着眼于新近的改革思维与创新实践，既突出时代色彩，侧重于眼前的实践、当下的总结，同时也兼顾基于实践的推广性以及对未来的展望与构想。那些已经产生重要影响并广为人知的经验，不再作为深入研究的对象。这并不是说那些历史经验不值得再提，而是说那些经验已经沉淀，已经得到文化形态和实践成果的转化。比如说，某些观念已经转化成某种习惯和城市文化常识，成为深圳城市气质的内容，这些内容就可不必重复阐述。因此，这套丛书更注重的是目前行业一线的创新探索，或者过去未被发现、未充分发掘但有价值的创新实践。

其次，专注于前沿探讨。丛书的选题应当来自改革实践最前沿，不是纯粹的学理探讨。作者并不限于从事社科理论研究的专家学者，还包括各行业、各领域的实际工作者。撰文要求以事实为基础，以改革创新成果为主要内容，以平实说理为叙述风格。丛书的视野甚至还包括为改革创新做出了重要贡献的一些个人，集中展示和汇集他们对于前沿探索的思想创新和理念创新成果。

最后，着眼于解决问题。这套丛书虽然以实践为基础，但应当注重经验的总结和理论的提炼。入选的书稿要有基本的学术要求和深入的理论思考，而非一般性的工作总结、经验汇编和材料汇集。学术研究须强调问题意识。这套丛书的选择要求针对当前面临的较为急迫的现实问题，着眼于那些来自于经济社会发展第一线的群众关心关注或深入贯彻落实科学发展观的瓶颈问题的有效解决。

事实上，古今中外有不少来源于实践的著作，为后世提供着持久的思想能量。撰著《旧时代与大革命》的法国思想家托克维尔，正是基于其深入考察美国的民主制度的实践之后，写成名著《论美国的民主》，这可视为从实践到学术的一个范例。托克维尔不是美国民主制度设计的参与者，而是旁观者，但就是这样一位旁观者，为西方政治思想留下了一份经典文献。马克思的《法兰西内战》，也是一部来源于革命实践的作品，它基于巴黎公社革命的经验，既是那个时代的见证，也是马克思主义的重要文献。这些经典著作都是我们总结和提升实践经验的可资参照的榜样。

那些关注实践的大时代的大著作，至少可以给我们这样的启示：哪怕面对的是具体的问题，也不妨拥有大视野，从具体而微的实践探索中展现宏阔远大的社会背景，并形成进一步推进实践发展的真知灼见。《深圳改革创新丛书》虽然主要还是探讨本市的政治、经济、社会、文化、生态文明建设和党的建设各个方面的实际问题，但其所体现的创新性、先进性与理论性，也能够充分反映深圳的主流价值观和城市文化精神，从而促进形成一种创新的时代气质。

前　言

　　党的十八大报告第一次用整个单篇的篇幅，全面论述了生态文明建设的历史意义和战略地位，并且明确提出了"推进绿色发展、循环发展、低碳发展"的发展思路和"建设美丽中国"的战略构想。

　　"绿色发展"的理念是人类历史发展到一定阶段的必然产物，相对于传统的"黑色"发展理念，这是一种有利于资源节约和环境保护的系统性的新发展理念。进入21世纪以来，"绿色经济""循环经济""低碳经济"等概念更加受到人们的重视并不断付诸实践。"绿色发展"和"建设美丽中国"被写进十八大报告，是我们党对当今世界和当代中国发展大势的深刻把握和自觉认知，是党对中国特色社会主义总体布局认识的又一次深化，它对于中国未来的发展具有极为重要的理论意义和实践意义。

　　盐田是深圳市一个新兴的滨海城区。从1998年3月正式挂牌建区以来，盐田在发展经济的过程中，矢志不渝地推动经济结构的转型，大力促进生态文明建设，坚持走绿色发展的道路，并不断取得新的成果。盐田区曾先后获得华南地区首个"国家生态区"、"国家水土保持生态文明县（区）"和"中国人居环境范例奖"、"中国政府创新最佳实践奖"等多项荣誉称号，并与大鹏新区一起被国家发改委等九部委列为第二批"国家生态文明先行示范区"。

　　党的十八大以来，党中央把生态文明建设摆到了中国特色社会主义"五位一体"总体布局的战略位置，做出了建设美丽中国的重大决策。党的十八届五中全会进一步提出"创新、协调、绿色、开放、共享"五大发展理念。在这几年中，盐田区委、区政府认真落实中央和省、市委关于加强生态文明建设的决策部署，着力建立和完善绿色低碳经济体系，积极推进绿色生产、绿色建筑、绿色生活，不断提升辖区经济发展的绿色含量，在经济总量持续增长的基础上，万元 GDP 能耗和水耗持续大幅下降，盐田辖区空气质量稳定地保持全国城市最优的水平。2015 年，盐田区各项环境指标均名列全市前茅。其中，全区空气优良率为 97.5%，PM2.5 年均浓度为 25 微克/立方米，达到欧盟标准；盐田河全段水质达到 III 类，近海域水质稳定保持在二类标准以上。2016 年第一季度全区环境质量进一步提升，各环境要素指标再次刷新最高纪录，全区空气优良率 98.9%，PM2.5 浓度为 24 微克/立方米，盐田河全河段水质达到 II 类，近海域水质达一类海水标准。盐田正在向建设美丽中国的典范城区大步迈进。

盐田在发展绿色经济、全面推进生态文明建设方面所取得优异成绩的根本原因，就在于准确把握好了生态文明建设的五个关键词，即制度、绿色、人居、持续、文化。

"制度"是保障。保护生态环境、坚持绿色发展必须依靠制度，关键在于把资源消耗、环境损害、生态效益纳入经济社会发展评价体系，建立体现生态文明要求的目标体系、考核办法、奖惩机制。盐田区高度重视制度在推进绿色发展中的保障作用，狠抓实推生态制度改革。在这方面，盐田一方面注重确定发展绿色经济、建设生态文明的总体目标，并专门邀请中国工程院专家为盐田的生态文明建设出谋献策，在广泛征求社会各界意见的基础上，在全市率先提出建设国家生态文明示范区的目标，以此带动产业低碳发展，促进民生福利改善，提升居民文明素质，优化城区生态环境，实现经济社会发展全面提升。另一方面又加强组织保障。建立并完善生态文明建设的组织机构和人员配置，保证各项生态制度能贯彻执行。全面铺开生态建设总体规划编制工作，统筹推进全区生态文明建设。将全区生态文明建设工作细化量化，层层分解、落实到人。大力加强财政资金投入，近几年，全区下达生态文明建设类投资项目占政府投资比例始终稳定在 45%以上。同时，盐田还着力创新生态制度。

一是探索构建符合盐田区情的 GEP（生态系统生产总值）核算体系，转变唯 GDP 的政绩观，逐步将 GEP 纳入政绩考核体系，充分调动各级各部门参与发展绿色经济、建设生态文明的积极性。二是健全环境信息公开机制，率先建设国内领先的环境监测监控系统，将环境评价审批、重点污染源监管信息等纳入公开范围，切实保障公众环境知情权。

"绿色"是基础，也是本书的主题之所在。党的十八大明确提出将生态文明建设写入党章，将"美丽中国"作为社会主义现代化建设的目标，体现了我们党和国家对于生态文明的高度重视，但是如何建设生态文明，如何达到生态文明，则需要我们通过走绿色发展的道路来实现。因此，可以说"绿色"是生态文明建设的基础。在实践中，盐田紧紧把握绿色生态经济的本质要求，树立"以质取胜"的发展理念，结合本土优势，着力推进港口物流、休闲旅游和生物科技产业发展，加快产业转型升级，构建高质量、低消耗、可持续的现代产业体系。第一，是加速绿色港口建设。推进装卸及拖运设备绿色升级。完成港口龙门吊"油改电"、拖车设备更换为 LNG 型，港区内外建设加气站，从硬件方面降耗节能，建设信息化物流服务中心，从软件方面提升运营管理效率，双管齐下打造盐田绿色大港。第二，是树立生态旅游品牌。打造"节能景区"，对辖区内景区实施生态节能改造，实现成本节约提升经营效益，推动梧桐山风景区、三洲田风景区、东部华侨城景区在交通体系、生态环境、景观功能等方面的有机整合，塑造盐田绿色生态旅游品牌形象。第三，是研发创新生物科技。鼓励生物科技龙头企业整合行业资源，扩大企业规模，增强企业实力，重点支持合同研发和委托制造服务产业的发展，鼓励企业承接国内外生物产业服务外包，努力培育生物产业延伸服务。培育政府—企业—高等院校—科研机构—资本协同发展的创新模式，提升经济的绿色含量。

"人居"是核心。发展绿色经济、建设生态文明的核心在于优化人居环境，协调人与自然的关系，力求达到天人和谐的境地。在这方面，盐田一方面大力推动绿色建筑发展。制定《盐田区绿色建筑发展激励和专项扶持办法（试行）》，新建项目通过规划、施工许可、环评三道程序保障100%按绿色建筑设计。另一方面，又建成了国际一流绿色慢行系统。在全区率先建成由省立绿道、城市绿道、社区绿道、海滨栈道与公共交通、自行车与步行交通慢行系统相互贯通、无缝衔接的绿色交通出行链，初步形成国际一流、兼具滨海和山林特色的绿色慢行系统。同时，还着力推进生态示范区的创建工作。全区省级宜居社区申报率100%，16个社区获评广东省宜居社区，建成率89%。在全市率先开展全区范围内老旧小区优质饮用水入户管网改造，改造后居民用户优质饮用水达标率≥95%。辖区污水处理率稳定在96%以上，稳定保持发达国家的污水处理水平。

"持续"是前提。发展绿色经济、全面推进生态文明建设需要付出多方面的艰巨努力，不是一蹴而成的事情。特别是在维护生态环境方面，既要治理好污染，又要恢复生态系统的物种多样性和承载力，其成效很难在短时期内就显示出来，需要历届党委、政府班子的不懈追求。可喜的是，盐田自建区开始，就始终把保护好生态环境作为经济社会发展中的一项极为重要的任务，切实抓紧、抓好。多年来，盐田区在深刻理解生态系统与经济系统关系的基础上，首先就是开展生态保护和污染治理行动，将全区陆域和近岸海域划分为重点保护区、控制开发区和优化开发区，区别开发和保护。其次，是严格保护重点保护区。重点保护区为担负资源保护和生态稳定性维护功能的区域，包括生物多样性功能保护区、饮用水源地、生态廊道、关键生态节点等，为严格保护区域。区内除重大道路交通设施、市政公用设施、旅游设施、公园等建设项目外，禁止任何开发建设活动。同时，适度开发控制开发区。控制开发区即对区域生态功能的完善、城市居民生活、休闲娱乐具有重要作用的区域，包括海岸带防护区、生态旅游区等。优先发展环境友好型产业，限制不符合生态要求产业的发展，控制土地开发规模和开发强度。另外，还科学优化开发区，以满足城市人居发展需求。在现有建成区内，着重调整产业结构和工业布局，优化城镇的空间布局，增加绿地面积，解决水资源的供给、水污染、大气污染、固废污染等环境问题，创造良好的人居环境。这些工作均经过多年的努力，目前都取得了比较明显的成效。

"文化"是内核。坚持绿色发展、建设生态文明是一项系统工程，需要有相应的绿色生态文化的支撑力。绿色生态文化是生态文明的灵魂，当低碳环保的理念深入人心，绿色生活方式成为习惯，生态文明建设就有了内核。为此，盐田一方面创新绿色生态文明宣传。举办盐田区环保达人评选活动，在全社会大力宣传绿色发展、低碳生活、绿色消费的生态文明新风尚，鼓励企业产品参加绿色产品标志认证，政府带头优先采购获得环保认证的生态产品（服务）。另一方面又大力倡导绿色生活消费方式。方便快捷的公共自行车慢行交通系统已成为辖区居民出行首选，主动帮助酒店办理绿动自行车卡，让游客参与盐田区"绿色出行，减少污染"的行动。同时，还强化生态文明共建共享，制定《盐田区生态文明企业规范具体认定标准》和《盐田区生态企业规范及员工文明行为守则》，积极引导企业参与生态文化建设，使辖区内学校、社区、酒店、街道100%建成市级以上绿色单位。

盐田之所以能在坚持绿色发展、建设美好城区方面取得显著成绩，关键就在于深刻理解了"五位一体"发展方略的丰富内涵，正确把握了其内在逻辑，即以经济发展为生态文明建设注入动力，以政治建设为生态文明提供制度保障，以社会建设夯实生态文明建设群众基础，以文化建设涵养生态文明的正确观念和良好氛围，同时，又以生态文明建设倒逼产业转型升级，激发管理制度变革，推动社会治理创新。

以科学政绩观为引领，明确生态文明建设路径，树立以绿色发展为导向的政绩观，促进经济社会与生态文明建设的协调、持续发展。2012年以来，盐田区生产总值连续两年增速保持在10%以上，全区万元GDP能耗逐年下降比例保持在4.4%。2015年盐田区万元GDP能耗为0.261吨标准煤，完成"十二五"节能目标的102.01%，进度目标在全市各区中位居前列。在深圳市政府对区级政府节能目标责任考核评价中，盐田在全市十个区中综合排名第一，也是全市唯一一个连续5年位居前两名的区。事实证明，盐田区紧紧抓住生态着力点和文明着眼点，全面建设全国生态文明示范区，走出了一条生产发展、生活富裕、生态良好的可持续发展示范性道路。

以机制创新为驱动，形成发展绿色经济、建设生态文明的示范作用。盐田注重转变唯 GDP 的政绩观，不断改革和深化政绩考评标准，在深圳市范围内首次探索构建符合盐田区情的 GEP 绿色核算体系，试行领导干部自然资源资产离任审计，强化体制机制保障。量化评估盐田区自然生态系统价值，以科学反映盐田生态文明建设与发展状况。

以社会治理为契机，构建发展绿色经济、建设生态文明的共治格局。只有政府、企业、公众的共同参与，才能推动生态文明建设的可持续发展。盐田不断创新参与制度建设，积极引导辖区居民、企业和社会组织共同参与发展绿色经济、建设生态文明的事业当中来，构建了社区、社会组织和专业社工"三社互动"工作格局，促进绿色生态文明的自觉养成。

以民生需求为导向，增强发展绿色经济、建设生态文明的福利效应。生态文明建设要赢得最为广泛的民意支持，必须让民众在建设中获得实惠。盐田始终将群众需求作为工作导向，将发展绿色经济、建设生态文明作为民心工程、民生工程来抓，不断提升全区各环境要素质量，让市民群众享受深圳最好的生态福利。因此，盐田市民除享受到国内一流的空气质量外，水环境状况也令人满意。全区实现雨污分流的排水小区覆盖率达 72%，达到国内一流水平，2015 年全区城市生活污水集中处理率稳定在 98% 以上，近岸海域水质首次达到二类水标准以上，盐田河继续保持为全市水质最好的河流，是全市唯一无黑臭水体的行政区。

以重点突破为手段，提升发展绿色经济、建设生态文明的实效。发展绿色经济、建设生态文明要结合本地实际，因地制宜，突出重点，讲究实效。盐田优先选择对经济社会发展、区域环境改善、生态制度和生态文化建设有重大影响的重点领域和区域为突破口，积极实施绿道网络和公共自行车建设、优质饮用水入户工程、垃圾减量分类、环境在线监测监控系统等具有突出特色的绿色生态建设示范带动项目，让广大居民和游客享受到更蓝的天、更绿的地、更洁净的水和更清新的空气。

　　总之，盐田的实践充分证明，党中央提出的"创新、协调、绿色、开放、共享"五大发展理念是完全正确的，只要我们坚定不移地走绿色发展之路，全面推进生态文明建设，美丽中国的奋斗目标就一定能够早日实现。

目　录

第一章

绿色发展理念与建设美丽中国战略构想

十八届五中全会提出，要坚持绿色发展，坚持节约资源和保护环境的基本国策，坚持可持续发展，坚定走生产发展、生活富裕、生态良好的文明发展道路，加快建设资源节约型、环境友好型社会，形成人与自然和谐发展现代化建设新格局，推进美丽中国建设，为全球生态安全做出新贡献。十八届五中全会首次把"绿色"作为"十三五"规划五大发展理念之一，将生态环境质量总体改善列入全面建成小康社会的新目标，这既与党的十八大将生态文明纳入"五位一体"总体布局一脉相承，也标志着将生态文明建设提高到一个新的高度，表明未来中国的经济社会将通过绿色发展理念的引领，走上可持续发展的康庄大道。

第一节　绿色发展是人类的共同愿景

环境污染、生态破坏、资源能源日趋匮乏，这是人类社会所面临的严峻挑战。为了解决这些全球性的社会问题，如何加快发展模式的转型，实现人类社会的可持续发展，早已引起了人们的广泛关注和深刻反思。为此，绿色发展模式便应运而生，这一模式要求把经济发展与降低资源消耗、减少污染物的排放、保护好生态环境有机地结合起来。绿色发展可以从源头上减少资源消耗、消除环境污染，具有巨大的经济效益和社会效益，因而成为了人类社会发展的共同愿景。

一　绿色发展的基本含义

绿色发展是一种新型的发展理念和发展模式，它是指在生态环境容量和资源承载能力的制约下，通过合理利用资源、减少对环境的破坏，从而达到保护自然环境和实现经济社会可持续发展的统一。作为一种发展模式，保护环境、维系生态平衡是其内在的本质要求，实现经济、政治、社会和生态环境可持续的协调发展是其根本目的。因此，绿色发展已成为当今世界一个重要的发展模式，不少国家都在这一理念的指引下，把奉行绿色发展作为推动本国经济社会发展的重要举措和基本国策。

必须指出的是，绿色发展的"绿色"，不是指一般语言和感官意义上的颜色，也不是仅仅是指存在于自然界的绿色植物。绿色在人类文明史上有着广泛的代表意义，绿色代表着生命的原色，它可以是和平、生命、健康、安全的象征，圣经故事中就曾用它作为大地复苏的标志。绿色对于人类来说最重要的象征意义就是希望，因此对于绿色的理解应该是生机勃勃、欣欣向荣的含义，绿色发展理所当然地成为了现代人类文明的重要标志。

1989年，英国环境经济学家大卫·皮尔斯等人撰写的"绿色经济蓝皮书"丛书出版，首次提出了"绿色经济"的发展蓝图。尽管他对"绿色经济"的定义并非完全等同于今天所讲的"绿色发展"理念，但"绿色经济"的新观念一提出，就在全世界引起强烈反响。随着对这一问题的理论研究不断深入和实践发展，今日的绿色发展理念已经不局限于经济发展领域，而且扩展到了经济、社会、政治、文化等诸多方面。

从经济方面来讲，绿色发展就是指在经济发展过程中，必须依靠科技创新，通过合理利用自然资源、防止和减少对环境的破坏、保持生态平衡，协调好人与自然环境的关系，从而实现经济发展和环境保护的统一。人类社会自从工业革命之后，地球环境因为煤炭、石油等化石能源的大量开采，森林植被遭到大面积的破坏，其面貌特征也从传统的绿色逐渐变成了黑色。随着大气、土壤、水被严重污染，温室效应加剧，臭氧层变薄，严重的淡水资源短缺，土地被侵蚀和荒漠化，全球性的环境污染正严重地威胁着人类自身的生存。美国著名社会学家、未来学家阿尔温·托夫勒认为："可以毫不夸张地说，从来没有任何一个文明，能够创造出这种手段，能够不仅摧毁一个城市，而且可以毁灭整个地球。从来没有整个海洋面临中毒的问题。由于人类贪婪或疏忽，整个空间可能突然一夜之间从地球上消失。从未有开采矿山如此凶猛，挖得大地满目疮痍。从未有过让头发喷雾剂使臭氧层消耗殆尽，还有热污染造成对全球气候的威胁。"① 这就表明：我们一方面不顾一切地运用现代科学技术，力图取得更辉煌的成就；另一方面却又不得不面对日益严峻的生态环境问题，这是工业文明内在形成的、自身无法解决的矛盾。因此，面对日益严重的全球环境和生态问题，由传统经济发展模式向绿色发展的转型已经刻不容缓。

绿色经济发展是发展模式的全方位转变，它要求所有的经济活动都必须尽可能地产生环境效益和经济效益，任何经济行为都必须以保护环境和生态健康为基本前提。这是因为，人类的发展一方面必须利用绿色环境所提供的各种自然资源，另一方面绿色环境又是人与自然保持和谐、人类文明得以延续的保证，是社会可持续发展的必要条件。

因此，绿色经济发展不仅是指具体的企业行为和单独的产业活动必须符合环保要求，而是必须将非环保型的传统经济体系转变为环保型的现代经济体系，以实现人与环境和谐友好的良性循环。绿色经济发展的重点是环保，为了实现经济发展的绿色性，不但应该放弃以环境换效益的经济活动，同时还必须着眼于从保护环境的活动中获取经济效益。比如对污染排放物的综合利用，对新能源的开发推广，对绿色食品、绿色建筑等产品的研发，都可以形成新的经济增长点。

应该说，绿色发展模式与保护生态环境理念是一脉相承的。但是作为一种发展模式，绿色发展比过去人们所说的保护生态环境具

---

① ［美］阿尔温·托夫勒：《第三次浪潮》，生活·读书·新知三联书店1984年版，第187页。

有更加深刻的含义，具体来讲它可以从三个方面拓展人们的认识：[①]

第一，从绿色发展的思想基础来看，生态文明并不一般地等同于环境治理，而是资源环境保护与经济社会发展的整合。传统的经济增长论强调了经济增长的重要性而忽视了对生态环境的破坏，而传统的环境主义者则过于强调经济增长对环境的负面影响。绿色发展就是要摈弃这两种极端的倾向，更多地强调经济的绿色化和绿色的经济化，强调投资于资源节约和环境保护对于经济社会发展的积极意义。如果中国以前那种以 GDP 为导向的经济增长是前者，那么现在的问题更多是表现在简单地把生态文明等同于环境保护，而不是强调经济增长和发展模式本身的绿色变革。例如，经济相对不发达的地区喜欢自称是生态文明好的地区，但实际上，从绿色经济的视角衡量发达地区，应该看经济社会发展是否实现了资源环境友好型；而衡量发展中地区，则应该看生态环境是否促进了经济社会发展。中国将生态文明融入发展领域，就应该超越就环境论环境的旧观点，而关注三个重要的绿色行动领域：一是融入新型城市化，建设生态型城市；二是融入工业化转型，发展绿色产业；三是融入现代化生活，倡导可持续消费。

第二，从绿色发展模式特点来看，生态文明建设不是简单地局限于环境污染的末端治理，而是强调源头导向和全生命周期的物质流和能源流控制。一般来说，任何物质生产活动都包括原材料开采、制造加工、物流配送、商业零售、消费使用以及消费后处理六个环节。基于绿色发展视野下的生态文明建设，就需要关注整个生产过程，要发现其中最主要的消耗资源和污染环境的环节，有针对性地进行攻克，而不是单纯地放在末端环节进行事后处理。要强调高收益低成本的源头创新，而不是高成本低收益的末端治理。绿色发展必须依靠循环经济和低碳经济的发展，循环经济是指在人、自然资源和科学技术的大系统内，在资源投入、企业生产、产品消费及其废弃的全过程中，把传统的依赖资源消耗的线形增长的经济，转变

---

① 以下三个观点主要参考资料为：诸大健等：《走向美丽中国——生态文明与绿色发展》序，上海人民出版社 2015 年版，第 2—4 页。

为依靠生态型资源循环来发展的经济；低碳经济强调的是通过技术创新、制度创新、产业转型、新能源开发等多种手段，提高工业、交通、建筑部门的能源效率，尽可能地减少高碳能源消耗，减少温室气体排放，这些都具有高于单纯污染治理的绿色转型意义。

第三，从绿色发展的具体途径来看，建设生态文明不仅是资源环保部门的工作，更需要多部门的协同合作和全社会的共同参与。在环境治理的目标和手段上，当前政府管理体制机制还存在着冲突，因此需要将政府管理从碎片化转向整合化。一是要实现政府机关目标的相互协调。在不同目标的部门之间，例如发展部门与环保部门，需要在生态文明与经济发展之间寻找到平衡点。二是要实现政府管理手段的相互增强。政府的管理手段通常包含规制、市场、公众参与三种方式，不同手段之间应该相互支撑。生态文明建设对政府机关的内部合作，对政府与企业、政府与社会间的合作，都有着很高的合作治理要求，因此有必要进行三个向度的改革。在纵向关系上，应该强调生态文明建设在责任上的准确定位，中央政府应侧重在宏观上强化绿色发展的顶层设计，地方政府则需要在微观上摆脱唯GDP增长论转向绿色发展。在横向关系上，应该强调将生态文明建设的环节合并，并与加强相应的平台建设结合起来。要在政府各个部门之间，做好生态文明的协同管理，而不是陷于九龙治水、各自为政的状况。同时，政府还要能够理智地接受利益相关者的外部压力，在企业组织和社会组织之间也要有积极的参与和相互间的合作。

由此可见，绿色发展是以生态文明为价值取向，以人与自然和谐发展为根本目标，具有鲜明时代特色和强烈现实意义。大力推动绿色发展，是经济发展模式的重大转变，既可以达到保护生态环境的目标，也可以促成生态资本的增殖从而促进经济可持续发展，实现生态环境和经济发展良性互动。绿色发展不仅是生态文明时代全新的经济形态与发展模式，也是建设"美丽中国"的最佳经济形态与发展模式。

事实上，在全球绿色发展战略中，中国处于重要的地位，而且发挥了越来越大的作用。在2016年7月生态文明贵阳国际论坛召开之际，联合国秘书长潘基文专门发来视频贺信说："去年国际上达成

了两项历史性的协定，2030 年可持续发展议程和有关气候变化的
《巴黎协定》，中国在确保协定达成方面展现出强有力的领导力，并
且中国已经将这些协定纳入国家政策中，我为此深感鼓舞。我也欣
赏中国作出的承诺，扩大国际合作以确保所有国家实现可持续发展
目标。联合国期待继续与中国合作，为我们共同的未来建立一条以
人为本的绿色环保道路。"国家发展和改革委员会副主任张勇在会上
表示，中国把绿色发展作为"十三五"时期重要指引，发改委将会
同有关部门扎实做好生态文明建设。要积极实施主题功能战略，优
化国土空间开发格局，调整产业结构和能源结构，大力发展节能环
保等绿色产业，强化资源节约高效利用，不断壮大循环经济规模，
加强污染治理和生态修复，积极应对全球气候变化。同时要加快推
进生态文明体制改革和制度的建设，努力营造良好的社会氛围。①

二　马克思主义的绿色发展观

　　早在 19 世纪中叶，马克思、恩格斯就已经觉察到了资本主义生
产方式所带来的经济危机与生态危机。他们虽然未能提出绿色发展
这一概念，但在他们的哲学思想与经济学理论中已蕴含着深刻的绿
色发展理念。

　　自然环境是制约着人自身生存和发展的重要因素，这是理解人
类必须与自然界和谐相处的关键。恩格斯在深入研究了许多材料后，
对自然界存在和发展的规律做了深入阐述。他认为自然界的事物是
相互联系、相互作用的，自然界的变化也就是人类的进化历程。恩
格斯充分肯定了工具的发明意味着人能够对自然界进行改造，但是
他强调这并不表明人类就可以对自然界为所欲为进行征服，他告诫
人们："我们每走一步都要记住：我们统治自然界，决不像征服者统
治异族人那样，决不是像站在自然界之外的人似的，——相反地，
我们连同我们的肉、血和头脑都是属于自然界和存在于自然界之中
的。"②

---

① 《绿色发展，人类共同的事业》，《经济日报》2016 年 7 月 10 日。
② 《马克思恩格斯全集》第 4 卷，人民出版社 1995 年版，第 383 页。

在马克思、恩格斯看来，人与自然界具有高度的同一性。自然界孕育了人类，人类在改变着自然界的面貌，但并不能认为人类就能摆脱自然界而存在。恰恰相反，自然界永远都是人类赖以生存的基础。人类肉体所需的生活资料来源于自然界，并且也为劳动提供着生产资料，人类生活的土地和人为了发展而实践的环境都是自然界的一部分。因此，马克思形象地指出，"自然界，就它本身不是人的身体而言，是人的无机的身体，人靠自然界生活。这就是说，自然界是人为了不致死亡而必须与之不断交往的、人的身体。所谓人的肉体生活和精神生活同自然界相联系，也就等于说自然界同自身联系，因为人是自然界的一部分"①。虽然马克思、恩格斯当时关注的重点是人类社会制度的变革，还未来得及对人类未来的经济发展模式展开详细的论述，但是我们仍然可以从他们对资本主义制度的批判中发现一系列具有启发性的绿色发展理念。在这里我们首先需要关注的就是，人类对自然界的改造应该遵循客观规律，必须减少对资源的消耗和对自然生态的破坏。恩格斯指出："我们不要过分陶醉于我们对自然界的胜利。对于每一次这样的胜利，自然界都报复了我们。每一次胜利，在第一步确实取得了我们预期的结果，但是在第二步和第三步却有了完全不同的、出乎意料的影响，常常把第一步的结果又取消了。"为了进一步说明这个道理，恩格斯还举例说"美索不达米亚、希腊、小亚细亚以及其他各地的居民，为了想得到耕地，把森林都砍完了，但是他们梦想不到，这些地方今天竟因此成为荒芜不毛之地，因为他们使这些地方失去了森林，也失去了积聚和贮存水分的中心。阿尔卑斯山的意大利人，在山南坡砍光了在北坡被十分细心地保护的松林，他们没有预料到，这样一来，他们把他们区域里的高山畜牧业的基础给摧毁了；他们更没有预料到，他们这样做，竟使山泉在一年中的大部分时间内枯竭了，而在雨季又使更加凶猛的洪水倾泻到平原上。在欧洲传播栽种马铃薯的人，并不知道他们也把瘰疬症和多粉的块根一起传播过来了"②。这些极

---

① 《马克思恩格斯全集》第42卷，人民出版社1979年版，第95页。
② 《马克思恩格斯选集》第3卷，人民出版社1972年版，第517—518页。

为精辟的论述，不但是对自然界曾经报复人类的真实写照，也是强烈警示人们不能重蹈历史覆辙。而要避免重蹈历史的覆辙，人类就必须尽可能减少对大自然的索取和破坏，努力与自然和谐相处。

其次，应当重视经济的永续发展和废物的充分利用，这是马克思恩格斯学说中最具有绿色发展理念的重要观点。马克思把排泄的物质按来源的不同划分为消费排泄物与生产排泄物，生产排泄物是指工业生产与农业生产遗留下来的废弃物，而消费排泄物则是指部分消费品消费后残留下来的物质和人类新陈代谢的排泄物。马克思认为生产排泄物是可以重复使用的，"产品的废料，例如飞花等等，可当作肥料归还给土地，或者可当作原料用于其他生产部门；例如破碎麻布可用来造纸"。"在制造机车时，每天都有成车皮的铁屑剩下。把铁屑收集起来，再卖给（或赊给）那个向机车制造厂主提供主要原料的制铁厂主。制铁厂主把这些铁屑重新制成块状，在它们上面加进新的劳动……这样这些铁屑往返于这两个工厂之间，——当然，不会是同一些铁屑，但总是一定量的铁屑。"① 在他看来，每一种物质都有多种属性，因而具有不同使用价值，生产中的废弃物经过转化，能循环再利用而变为新的原材料，只是需要经过一系列的转化。这实际上就是一种可持续发展的经济生态思想，既可以在生产过程中减少浪费，在可变资本固定的条件下，通过减少不变资本中相应的消费部分来提高利润率；又可减少自然资源的消耗，起到对自然生态的保护作用。

关于消费排泄物的利用问题，马克思认为应该在农村和城市直接建立合理的物质能量闭路可持续循环生态系统。在城市，消费排泄物是难以处理，并且严重污染环境的废物。但是在农村，这种消费排泄物却具有很好的利用价值，它可以作为肥料来提高农产品的产量。但是，恩格斯也注意到这些消费排泄物的利用在城市和农村却出现了"一个无法弥补的断裂"，结果这些本来可以充分利用的消费排泄物却成为污染物，严重破坏了人类赖以生存的自然环境。马克思认为出现这种问题的根本原因是资本主义社会固有的矛盾所导

---

① 《马克思恩格斯全集》第26卷，人民出版社1974年版，第134、138页。

致，工业化的大生产需要大量的劳动力，但是随着大量农村劳动力涌入城市，而城市中的生活基础设施却无法满足人口增加的需要，于是便造成了消费排泄物不能及时有效处理的严重问题。这样一来城市的消费排泄物既造成了城市生态环境的污染，同时也使得这种排泄物不能有效地进入农田循环利用，而农田为了保持肥力又不断加大对化肥的使用，又造成土地化学污染。所以恩格斯指出，要想改变资本主义社会这样一种恶性循环的状况，就必须弥补城市与农村之间消费排泄物循环的断裂，才能使城市工人的生存生态环境得到修复，农业土地的肥力得到提升。

　　值得指出的是，在论述如何寻找将排泄物变废为宝的途径时，除了诉诸社会制度的变革之外，马克思还极为重视科学技术的作用。马克思指出："要探索整个自然界，以便发现物的新的有用属性……因此，要把自然科学发展到它的顶点。"① 他还认为，"机器的改良，使那些在原有形式上本来不能利用的物质，获得一种在新的生产中可以利用的形式；科学的进步，特别是化学的进步，发现了那些废物的有用性质"②。在马克思看来，只有实现科学技术的极大进步，才能发现自然物对于人类而言的有用属性，并加以充分的利用，实现生产发展与环境保护两者有机的结合。这样才能减少环境的污染，同时也能促进人的解放，最终实现人与自然的和谐统一。马克思高度肯定科学技术进步所带来的对自然资源的合理利用，对于我们解决环境污染问题具有重要启示作用。我们应该全面贯彻落实科学发展观，依靠科学技术的进步，以最新的科研成果来为环境保护提供强有力的技术手段，努力形成节约能源和保护生态环境的产业结构，使可再生能源比重显著上升，主要污染物排放得到有效控制，生态环境得到显著改善。

　　简而言之，马克思恩格斯这些生态思想已经明确地告诉人们，人类通过什么途径来发展经济是关系到自身命运的大问题，这个问题的解决关键就是要在发展过程中更好地尊重自然界和人类社会发

---

　　① 转引自解保军《马克思科学技术观的生态维度》，《马克思主义与现实》2007 年第 2 期。

　　② 马克思：《资本论》第 3 卷，人民出版社 2004 年版，第 115 页。

展的客观规律，要大力减少对城市和农村的双重污染，要努力用先进的科学技术来发现自然物的各种有用属性，实现对自然物的充分利用，从而节约宝贵的自然资源，减少对环境的破坏，实现人与自然的和谐相处和经济社会的可持续发展。这一切对我们今天大力提倡走绿色发展道路都具有深刻的启示作用。

三　当代西方绿色经济思想与联合国可持续发展议题

自从西方进入工业社会以来，随着生态环境的显著恶化，不少西方学者很早就开始思考如何解决人类社会与自然界的紧张对立关系问题。英国经济学家马尔萨斯在他的"人口理论"中就曾指出，人口数量的增长不能超过食物数量的增长，否则人口、土地和粮食之间的不均衡矛盾将成为未来人类社会的主要矛盾，他还以此作为基础提出了"资源绝对稀缺论"，认为人们不可能无条件地获取满足生存需要的物质资料，要有效率地使用社会资源以满足人们的需要。而且他还认为人口是按几何级数增长，而生活资料只能按算术级数增长，所以不可避免地要导致饥馑、战争和疾病。虽然这种观点早已被历史证明是错误的，但他所指出的由于土地生产力与人口增殖之间的不平衡所带来的"资源绝对稀缺"论，对于今天人们更好地理解绿色发展的历史必然性，应该说还是有一定的参考价值。英国经济学和哲学家约翰·穆勒对自然环境与人口的关系、自然环境与财富的关系也做了深入的研究，他认为自然资源是相对稀缺，而且相信人类具有克服资源相对稀缺的能力，但他并不赞同应用这种能力去征服自然，开发利用所有资源以供人类消费。他认为自然环境、人口和财富应保持在一个静止稳定的水平，而这一水平要远离自然资源的极限水平，以防止出现食物缺乏和自然美的大量消失。由此，穆勒提出了"静态经济"理论，这一理论认为资本的扩张和土地的不足是对生产的最大限制，必须把自然环境和人口、财富维持在一个稳定和谐的范围内。

进入 20 世纪之后，伴随着工业文明的迅猛发展，环境污染越来越成为困扰西方发达国家的严重社会问题，一些西方学者便开始对经济发展与保护环境的问题进行一系列的反思和研究。1962 年，美国海洋生物学家雷切尔·卡逊发表了《寂静的春天》一书，书中详细地论述由于滥用杀虫剂而对环境造成了广泛破坏。从 20 世纪 40 年代开始，许多国家对 DDT 的使用量不断增加，人们也把 DDT 作为减少或消除虫害的突破性成果。这种由德国人在 1874 年发明的价格便宜的农药非常有效，能够杀灭蚊子、科罗拉多甲虫等多种害虫。但是，当 1955 年卡逊读到有关 DDT 的最新研究成果后，她就确信 DDT 对整个生态网造成的危害被人们忽视得太久了。卡逊第一次从人与自然关系的角度，揭露了科学技术发展给人类带来进步的同时也带来了始料未及的负面影响，该书的出版，普遍认为是人类生态意识觉醒的标志，它对于人们抛弃传统的经济发展模式具有强烈的警示作用。

1972 年，由美国学者丹尼斯·米都斯等联合撰写的《增长的极限》一书正式出版，这也是罗马俱乐部①向国际社会提交的第一个报告。该书认为增长是存在着极限的，这主要是由于地球的有限性。研究者发现，全球系统中的五个因子是按照不同的方式发展的，人口、经济是按照指数方式发展的，属于无限制的系统；而人口、经济所依赖的粮食、资源和环境却是按照算术方式发展的，属于有限制的系统。这样，人口爆炸、经济失控，必然会引发和加剧粮食短缺、资源枯竭和环境污染等问题，这些问题反过来就会进一步限制人口和经济的发展。因此，在他们看来，全球性环境与发展的问题之所以成为一个整体，是由全球系统的五个因子之间存在的反馈环路决定的，这样就使问题越来越严重。例如，人口的增长要求更多的工业品，消耗更多的不可再生的资源，造成全球环境污染越来越严重。达到增长的极限以后，还将出现投资不能跟上折旧、工业基础崩溃的前景。工业的增长使环境天然的吸收污染的能力负荷加重，死亡率将由于污染和粮食缺乏而上升。人口增加后，人均粮食消耗量下降，粮食生产已经达到极限。随着人口和资本的指数增长，必然会带来经济社会的全面崩溃。

---

① 罗马俱乐部（Club of Rome）成立于 1968 年 4 月，总部设在意大利罗马。主要从事有关全球性问题的宣传、预测和研究活动。其宗旨是研究未来的科学技术革命对人类发展的影响，阐明人类面临的主要困难以引起政策制定者和舆论的注意。

通过对上述关系到人类生死存亡的重大问题的定量研究，该书的作者们得出了以下几个结论：第一，在世界人口、工业化、污染、粮食生产和资源消耗方面，如果按现在的趋势继续下去，人类所在的地球的增长的极限有朝一日会在今后100年中发生。最可能的结果将是人口和工业生产力双方有相当突然的和不可控制的衰退。第二，改变这种增长的趋势和建立稳定的生态和经济的条件，以支撑遥远未来是可能的。第三，如果世界人民决心追求后一结果，而不是前一结果，那么，他们开始的行动愈早，成功的可能性就愈大。在这个问题上，纯粹技术上的、经济上的或法律上的措施和手段的结合，不可能带来实质性的改善，唯一可行的办法是"需要使社会改变方向，向均衡的目标前进而不是以往的增长"①。这样一来，就意味着必须把全球均衡状态作为应对人类所面临挑战的综合对策。为此，该书进一步论述道，在均衡状态中，技术进步既是必要的也是受欢迎的。这里的技术是经过生态化调整的技术，它们包括：收集废料的新方法，以减少污染，并使被抛弃的物质可以用于再循环；更有效地使用循环技术，以降低资源消耗率；更好的产品设计，以延长产品寿命和便于修理，结果是资本的折旧率最小；利用最无污染的太阳能；在更完备地理解生态关系的基础上，使用控制害虫的天然方法；医学进步能降低死亡率；避孕手段的进展能促进出生率同降低着的死亡率相等。最后，该书认为向全球均衡状态的努力是对目前这一代人的挑战，必须在当代人的范围内解决这些问题，而不能延误时机，将之传给下一代。虽然罗马俱乐部有些观点显得过于悲观，但却给人们指出了一条经济、社会和自然环境必须均衡发展的新思路，这也预示着人类的绿色发展道路必将到来。

就在同一年，一本讨论全球环境问题的著作《只有一个地球——对一个小行星的关怀和维护》也正式出版。该书是英国经济学家B. 沃德和美国微生物学家R. 杜博斯受联合国人类环境会议秘书长M. 斯特朗委托，为1972年在斯德哥尔摩召开的联合国人类环境会议提供的背景材料，材料由40个国家提供，并在59个国家152

---

① ［美］米都斯等：《增长的极限》，四川人民出版社1984年版，第10页。

名专家组成的通信顾问委员会协助下完成的。全书从整个地球的发展前景出发，从社会、经济和政治的不同角度，评述经济发展和环境污染对不同国家产生的影响，呼吁各国人民重视维护人类赖以生存的地球。该书后来被译成多种文字出版，引起了世界广泛的关注。这对于推动各国环境保护工作起到了巨大的作用，这也意味着寻找新的经济社会发展道路对于全世界来说都是一件迫在眉睫的事情。

1987年，世界环境与发展委员会发表了关于人类未来的报告的《我们共同的未来》。该报告于同年2月在日本东京召开的第八次世界环境与发展委员会上通过，后又经第42届联大辩论通过，于1987年4月正式出版。报告以"持续发展"为基本纲领，以丰富的资料论述了当今世界环境与发展方面存在的问题，提出了处理这些问题的具体的和现实的行动建议。报告分为"共同的问题""共同的挑战"和"共同的努力"三大部分。在集中分析了全球人口、粮食、物种和遗传资源、能源、工业和人类居住等方面的情况，并系统探讨了人类面临的一系列重大经济、社会和环境问题之后，这份报告鲜明地提出了三个观点：一是环境危机、能源危机和发展危机不能分割；二是地球的资源和能源远不能满足人类发展的需要；三是必须为当代人和下代人的利益改变发展模式。在此基础上，报告提出了"可持续发展"的概念，并且深刻指出：在过去，我们关心的是经济发展对生态环境带来的影响，而现在，我们正迫切地感到生态的压力对经济发展所带来的重大影响。因此，我们需要有一条新的发展道路，这条道路不是一条仅能在若干年内、在若干地方支持人类进步的道路，而是一直到遥远的未来都能支持全球人类进步的道路。这一鲜明、创新的科学观点，把人们从单纯考虑环境保护引导到把环境保护与人类发展切实结合起来，实现了人类有关环境与发展思想的重要飞跃。这一报告的正式发表，标志着一个新的发展道路开始展现在人类面前，绿色发展的概念已经是呼之欲出。也正因为如此，1989年英国环境经济学家大卫·皮尔斯等人撰写的"绿色经济蓝皮书"丛书出版，并首次提出了"绿色经济"的发展蓝图。

进入21世纪以来，全球气候变化的加剧，表明经济增长已经超越了地球的生态承载能力，这种资源环境压力的剧增已经不可能依靠传统的经济增长模式来加以解决。特别是 2008 年世界金融危机的爆发，更加引起人民对传统发展模式的强烈反思。2011 年 11 月，联合国发布了一份主题为《迈向绿色经济——实现可持续发展和消除贫困的各种途径》的综合报告，这份报告凝聚了全球数百位专家为期 3 年研究成果，并接受了 3 个月公开评审的报告，是联合国环境署（UNEP）的旗舰之作，得到社会广泛关注。该报告显示，政府和企业各界正在采取措施，加快全球转型，实现一个低碳的、资源节约的以及社会兼容的绿色未来。报告提出三个宏观层面的研究成果，一是实现绿色经济不仅会实现财富增长，特别是生态共有资源或自然资本的增益，而且还会产生更高的国内生产总值增长率；二是消除贫穷和更好地维护及保持生态共有资源之间存在密不可分的联系；三是在向绿色经济过渡进程中，需要对劳动人口的技能再培训或再教育进行投资。报告并且尖锐地指出："最近对绿色经济概念的关注，很大程度上是由于人们对现行经济模式的失望，以及对新千年第一个十年中的诸多并发危机及市场失灵产生了疲惫感，尤其是 2008 年的财政和经济危机。而与此同时，另一种经济方式日益彰显，这是一种全新的经济模式，在这种经济模式下，物质财富的实现不需要以环境风险、生态稀缺和社会分化的日益加剧为代价。"①

2012 年 6 月 20 日，联合国可持续发展大会（"里约+20"峰会）在里约热内卢会展中心会议大厅举行，世界各国有百余位国家元首和政府首脑出席了会议。大会通过题为《我们憧憬的未来》的成果文件，文件体现了国际社会的合作精神，展示了未来可持续发展的前景，对确立全球可持续发展方向具有重要的指导意义。大会肯定了绿色经济是实现可持续发展的重要手段之一，鼓励各国根据不同国情和发展阶段实施绿色经济政策；大会决定建立高级别政治论坛，取代联合国可持续发展委员会，加强联合国环境规划署职能，这有助于提升可持续发展机制在联合国系统中的地位和重要性。在

---

① 转引自诸大健等《走向美丽中国——生态文明与绿色发展（序）》，上海人民出版社 2015 年版，第 18 页。

《我们憧憬的未来》文件中，辟有"可持续发展和根除贫困语境下的绿色经济"专章，试图将空气、水、土壤、矿产和其他自然资源的利用计入国家财富预算，强调经济增长要控制在关键自然资本的边界之内。同时还试图将"公平"或包容性变成与传统经济学中的"效率"同等重要的基本理念。至此，人类全新的发展理念——绿色发展（或者说绿色经济）便清晰地展现在人们面前。这一新理论有两个显著特征。一是提出了基于可持续发展的绿色思想，强调地球关键自然资本的非减发展，意味着人类经济社会发展必须尊重地球边界和自然极限。二是提出包含自然资本在内的生产函数，要求绿色经济在提高人造资本的资源生产率的同时，将投资从传统的消耗自然资本转向维护和扩展自然资本，要求通过教育、学习等方式积累和提高有利于绿色经济的人力资本。[①]这次联合国可持续发展大会提出以发展绿色经济为主题，明确了全球经济向绿色转型的发展方向，由此绿色经济和绿色发展成为全球广泛共识：经济、社会发展必须与环境友好、与生态文明相互协调，提高人类生活质量、促进全人类共同繁荣必须通过全球可持续发展才能实现。

第二节　绿色发展是建设美丽中国的必然选择

党的十八届五中全会强调提出了"绿色发展"这一新的发展理念，这是指导我国"十三五"时期乃至更为长远时期的极为重要的发展战略。坚持绿色发展，就是要发展环境友好型产业，降低能耗和物耗，保护和修复生态环境，发展循环经济和低碳技术，使经济社会发展与自然相协调。要全面建成小康社会，生态环境质量是关键。因此，坚持绿色发展，既是突破资源瓶颈、决胜全面小康的现实路径，也是保护好生态环境、建设美丽中国的必然选择。

---

① 转引自诸大健等《走向美丽中国——生态文明与绿色发展（序）》，上海人民出版社2015年版，第20页。

一　中国古代关于保护生态环境的思想

中华民族自古以来就有对美好生活的无限向往，并为此做出了不懈追求，因此建设美丽中国实际也就是千百年来中国人民的共同心愿。同样的，提倡顺应自然、爱护自然同时注重人与自然的和谐是中华文化的优良传统，古代贤哲对"天人关系""人地关系"曾经有着深刻的认识，也提出过极为丰富的生态文明思想，这些都是今天我们坚持绿色发展、建设美丽中国的宝贵精神财富。

（一）天人合一、顺应自然的思想

在古代哲人看来，"天"是自然界或自然的总称，是宇宙的最高主宰。"有天地，然后有万物，有万物，然后有男女。"①这就意味着人不过是自然的产物，是自然的一部分，人与天、地都是一个整体。《周易》还就将天、地与人并称三才，认为自然界是一大天地，人是一小天地。天和人在生理、心理诸多方面存在着内在联系，借天例人，推天道以明人事，这就是"天人一理"。中华民族在漫长的发展历程中，就是遵循着这种朴素的"天人一理""天人合一"的系统观念，不断协调社会与自然的关系，引领着中华民族努力维持着良好的生态环境。

作为儒家的创始人，孔子虽然没有明确提出过"天人合一"思想，但将人和自然界看作是一个整体的观念仍然是鲜明的。孔子对天有着很深的敬意，但他并不认为天就是神，而认为是有生命意义和伦理价值的自然界。孔子说："天何言哉？四时兴焉，百物兴焉，天何言哉？"②他不但把天看成就是自然界，而且指出了自然界的万事万物是按其固有规律来运行。孔子还说道："知者乐水，仁者乐山"③，这不仅是一种人生兴趣爱好的简单抒发，也同样显示了人的生命存在的本质需要，因为人的生命与自然界是密不可分的，人与自然在生态关系上是一致的。

孟子是儒家又一位代表性人物，是他明确提出了"天人合一"

① 《易经·序卦传》。
② 《论语·阳货篇》。
③ 《论语·雍也篇》。

的思想。孟子认为天与人的本质具有内在的共同性、统一性，他从人与禽兽的区别出发，认为人性是可以与天相通的，"尽其心者，知其性也；知其性，则知天矣"。① 值得指出的是，孟子已经开始提出"天"（自然界）运行规律的问题。"天之高也，星辰之远也，苟求其故，千岁之日至，可坐而致也。"② 在他看来，天虽高不可攀，但终究还是能够被认识的。那么，该如何去认识呢？孟子指出："天不言，以行与事示之而已矣。" 也就是说自然界通过日常事物的发展变化，已经将其规律呈现在人们面前，只要人能够去仔细观察自然现象的变化，就可以去认识天，了解天。他还有一句警世名言："顺天者存，逆天者亡！"③ 这就是告诫人们，任何君主都必须顺应自然发展的大趋势或者说发展规律，企图逆天（规律）行事，必然会受到严厉的惩罚。

荀子则提出了"天地者，生之本也"④ 的论断，也就是说，人和物其生命皆源自自然界，人根本离不开自然界。他还认为，"天"具有独立运行规律，自然万物与人类一样，不会由于人们主观情绪的波动而改变自己的运行节律："天不为人之恶寒也，辍冬；地不为人之恶辽远也，辍广。日月、星辰、瑞历，是禹、桀之所同也。"而且，"天有常道，地有常数"。日月星辰，山川草木，风雨四时，均源于"天地之变，阴阳之化"⑤，因此，它们的存在和个性也是应该得到尊重的。荀子还指出："天有行常，不为尧存，不为桀亡。应之以治则吉，应之以乱则凶。"⑥ 他不仅肯定了自然万物运行具有客观规律性，而且同样强调人们只有顺应客观规律，才能避"凶"趋"吉"，化"乱"为"治"，这也表明荀子在人与自然关系的认识上已经达到相当的高度。

由此可见，中国"天人合一"思想明确肯定人是自然界的产物，

---

① 《孟子·尽心上》。
② 《孟子·离娄下》。
③ 《孟子·离娄上》。
④ 《荀子·礼论篇》。
⑤ 《荀子·天论》。
⑥ 同上。

是其中的一部分，人的生命与万物的生命是统一的，而不是对立的，要求人们去认真发现自然发展变化的客观规律，使人的行为符合客观规律的需要。这是古人重视生态文明的朴素哲学基础，也充分显示了中国传统文化注重整体思维的显著特征，从而能够引导人们积极地协调好人与自然界之间的相互关系。进入20世纪以后，特别是近几十年来，由于人类面临日益严峻的生态危机，中国古代的"天人合一"思想所蕴含的生态伦理意蕴正越来越受到人们的重视。美国著名历史学家、生态哲学家林恩·瓦特就认为，具有深厚历史渊源的中国文化中关于"人—自然"互相协调的观念，值得全西方人借鉴。

（二）兼爱万物，尊重自然的思想

古代儒家在提出了"天人合一"理念的同时，还积极倡导"兼爱万物"的思想。"天地之大德曰生"①，也就是说尊重生命、长养生命、维护生命是天地之"大德"，是人所必须遵循的德行。而这个"生"不但是指人类自身，实际上还应该包括整个自然界，因为"仁者以天地万物为一体"②，所以人和自然界是一荣俱荣，一损俱损，尊重自然就是尊重人自己，爱惜其他事物的生命，也是爱惜人自身的生命。

"仁"是儒家学说中的一个核心内容，"仁者爱人"是儒家所推崇的行为模式。然而，古代哲人们不但提倡从自我生命的体验出发，达到同情他人的生命的境界，而且还要将仁爱推及对宇宙万物生命的尊重。孔子认为，对待天地万物应采取友善和爱护的态度，"国君春田不围泽，大夫不掩群，士不取麛、卵"。③ 孟子曾把"仁"由"爱人"扩展到爱物，"君子之于物也，爱之而弗仁；于民也，仁之而弗亲。亲亲而仁民，仁民而爱物"。④ 他甚至还说："君子之于禽兽也，见其生，不忍见其死；闻其声，不忍食其肉。是以君子远庖

---

① 《易传·系辞》。
② 《孟子·梁惠王》。
③ 《礼记·曲礼》。
④ 《孟子·尽心上》。

厨也。"① 荀子则把道德看作人际道德和生态道德的统一，"夫义者，内接于人而外接于万物者也"。② 他还认为："万物各得其和而生，各得其养而成"，主张对自然万物施以"仁"。"圣人以己度者也，以心度心，以情度情，以类度类，……古今一也"③，即圣人要用自己的情感去猜测别人的情感，用相似的事物去猜度相似的事物，从而效法大自然的厚德载物，博大无私。汉代的董仲舒更是明确地把道德关心从人的领域扩展到自然界，他认为"质于爱民，以下至鸟兽昆虫莫不爱。不爱，奚足矣谓仁"。④ 这些观点对于人类珍惜动植物资源、保护自然物种的多样性具有积极的意义。

（三）取用有节，珍惜自然的思想

中国长期以来都是农业社会，以农耕方式为主、以农为本，农业生产成为国家发展的主要依靠力量。而农业主要"靠天吃饭"，经常受到天气、土地、环境等自然因素的影响，具有不稳定的因素。因此，一方面必须通过遵从自然规律来发展生产，另一方面还必须崇尚节用、反对浪费、珍惜自然资源，所谓"天地节而四时成，节以制度，不伤财，不害民"⑤、"强本而节用，则天不能贫"⑥ 都是在表达这样一种意思。

正因为如此，所以在儒家治国理念中，有一个突出特点就是大力倡导一种有节制的"礼义"政治，即统治者应该节制自己的行为、克制自己的欲望，把节约人、财、物作为一项国策来对待。孔子说："君子食无求饱，居无求安。"⑦ 又说："奢则不逊，俭则固；与其不逊也，宁固。"⑧ 在奢侈与简陋之间，孔子宁肯选择简陋，就显示出他对自然资源的珍惜、节用的态度。当年，齐景公向孔子问政时，

---

① 《孟子·梁惠王上》。
② 《荀子·强国说》。
③ 《荀子·非相》。
④ 《春秋繁露·仁义》。
⑤ 《易传·彖传》。
⑥ 《荀子·天论》。
⑦ 《论语·学而》。
⑧ 《论语·述而》。

孔子也直称："政在节财。"① 因此，从孔子提倡节制之德始，历代儒家都主张"节性制欲"，这样一种观点客观上无疑是有利于保护自然资源的，因为节财就包括要节制利用自然资源，节制利用自然资源就会避免对自然的掠夺和浪费，这实际上就是把珍惜自然资源作为人与自然和谐相处的一个基本条件。

儒家之所以要求人们珍惜自然给人类提供的生活之源，在消费时懂得节俭、不浪费，这是因为他们深知，只有君主谨慎地对待自身的物质利益，既鼓励发展生产，又注重节约，才能使天下财富丰裕起来。天下的财富丰裕了，则既可富己也可富民，大家都不必为生计问题而相互争斗不息，这才是统治的极高境界——"故明主必谨养其和，节其流，开其源，而时斟酌焉，潢然使天下必有余，而上不忧不足。如是，则上下俱富，交无所藏之，是知国计之极也"。② 正因为如此，所以在儒家看来，君主能否节制便成为了衡量政治是否清明的重要标志。唐代名相陆贽就说过："地力之生物有大数，人力之成物有大限。取之有度，用之有节，则常足；取之无度，用之无节，则常不足。生物之丰败由天，用物之多少由人。是以圣王立程，量入为出。"儒家这种"政在节财""量入为出"的主张，虽然主要是从政治和经济的角度来考虑问题的，但它在实践中确实能收到保护自然环境、节约自然资源的客观效果。

（四）以时禁发，养护自然的思想

中国古代社会是农耕社会，农业生态环境的好坏、庄稼收成的丰歉直接影响着百姓的生计，甚至关系到朝代的安危。因此，如何维护农业生态环境和保持农业资源的再生产能力，就不能不成为先人们所关注的重要问题。因此早在周代，就开始出现了注重维护生态平衡的思想，"早春三月，山林不登斧，以成草木之长；夏三月，川泽不入网罟，以成鱼鳖之长"。③ 告诫人们要通过遵循春令夏时，使得草木、鱼鳖等资源可以永续利用，从而养护自然，维护自然界

---

① 《史记》卷四十七《孔子世家》。
② 《荀子·富国》。
③ 《逸周书·大聚篇》。

的生态平衡。

春秋时期，在齐国为相的管子就从发展经济、强国富民的目标出发，提出了"以时禁发"的原则。禁，就是禁止民众采取；发，就是允许民众采取。"以时禁发"，也就是国家对山林川泽等资源根据情况实行封闭或开放的政策，以保护山林川泽的自然资源。管子认为，"山林虽近，草木虽美，宫室必有度，禁发必有时"①，即要求人们在采取利用自然资源时，要有恰当的固定的时限，要按照规定的时节进行。管仲还以经济手段来保障他的"以时禁发"的规定，制定了"毋征薮泽以时禁发"和"山林泽梁以时禁发而不征"的政策，提出山林与水泽要按时封禁与开放，老百姓在开放时间内去采集捕猎都免征税赋。

孟子继承和发展了"以时禁发"思想，主张对自然资源要取之有时，用之有节。"不违农时，谷不可胜食也；数罟不入洿池，鱼鳖不可胜食也；斧斤以时入山林，材木不可胜用也。谷与鱼鳖不可胜食，材木不可胜用，是使民养生丧死无憾也。养生丧死无憾，王道之始也。"② 意思就是人们只要不违背生物的生长规律，不破坏生物，生物就可以不断生长，取之不尽用之不竭，才能促进万物的生长和与人类的共同发展。孟子把这种有计划地利用资源视为"王道之始"。因此，在孟子看来，对自然资源的"养"是人类的责任，"苟得其养，无物不长；苟失其养，无物不消"。③ 他还反对"辟草莱，任土地"④ 的行为，强调"民非水火不生活"⑤，告诫人们尽量减少向自然界的索取，保持自然界原有的面貌，从而养护好自然资源，使自然界的万物繁育旺盛、和谐有序，维持可持续的良好生态循环系统。

在养护好自然方面，古代哲人们除了对君主们提出强烈要求之外，实际上也对普通百姓提出了一些具体的规劝。比如说孔子就主

---

① 《管子·八观》。
② 《孟子·梁惠王上》。
③ 《孟子·告子上》。
④ 《孟子·离娄上》。
⑤ 《孟子·尽心上》。

张"钓而不纲"，这里"纲"是指用网打鱼的方法。在孔子看来，钓鱼是鱼儿主动上钩，而且所钓之鱼也有限。而用网捕鱼，则往往是一网打尽，赶尽杀绝。因此孔子不愿意采用灭绝性较强的工具，也就是要注意鱼类的永续利用。孟子要求"数罟不入洿池"，"数罟"是一种细密之网，是一种一网打尽的捕鱼工具，孟子要求禁用它，也就是要求人们放弃能灭绝物种的捕获行为，以养护自然的生态平衡，这是一种难能可贵的主张。

事实上，儒家所主张和肯定的是，人是自然界的产物，人与自然是不可分割的统一体；把尊重一切生命、爱护自然万物视为人类的崇高道德职责；提倡人与自然和谐相处，对自然资源要取之有节、用之有度，反对将自己与自然对立起来；强调人应当尊重自然、养护自然，遵循自然规律，以实现人与自然的和谐发展，等等，这一系列的观点对中华传统文明的形成和发展都产生了极其深刻的影响，历代统治者也都制定了一系列保护、利用和培植生态资源的法令和措施，从而形成了我国古代独特的生态文化风貌。这些主张虽然不能等同于绿色发展的理念，但无疑对我们坚持绿色发展、保护好生态环境、建设美丽中国具有重要的借鉴作用。

二　中国共产党人对绿色发展的早期探索

坚持绿色发展、建设美丽中国，这是关系到人民福祉、关乎民族未来的百年大计，是实现中华民族伟大复兴中国梦的重要内容。新中国成立后，我们党在带领中国人民建设社会主义的伟大事业中虽然走过不少弯路，但仍然矢志不渝地探索一条符合中国特色的社会主义建设道路，其中就包括如何保护好祖国的生态环境，这可以说是对绿色发展的早期探索。

（一）毛泽东关于植树造林、美化环境的思想

作为党的第一代领导集体的核心，毛泽东很早就对保护好祖国的生态环境有着清醒的认识和执着的追求。新中国成立之时，我国的森林覆盖率仅 8.6%，当时毛泽东就曾多次强调要消灭荒山荒地、搞好绿化。1955 年 10 月 11 日，毛泽东在扩大的中共七届六中全会上指出："农村全部的经济规划包括副业、手工业……还有绿化荒山

和村庄。""我看特别是北方的荒山应当绿化，也完全可以绿化。""南北各地在多少年以内，我们能够看到绿化就好。这件事情对农业，对工业，对各方面都有利。"① 同年 12 月 21 日，毛泽东在起草的《征询对农业十七条的意见》又指出："在十二年内，基本上消灭荒地荒山，在一切宅旁、村旁、路旁、水旁，以及荒地上荒山上，即在一切可能的地方，均要按规格种起树来，实行绿化。"②1956 年3 月，毛泽东发出了绿化祖国的伟大号召。不到半年时间毛泽东三次谈到绿化问题，这种急迫的心情充分体现了他对搞好绿色生态环境的高度重视。1956 年 4 月，毛泽东在《论十大关系》中对我国社会主义建设的经验教训做出了认真的总结，他指出："空气、森林、矿产等自然资源，成为社会主义建设的影响要素。这些空气、森林、矿产等自然资源，不仅是人类存在的根本条件，而且是社会生产力中不可缺少的因素，也是社会主义国家综合国力中的关键因素。对此，社会主义国家都要加以小心保护，进行合理使用。"③ 这种把空气、森林、矿产等自然资源不但看成是影响社会主义建设的要素，而且是社会主义国家综合国力中关键因素的思想，无疑是很有远见的，体现了毛泽东珍惜自然资源、重视生态保护的正确主张。

1958 年，毛泽东对植树造林、绿化祖国的问题更是高度关注。1 月 4 日，他在中央工作会议上就指出："绿化。四季都要种。今年彻底抓一抓，做计划，大搞。"④ 1 月 31 日，毛泽东在起草的《工作方法六十条（草案）》中又指出："绿化。凡能四季种树的地方，四季都种。能种三季的种三季。能种两季的种两季。""林业要计算覆盖面积，算出各省、各专区、各县的覆盖面积比例，做出森林覆盖面积规划。"⑤ 4 月 3 日，毛泽东在中央政治局扩大会议上还对当时植树造林的成果表示出不满意，认为"真正绿化，要在飞机上看

---

① 《毛泽东文集》第 6 卷，人民出版社 1999 年版，第 475 页。

② 同上书，第 509 页。

③ 段娟：《毛泽东生态经济思想对中国特色社会主义生态文明建设的启示》，《毛泽东思想研究》2014 年第 4 期。

④ 《毛泽东论林业》（新编本），中央文献出版社 2003 年版，第 44 页。

⑤ 《毛泽东文集》第 7 卷，人民出版社 1999 年版，第 361—362 页。

见一片绿。种下去还未活，就叫绿化？活了未一片绿，也不能叫绿化"①。

1958 年 8 月，毛泽东在中央政治局扩大会议上再一次指出："要使我们祖国的河山全部绿化起来，要达到园林化，到处都很美丽，自然面貌要改变过来。""各种树木搭配要合适，到处像公园，做到这样，就达到共产主义的要求。""农村、城市统统要园林化，好像一个个花园一样。"② 由此可见，如果单纯从要美化自然环境的角度讲，毛泽东在半个世纪前就实际上已经提出了坚持绿色发展、建设美丽中国这样一个奋斗目标。

此外，毛泽东当年还提出过建立节约型社会、走可持续发展道路的思想，这也是绿色发展的应有之义。在 1958 年 2 月的中央政治局扩大会议上，在提及水电、三峡工程时，时任长江水利委员会总工程师林一山指出，长江每年流失的能量可与 4000 万吨优质煤的能量相当。这引起了毛泽东的重视，他指出："我们祖辈已用了 2000多年的煤，如今我们学会了用水发电，因而我们应减少用煤量，让煤保存下来，遗留给子孙后代。"③ 这反映了毛泽东当时已经觉察到节约资源对维系民族长远发展有着十分重要的意义。此后，毛泽东还谈到了要重视对"三废"的处理问题。1960 年 4 月 13 日毛泽东又明确指出：各部门都要多种经营、综合利用。要充分利用各种废物，如废水、废液、废气。他还形象地比喻说，实际都不废，好像打麻将，上家不要下家要。④ 这些宝贵的论述，无疑都是对走绿色发展、低碳发展道路的最初的有益探索。

（二）周恩来、邓小平关于节约资源、保护环境的思想

作为新中国的第一任总理，周恩来是新中国生态建设的实际领导人。他在水土资源保护、林业建设、人口控制和环境保护等方面有许多重要的论述，而且亲自组织和领导了新中国一些重大水利、林业、环保工程的实施，为中国的生态文明建设做出了卓越的贡献。

----

① 《毛泽东论林业》（新编本），中央文献出版社 2003 年版，第 48 页。
② 同上书，第 51 页。
③ 《建国以来毛泽东文稿》第 1 册，中央文献出版社 1987 年版，第 152 页。
④ 《毛泽东年谱（1949—1976）》第 4 卷，中央文献出版社 2013 年版，第 372—373 页。

自从担任总理之后，周恩来就在水利建设、森林防火、植树造林方面做过大量的讲话。他曾多次提到森林资源问题，指出像基础太小，林政不修，森林采伐不按科学的方法，这都需要大力整顿。不科学的采伐，没有护林和育林，森林地带也会变成像西北那样的荒山秃岭。[①] 周恩来不仅指出了问题，还提出了环境保护的对策。他强调说，必须加强国家的造林事业和森林工业，有计划有节制地采伐木材和使用木材，同时在全国有效地开展广泛的群众性的护林造林运动。1962 年 11 月 2 日，周恩来在约林业部负责人谈话时还谈到，林业问题与每个人的关系都很大，林业的经营要合理采伐，采育结合，越采越多，越采越好，青山常在，永续作业。采伐是有条件的，再不能慷慨地破坏自然；违背自然规律，什么都做不通。[②]

周恩来是我们党第一代领导集体中最早提出环境保护和治理各种污染的国家领导人。早在 1957 年 4 月到重庆视察时，他就对陪同的地方领导说，污染环境的工厂，一定不要建。[③] 1958 年 7 月 7 日在广东江门甘蔗化工厂视察时，他对设计人员说，工厂建成后的废气、废渣、废水如何处理，要大搞综合利用，化害为利，造福人民。[④] 1971 年 2 月 15 日，周恩来在接见出席国务院规划会议各大区负责人时说，要搞好综合利用，解决废水、废气、废渣"三废"污染。同年 4 月 5 日，他又和参加交通会议的代表谈环保问题，说在经济建设中的废水、废气、废渣不解决，就会成为公害。发达的资本主义国家公害很严重，我们要认识到经济发展中会遇到这个问题，采取措施解决。1972 年 6 月 5 日，联合国人类环境会议在斯德哥尔摩召开。当时正值"文化大革命"的动乱期间，在极为艰难的环境下，周恩来仍决定派代表团出席大会，并认真审阅了代表团准备提交大会的报告草稿。当时他就对大气污染有高度的警觉，对代表团

成员说，千万不能让北京成为当年伦敦那样的雾都。[①]

邓小平作为党的第二代领导核心，他对保护好生态环境也同样给予了极大的关注。20世纪70年代初期，邓小平就清醒地看到污染问题是一个世界性问题。1974年8月26日，他在会见刚果友好代表团时就指出，我们国家的污染问题没有欧洲、日本和美国那么严重，但也还是一个很大的问题。污染问题是一个世界性的问题。我们现在进行建设就要考虑处理废水、废气、废渣这"三废"。1978年9月14日，邓小平在大庆油田听取汇报时指出，我们的化学工业"三废"问题都没有解决好，上海金山工程处理不好，很多废物排放到海里，鱼都没有了，污染很大。9月19日，邓小平在唐山考察工作时指出，现代化的城市要合理布局，一环扣一环，同时要解决好污染问题。废水、废气污染环境，也反映管理水平。[②] 从1978年10月到1979年4月半年间，邓小平连续三次谈到桂林漓江的水污染问题，强调要下决心把它治好，造成漓江水污染的工厂要关掉。[③] 他还希望北京市搞好环境，种草、种树，绿化街道，管好园林，经过若干年，做到不露一块黄土。北京要种草，种了草污染可以减少。北京工厂污染问题要限期解决，要制定一些法律。[④]

在邓小平的生态思想中，有四个突出特点，第一，十分重视植树造林工作，大力倡导全民义务植树并身体力行。他曾多次告诉地方领导要多植树、多绿化。20世纪80年代初四川等地发生特大洪灾，他指出，洪灾问题主要是森林的过量砍伐，"看来宁可进口一点木材，也要少砍一些树"[⑤]。1982年11月他为全国植树造林总结经验表彰大会欣然题词："植树造林，绿化祖国，造福后代。"[⑥] 1983

① 潘铉：《中国共产党生态文明建设的历史考察》，《中国浦东干部学院学报》2014年第6期。

② 曹前发：《生态建设是造福子孙后代的伟大事业》，《红旗文稿》2014年第18期。

③ 《邓小平年谱（1975—1997）》，中央文献出版社2004年版，第397—506页。

④ 潘铉：《中国共产党生态文明建设的历史考察》，《中国浦东干部学院学报》2014年第6期。

⑤ 中共中央文献研究室编：《新时期环境保护重要文献选编》，中共中央文献出版社2001年版，第27页。

⑥ 《邓小平文选》第3卷，人民出版社1993年版，第21页。

年 3 月 12 日上午，79 岁的邓小平到十三陵参加中直机关造林基地义务植树劳动，并且说："植树造林，绿化祖国，是建设社会主义，造福子孙后代的伟大事业，要坚持二十年，坚持一百年，坚持一千年，要一代一代永远干下去。"①

第二，就是坚持把发展经济与保护生态环境有机地统一起来。他在会见美国驻华大使德科克时曾指出："我们打算持续植树造林，坚持它二十年，五十年，……就会给人们带来好处，人们就会富裕起来，生态环境也会发生很好的变化。"② 这不但向外国使者展示了我国对生态环境建设的信心和决心，同时也表明了人们富裕起来了，也可以促使生态环境变好。

第三，就是重视科学技术的作用。邓小平认为我国人口众多，资源短缺，只有依靠科技的发展和进步才能从根本上解决我国经济发展与环境保护的矛盾问题。1983 年，他在同胡耀邦等人谈话时就强调："解决农村能源，保护生态环境等等，都要靠科学。"③ 这些思想为我国生态环境建设插上了科技的翅膀，比如林业工作者就以此为指导，在遗传、育种、森林护理等方面，攻克了大量技术难题，保护了生态环境。

第四，注重加强环保法制建设。强调制度建设的根本性作用，是邓小平中国特色社会主义理论的一个显著特征，这一点同样也体现在生态环境建设上。邓小平认为生态环境建设不仅需要科技、行政等措施，更要有强有力的法制手段来支撑。早在 1961 年，邓小平在视察黑龙江时就谈到依法保护森林的问题，他举例讲："陈老总从日内瓦回来，说瑞士像个花园，几百年来都有一个法律，砍一棵树要种活三棵，否则犯法。我们也应当立个法。"1978 年 12 月，他在中共中央工作会议上所做的《解放思想，实事求是，团结一致向前看》讲话中明确提出，"应该集中力量制定刑法、民法、诉讼法和其他各种必要的法律，例如工厂法、人民公社法、森林法、草原法、

---

① 《邓小平年谱》（1975—1997），中央文献出版社 2004 年版，第 895 页。

② 同上书，第 867—868 页。

③ 国家环保总局、中央文献研究室：《新时期环境保护重要文献选编》，中央文献出版社 2001 年版，第 34 页。

环境保护法、劳动法、外国人投资法等等，经过一定的民主程序讨论通过，并且加强检察机关和司法机关，做到有法可依，有法必依，执法必严，违法必究"①。简而言之，和毛泽东一样，周恩来、邓小平虽然没有明确提出生态文明建设的思想，也没来得及提出绿色发展这样一个理念，但他们重视植树造林、美化祖国和注重节约、减少污染、保护好环境的主张和行动，早已为坚持绿色发展、建设美丽中国奠定了坚实的思想基础。

三　我们党绿色发展理念的形成与发展

改革开放以来，我们党始终不渝地坚持以经济建设为中心，并取得了举世瞩目的成果。但必须指出的是，中国在实现工业化、城镇化、现代化的过程中，已经付出了较高的生态代价。特别是伴随着 21 世纪以来城市快速化的发展过程，我国的能源和资源消耗都出现了快速增长的趋势。光是从初级能源消费来看，中国占世界的比重就已经由 2000 年的 11% 上升到 2010 年的 20.3%，占世界消费增长的 53%。其中煤炭的消耗量由占世界的比重 28% 已经上升到48%，接近美国、俄罗斯和欧盟 25 国的 2 倍。此外，中国对矿产资源的消耗同期也在急剧上升，单是铁矿石的进口依赖度就从 2000 年的 35% 上升到 70% 以上。大量的资源消耗还带来了严重的环境污染，可以说中国与世界发达国家的差距，主要体现在生态方面。"生态资本是中国最稀缺的资本，生态危机是中国最突出的危机，生态问题依然是中国可持续发展最突出的问题之一，生态产品已成为当今社会最短缺的产品之一。"② 因此，从这些方面讲，实行绿色发展对中国来讲也是别无选择的战略转型。

在生态环境不断恶化的严峻挑战面前，中国共产党人实际上早就开始反思那种重经济、轻生态传统发展观念，不断探索新的发展道路。1996 年 3 月，第八届全国人民代表大会第四次会议在北京举行，会议听取了国务院总理李鹏《关于国民经济和社会发展"九

---

① 林震、冯天：《特别关注：邓小平生态治理思想探析》，人民网理论频道（http://theory.people.com.cn/n/2014/0819/c40531-25495911.html）。

② 胡鞍钢：《生态文明建设与绿色发展》，《林业经济》2013 年第 1 期。

五"计划和 2010 年远景目标纲要的报告》。报告提出，今后 15 年，是我国改革开放和社会主义现代化建设事业承前启后、继往开来的重要时期，未来 15 年的主要奋斗目标是："九五"时期全面完成现代化建设的第二步战略部署，2000 年在人口将比 1980 年增长 3 亿左右的情况下，实现人均国民生产总值比 1980 年翻两番；基本消除贫困现象，人民达到小康水平；2010 年，要实现国民生产总值比 2000 年翻一番，使人民的小康生活更加宽裕，形成比较完善的社会主义市场经济体制。为此，会议要求要认真实施科教兴国战略和可持续发展战略，要切实保护生态环境，合理开发利用资源，使经济建设与资源、环境相协调。从此，可持续发展作为我国经济发展的战略选择，就正式提出并在农业、工业、环境、社会保障等方面不断取得突出的成就。可持续发展战略的提出，也就标志着传统经济发展模式的转型已经势在必行，绿色发展的理念呼之欲出。

（一）可持续发展战略的提出与实施

可持续发展是 20 世纪 80 年代提出的一个新的发展观。它的提出是应时代的变迁、社会经济发展的需要而产生的。世界上第一次提出"可持续发展"概念是 1987 年由布伦特兰夫人担任主席的世界环发委员会提出来的。可持续发展的核心思想是发展经济、节约资源和保护生态环境协调一致，也就是说健康的经济发展应建立在生态可持续能力、社会公正和人民积极参与自身发展决策的基础上。可持续发展所追求的目标是：既要使人类的各种需要得到满足，个人得到充分发展；又要保护资源和生态环境，不对后代人的生存和发展构成威胁，使子孙后代能够享受充分的资源和良好的自然环境。在 1989 年 5 月举行的第 15 届联合国环境署理事会会议上，经过反复磋商，通过了《关于可持续发展的声明》。

也正在这个时候，以江泽民为核心的第三代中央领导集体，继承和发展了毛泽东、周恩来、邓小平等老一辈无产阶级革命家关于保护好生态环境的思想，高度重视和加强生态环境保护工作，实施了一系列重大决策和部署。进入 20 世纪 90 年代之后，面对经济迅猛发展和环境日益破坏的尖锐矛盾，江泽民从保护好环境、正确处理人与自然的关系角度出发，紧跟时代的潮流，果断地提出了可持续发展的重大战略。中国的可持续发展战略是党的第三代中央领导集体对马克思主义生态观和绿色发展理念的重大贡献。

所谓可持续发展战略，是指实现可持续发展的行动计划和纲领，是国家在多个领域实现可持续发展的总称，它要使各方面的发展目标，尤其是社会、经济与生态、环境的目标相协调。1992 年 6 月，联合国环境与发展大会在巴西里约召开，会议提出并通过了全球的可持续发展战略——《21 世纪议程》，并且要求各国根据本国的情况，制定各自的可持续发展战略、计划和对策。在联合国里约环发大会召开后仅仅几个月，国家计委、国家科委就组织了国务院 57 个部门、300 多名专家，着手编写《中国 21 世纪议程》（以下简称《议程》）。在有关部委、机构和社会各界的积极参与下，经中外专家多次讨论修改。1994 年 3 月，国务院常务会议讨论通过了《中国 21 世纪议程——中国 21 世纪人口、环境与发展白皮书》。《议程》从中国的人口、环境与发展的总体情况出发，提出了促进中国经济、社会、资源和环境相互协调的可持续发展的战略目标。

1995 年 9 月 28 日，江泽民在十四届五中全会上指出："在现代化建设中，必须把实现可持续发展作为一个重大战略。要把控制人口、节约资源、保护环境放到重要位置，使人口增长与社会生产力发展相适应，使经济建设与资源、环境相协调，实现良性循环。"① 1996 年 3 月，八届人大第四次会议通过了《中华人民共和国国民经济和社会发展"九五"计划和 2010 年远景目标纲要》，把实现经济与社会的协调和可持续发展作为未来 15 年我国经济社会发展的重要方针之一，并明确把实施可持续发展、推进社会事业全面发展作为战略目标，使可持续发展战略在我国经济社会发展过程中得以确立。同年 7 月，江泽民在第四次全国环境保护会议上指出："环境保护很重要，是关系我国长远发展的全局性战略问题。在社会主义现代化建设中，必须把贯彻实施可持续发展战略始终作为一件大事来抓。可持续发展的思想最早源于环境保护，现在已成为世界许多国家指

① 《江泽民文选》第 1 卷，人民出版社 2006 年版，第 463 页。

导经济社会发展的总体战略。"① 1997 年，江泽民在十五大报告中又提出："我国是人口众多、资源相对不足的国家，在现代化建设中必须实施可持续发展战略。"② 自此，可持续发展战略已经明确成为我国经济社会发展的重要战略。

值得指出的是，随着 1994 年国家可持续发展战略目标的提出，在随后的短短几年中，我国的可持续发展便在许多方面取得了明显的进展：

——在国家的统一部署下，淮河、海河、辽河，太湖、滇池、巢湖，二氧化硫和酸雨控制区等重点流域和区域污染防治工作全面展开。淮河流域水污染防治是我国历史上规模空前的水污染治理工程。经过国家和流域四省人民的共同努力，已基本实现国务院要求 1997 年全流域工业污染源达标排放的目标，干流水质趋于好转。

——国家污染物总量控制计划和《跨世纪绿色工程规划》正在积极推进。到 1998 年年底，已开工项目 700 多个，占项目总数的一半，累计落实资金 868.9 亿元，已竣工项目 180 个，完成投资 106.6 亿元。如此规模的污染和环境治理工程，在中国历史上是空前的，在世界上也十分罕见。

——城市环保工作和工业污染防治深入开展，自然保护工作呈现新的局面。上海、南京、北京等 28 个城市通过新闻媒体定期发布本城市的空气质量周报。作为世界上生物多样性最丰富的国家，中国已建立了 900 多个自然保护区和 200 多个动植物引种繁育中心。国家环保局首次评出 6 个环境保护模范城市。

——结合产品和产业结构的调整，各地克服重重困难，共取缔、关闭污染严重、浪费资源的小造纸、小印染、小制革、小土焦等"十五小"企业 65244 个，有 20 个省、自治区、直辖市基本完成了关停任务，共削减工业废水 20 亿吨，工业废气 423 亿立方米，工业废弃物 8124 万吨。下决心关闭这么多企业，引起世界关注，在国际环保会议上外国人连连称赞。

---

① 《江泽民文选》第 1 卷，人民出版社 2006 年版，第 532 页。
② 《江泽民文选》第 2 卷，人民出版社 2006 年版，第 26 页。

——在 50 个国家生态农业试点县的带动下，全国又建立了 100 个省级试点县。造林绿化和重点林业生态工程建设进一步加快，一些风沙危害严重地区的生态环境得到明显改善。国家环保局还批准建立 100 多个全国生态示范区。

——全国人大环资委和国务院环委会，自 1993 年开始，连续 5 年对全国各省、自治区、直辖市进行了重点检查。国务院环委会四下淮河，进行现场办公。修改后的《刑法》增加了"破坏环境资源保护罪"，实现了国家立法中的一项重大突破。"中华环保世纪行"等新闻宣传活动，连续 5 年在神州大地上展开。[①]

上述这些成绩虽然还只是初步的，但却已经标志着中国的经济发展开始走上一条新的道路。而这条道路的未来指向，将必然体现出越来越多的绿色发展特点。

（二）科学发展观与绿色发展思想的提出

可持续发展是以控制人口增长、节约资源、保护环境为重要条件的。其目的是使经济发展同人口增长、资源利用、环境保护相适应，使资源环境的承载能力与经济社会的发展相协调。进入 21 世纪之后，随着对可持续发展认识的逐渐深化，我们党又不失时机地提出了科学发展观，强调必须统筹人与自然、经济与社会的和谐发展。党的十七大报告指出："必须坚持全面协调可持续发展。要按照中国特色社会主义事业总体布局，全面推进经济建设、政治建设、文化建设、社会建设，促进现代化建设各个环节、各个方面相协调，促进生产关系与生产力、上层建筑与经济基础相协调。坚持生产发展、生活富裕、生态良好的文明发展道路，建设资源节约型、环境友好型社会，实现速度和结构质量效益相统一、经济发展与人口资源环境相协调，使人民在良好生态环境中生产生活，实现经济社会永续发展。"建设资源节约型、环境友好型社会，使人民在良好生态环境中生产生活，实现经济社会永续发展，这标志着坚持绿色发展、建设美丽中国的战略构想正呼之欲出。

---

① 《我国实施可持续发展战略回顾与展望》，搜狐网（http://business.sohu.com/07/60/article212426007.shtml）。

2010年6月7日，中国科学院第十五次院士大会、中国工程院第十次院士大会召开，胡锦涛总书记出席会议并发表重要讲话。胡锦涛在讲话中指出："当今世界，各国都在积极追求绿色、智能、可持续的发展。绿色发展，就是要发展环境友好型产业，降低能耗和物耗，保护和修复生态环境，发展循环经济和低碳技术，使经济社会发展与自然相协调。智能发展，就是要推进信息化与工业化融合，不断创造新的经济增长点、新的市场、新的就业形态，提高社会运行效率，实现互联互通、信息共享、智能处理、协同工作。可持续发展，就是要解决好经济社会发展的能源资源约束，有效保证发展对能源资源的需求，不仅要造福当代人，而且要使子孙后代永续发展。发展的目的，就是要不断降低产品和服务成本，不断创造更多更好的就业和创业机会，不断提高人民生活质量和健康水平，实现广大群众安居乐业、富裕幸福。"① 至此，绿色发展的思想便正式提出来了。

在制定《中华人民共和国国民经济和社会发展第十二个五年规划纲要》期间，气候变化等环境问题就已经成为未来各项发展必须考虑的最大的限制因素，节能减排与应对环境问题成为我国核心发展目标和核心发展政策之一。面对巨大的挑战，"十二五"规划的创新性定位就是"绿色发展规划"。2010年10月15日，中国共产党第十七届中央委员会第五次全体会议召开，会议审议通过了《中共中央关于制定国民经济和社会发展第十二个五年规划的建议》。该《建议》明确指出："面对日趋强化的资源环境约束，必须增强危机意识，树立绿色、低碳发展理念，以节能减排为重点，健全激励和约束机制，加快构建资源节约、环境友好的生产方式和消费模式，增强可持续发展能力。"至此，绿色发展思想便正式以党的文件的形式得以提出。

在绿色发展思想正式提出来后，有学者对科学发展观与绿色发展思想两者之间的关系做了深入的研究，该学者认为，胡锦涛的绿

① 《胡锦涛在中国科学院中国工程院院士大会上的讲话》，人民网（http://politics. people. com. cn/GB/1024/11806267. html）。

色发展思想主要包括四个方面的内容：

第一，绿色和谐发展论。促进人与自然相和谐的绿色发展思想是科学发展的核心理念。因此，党的第三代中央领导集体多次强调"要促进人和自然的协调与和谐，使人们在优美的生态环境中工作和生活"，并在十六大报告中把"促进人与自然的和谐"作为全面建设小康社会四大目标之一的重要内容。以胡锦涛为总书记的中央领导集体继承和发展了马克思主义关于人与自然和谐发展的生态文明思想，把它提升到发展中国特色社会主义的战略地位，这是胡锦涛自然生态观和科学发展战略思想的核心理念，是绿色发展的精髓。

第二，国策战略绿色论。国策战略绿色论是指不断赋予环境保护的基本国策和可持续发展战略的生态内涵，把保护生态环境和推进可持续发展切实转入绿色发展的轨道。改革开放以来，我们党、国家和政府高度重视生态环境保护与建设，把环境保护作为一项基本国策，把可持续发展作为一个重大战略。

第三，绿色文明发展道路论。以胡锦涛为总书记的中央领导集体把建设生态文明写在中国特色社会主义的伟大旗帜上，开辟了探索中国特色社会主义生态文明即绿色文明发展新道路。党的十七大不仅提出了生态文明的科学命题与发展理念，而且明确了建设生态文明的目标、任务和要求。这表明以胡锦涛为总书记的中央领导集体开拓了社会主义文明理念的新境界，是我们党对中国特色社会主义发展问题尤其是自然生态发展问题的新认识。因此，以胡锦涛为总书记的中央领导集体建设生态文明思想，是一种新型的绿色经济发展思想，是当代马克思主义绿色经济发展观。

第四，国际绿色合作论。国际绿色合作论是指对外倡导绿色合作，努力实现与世界各国的和平发展、共同发展、和谐发展。我国在国际环境保护合作的基础上，提出"绿色合作"的新的理念、追求、主张与原则，突出表现在我国和美国签署了关于加强气候变化，能源和环境合作的谅解备忘录。如何推动国际新兴产业合作尤其是节能减排、环保、新能源等领域合作，培养世界经济的新增长点，避免形成新的"绿色鸿沟"，这正是当前所面临的新任务、新挑战。

据此，笔者认为，科学发展观作为发展着的科学理论，其理论内涵，不仅涵盖了建设生态文明，而且涵盖了发展绿色经济。科学发展观统领的中国特色社会主义发展道路，其本质与精华是生态自然发展和经济社会发展双赢的科学发展道路。它既表现在经济社会又好又快地发展，又表现在生态经济社会有机整体和谐协调可持续发展，这是科学发展观的绿色实质之所在。"因此，生态文明的绿色与和谐发展，是科学发展的集中体现，是科学发展观的核心内容之一。"他还指出，"上述对科学发展观的生态马克思主义经济学分析，充分反映了科学发展观的生态经济意蕴、绿色经济属性和绿色发展特征。正是从这个新视角，我们再次阐明了科学发展观是发展中国特色社会主义的根本指导方针和重大战略思想，具有划时代意义的重大转型，甚至可以说重大飞跃。其中一个重要标志，就是在科学发展观统领下，发展绿色经济、低碳经济，走绿色、低碳发展之路，推进中国特色社会主义发展与经济发展的绿色低碳转型与绿色低碳崛起"①。这样一种分析和判断是具有一定的启示作用的。

　　从上述分析中我们可以得出这样一个结论，那就是落实科学发展观必须坚持走绿色发展的道路。绿色发展不仅是世界经济发展方式的根本转变，也是中国走可持续发展道路的必然选择。只有走绿色低碳的发展之路，才能有效解决困扰人类的一系列的矛盾和挑战，才能为中国特色社会主义奠定坚实的经济基础。

　　（三）习近平治国理念中的绿色发展思想

　　在习近平的治国理念中，绿色发展思想具有十分重要的地位。早在 2006 年 4 月，当习近平还在担任浙江省委书记时，他就把发展生产力与改善生态环境的关系，非常形象地比喻成"金山银山"和"绿水青山"的关系。他在浙江省生态建设领导小组会议上就明确指出，"金山银山"和"绿水青山"这二者之间有矛盾，但又是辩证统一的。绿水青山可以源源不断地带来金山银山，我们种的常青树就是摇钱树。生态优势变经济优势，这是一种更高的境界。因此，习近平强调："我们追求人与自然的和谐、经济与社会的和谐，通俗地讲就是要'两座山'：既要金山银山，又要绿水青山，绿水青山就

---

① 刘思华：《科学发展观视域中的绿色发展》，《当代经济研究》2011 年第 5 期。

是金山银山。"

　　同时，习近平还形象地概括了人们对"两座山"关系的认识发展过程，这个过程经历了三个发展阶段：第一个阶段是用绿水青山去换金山银山，不考虑或者很少考虑环境的承载能力，一味索取资源。第二个阶段是既要金山银山，但是也要保住绿水青山，这时候经济发展和资源匮乏、环境恶化之间的矛盾开始凸显出来，人们意识到环境是我们生存发展的根本，只有"留得青山在"，才能"不怕没柴烧"。第三个阶段是认识到绿水青山可以源源不断地带来金山银山，绿水青山本身就是金山银山，我们种的常青树就是摇钱树，生态优势变成经济优势，形成了一种浑然一体、和谐统一的关系，这一阶段是一种更高的境界，体现了科学发展观的要求，体现了发展循环经济、建设资源节约型和环境友好型社会的理念。他还强调指出："这三个阶段，是经济增长方式转变的过程，是发展观念不断进步的过程，也是人和自然关系不断调整、趋向和谐的过程"，"这'两座山'要作为一种发展理念、一种生态文化，体现到城乡、区域的协调发展中，体现出不同地方发展导向的不同、生产力布局的不同、政绩考核的不同、财政政策的不同"。为此，习近平要求浙江"通过建设生态省来实践'绿水青山就是金山银山'。要牢牢把握环境与经济协调发展这一基本原则，努力把生态环境建设与优化生产力布局、产业升级结合起来，与发展循环经济、开展资源节约结合起来，与加快社会主义新农村建设结合起来，与建设'法治浙江'结合起来，坚持以人为本，切实解决危及人民群众健康的环境问题，着力推进机制创新，举全省之力保护好'绿水青山'，来赢得'金山银山'"。[①]

　　从习近平的上述讲话中，我们可以清楚看到，在他的治国理政的思想中，绿色发展具有十分重要的地位和作用。要使中国经济健康持续的发展，就必须走绿色发展之路，必须将发展生产力和保护生态环境很好地统一起来。只有把绿水青山作为金山银山来看待，才能将生态优势转化为经济优势，这是实现可持续发展的必然要求，

————————
① 《人民日报》2006 年 4 月 24 日第 10 版。

也是建设美丽中国的必由之路。

党的十八大之后，习近平总书记在一些重要讲话中多次强调绿色发展理念的重要作用和现实意义，并对其具体内涵做了详尽的阐述。

第一，要从政治的高度来认识绿色发展的重要意义。

由于环境污染问题已经严重影响到老百姓的日常生活，影响到人民群众对党和国家的信任，也关系到国家的形象，所以习近平要求全党必须从全局、从政治的角度来认识和把握绿色发展的重要意义。他在 2013 年 4 月 25 日的中央政治局常委会会议上就指出："如果仍是粗放发展，即使实现了国内生产总值翻一番的目标，那污染又会是一种什么情况？届时资源环境恐怕完全承载不了。经济上去了，老百姓的幸福感大打折扣，甚至强烈的不满情绪上来了，那是什么形势？所以，我们不能把加强生态文明建设、加强生态环境保护、提倡绿色低碳生活方式等仅仅作为经济问题。这里面有很大的政治。"[①]

这段重要论述把生态文明建设和提倡绿色发展道路上升到政治的高度，精辟地指出了单纯的经济发展不能给人民群众带来幸福，甚至会引起百姓的强烈不满，所以这是一件关系到人心向背的大问题，必须引起高度的重视。

为此习近平在 2013 年 5 月 24 日中央政治局集体学习时重申："要正确处理好经济发展同生态环境保护的关系，牢固树立保护生态环境就是保护生产力、改善生态环境就是发展生产力的理念，更加自觉地推动绿色发展、循环发展、低碳发展，决不以牺牲环境为代价去换取一时的经济增长。"[②]

四个月后他在参加河北省委常委班子专题民主生活会时再次指出："要给你们去掉紧箍咒，生产总值即便滑到第七、第八位了，但在绿色发展方面搞上去了，在治理大气污染、解决雾霾方面作出贡献了，那就可以挂红花、当英雄。反过来，如果就是简单为了生产

---

① 《党的十八大以来习近平总书记关于生态工作的新理念、新思想、新战略》，央广网（http://news.cnr.cn/native/gd/20160406/t20160406_521805160.shtml）。

② 同上。

总值，但生态环境问题越演越烈，或者说面貌依旧，即便搞上去了，那也是另一种评价了。"① 由此可见，在习近平总书记看来，坚持绿色发展、坚定不移地保护好生态环境是各级领导干部最重要、最神圣的职责。所以，我们必须牢记总书记的嘱托，牢固地树立起正确的政绩观，切实转变发展理念，真正下决心走绿色发展之路。

第二，实现绿色发展必须大力转变经济发展方式。

传统的、粗放型的发展模式不仅浪费大量资源，而且造成了严重的环境污染和生态破坏。要走绿色发展之路，就必须抛弃传统的发展模式，实现经济发展方式的根本转变。正因为如此，习近平明确提出："加快经济发展方式转变和经济结构调整，是积极应对气候变化，实现绿色发展和人口、资源、环境可持续发展的重要前提。"② 而所谓转变经济发展方式，就不单单是指在资源利用方式上要有所转变，更重要的是必须在经济结构发展模式上进行大的调整，要加快形成能够支撑我国生态文明建设的新型经济发展方式。为此，习近平多次强调："建立在过度资源消耗和环境污染基础上的增长得不偿失。我们既要创新发展思路，也要创新发展手段。要打破旧的思维定式和条条框框，坚持绿色发展、循环发展、低碳发展。"③

"要把节约资源作为基本国策，发展循环经济，保护生态环境；要呵护人类赖以生存的地球家园，建设生态文明，形成节约能源资源和保护生态环境的产业结构、增长方式、消费模式。"④

第三，实现绿色发展是一项系统工程。

坚持绿色发展是我国经济发展模式的根本转变，它涉及经济运行的各个环节、各个层面，因此是一个庞大的系统工程。对此习近平也做出了深刻的阐述。

任何经济模式都需要有相应的技术支撑。绿色技术是提高资源

---

① 《习近平谈生态文明》，人民网（http://cpc.people.com.cn/n/2014/0901/c164113-25580891.html）。

② 《携手推进亚洲绿色发展和可持续发展》，《人民日报》2010年4月11日。

③ 《深化改革开放　共创美好亚太——在亚太经合组织工商领导人峰会上的演讲》，《人民日报》2013年10月8日。

④ 《携手推进亚洲绿色发展和可持续发展》，《人民日报》2010年4月11日。

利用率、解决环境污染的根本手段，是实现绿色发展的重要途径。只有不断开发和利用各种新型的绿色技术，才能解决人类所面临的资源和能源短缺问题，才能有效地预防、控制和治理好环境污染。为此，习近平高度重视新技术的开发和利用，指出："要加快开发低碳技术，推广高效节能技术，提高新能源和可再生能源比重，为亚洲各国绿色发展和可持续发展提供坚强的科技支撑。"①

在人类经济生活这个大系统中，生产和消费是相互联系、相互依存、相互影响的两个方面。生产的目的就是消费，而消费模式对生产模式同样有着巨大的影响力。因此，要真正实现绿色发展，就必须一手抓绿色生产，一手抓绿色消费。习近平对推行绿色消费也是十分重视的，他指出，"要大力弘扬生态文明理念和环保意识，坚持绿色发展、绿色消费和绿色生活方式，呵护人类共有的地球家园，成为每个社会成员的自觉行动"②。

而在城市发展方面，习近平更是尖锐地批评了那种缺乏自然系统观、片面追求人造景观的做法，他一针见血地指出："城市规划建设的每个细节都要考虑对自然的影响，更不要打破自然系统。为什么这么多城市缺水？一个重要原因是水泥地太多，把能够涵养水源的林地、草地、湖泊、湿地给占用了，切断了自然的水循环，雨水来了，只能当作污水排走，地下水越抽越少。解决城市缺水问题，必须顺应自然。比如，在提升城市排水系统时要优先考虑把有限的雨水留下来，优先考虑更多利用自然力量排水，建设自然积存、自然渗透、自然净化的'海绵城市'。许多城市提出生态城市口号，但思路却是大树进城、开山造地、人造景观、填湖填海等。这不是建设生态文明，而是破坏自然生态。"③

由此可见，习近平对绿色发展的一系列重要论述，不但丰富了马克思主义的生态思想，发展了中国特色社会主义生态文明理论，同时也为我们坚定不移地走绿色发展道路指明了前进的方向。

---

① 《携手推进亚洲绿色发展和可持续发展》，《人民日报》2010年4月11日。
② 同上。
③ 《习近平谈生态文明》，人民网（http://cpc.people.com.cn/n/2014/0829/c164113-25567379-3.html）。

（四）绿色发展上升为国家发展战略

2012 年，党的十八大报告提出要把资源消耗、环境损害、生态效益等纳入国民经济与社会发展评价体系，明确提出构建包括生态文明在内的五位一体的新布局，从而进一步明确了绿色经济和绿色转型的发展方向。2015 年 10 月，党的十八届五中全会在北京召开，会议研究了关于制定国民经济和社会发展第十三个五年规划的建议，通过了《中共中央关于制定国民经济和社会发展第十三个五年规划的建议》和《中国共产党第十八届中央委员会第五次全体会议公报》。公报提出了创新发展、协调发展、绿色发展、开放发展和共享发展的这"五大发展"理念，把人们对绿色发展的认识提到了一个新高度。

十八届五中全会不但深刻地阐述了绿色发展的重要意义，而且为落实绿色发展描绘了整体布局，呈现出一些新的亮点，比如说提出了四个格局，即城市化格局、农业发展格局、生态安全格局、自然岸线格局。而自然岸线格局是一个新提法，它把海洋纳入了进来，用格局把中国的国土做了全方位覆盖。提出了两个体系，一个是建立绿色低碳循环发展产业体系，另一个是清洁低碳、安全高效的现代能源体系。两个体系是绿色发展重要的内容，同时从体系的角度对绿色发展进行诠释，使绿色发展这一概念更加具体，也更加全面。还提出了用能权、用水权、排污权、碳排放的初始分配制度。党的十八届三中全会提出建立碳排放权、污染排放权、水权、节能量的交易市场，这次又强调了四权的初始分配制度，与市场形成了配套，这样的制度安排很有新意。另外，还提出了几个具体的行动和工程：一是近零碳排放区示范工程，二是山水林田湖生态保护和修复工程，三是大规模国土绿化行动，四是蓝色海湾整治行动。这四个行动和工程都非常具体和重大，近零碳排放针对的是减少二氧化碳、应对气候变化而设计的一个工程，生态保护和修护是修复已经破坏的生态，大规模国土绿化行动是进一步开展绿化工作，蓝色海湾整治行动是减少海湾污染，使之变成蓝色，这几个行动涉及全域国土空间，也是一个亮点。①

2015 年 11 月 3 日，在国务院新闻办公室的新闻发布会上，国家发展和改革委员会主任徐绍史强调了"十三五"的五大发展理念，其中一大发展理念是绿色发展，是"十三五"规划的重中之重。他还介绍了要通过低碳发展、节约高效利用资源、市场化的手段进行管理资源利用这三大措施并举，力求在环境保护和生态建设方面取得新的更大成效。

2016 年 3 月 16 日，第十二届全国人民代表大会第四次会议通过了我国《国民经济与社会发展的第十三个五年规划纲要》，该《纲要》提出，要持续推进并解决那些严重制约经济社会中长期发展的重大问题，积极寻找和破解转变经济发展方式的路径和方向，制定切实可行的举措以改善宏观经济环境，持续推进产业结构优化调整，实现国民经济与社会发展的绿色转型。《纲要》还专门设有《绿色发展　建设资源节约型、环境友好型社会》的篇章。这样一来，绿色发展便正式上升为国家发展战略。

四　建设美丽中国必须坚持走绿色发展的道路

党的十八大报告中明确提出要将生态文明建设融入经济、政治、文化、社会建设各方面，努力建设"美丽中国"，这是"美丽中国"首次作为执政理念出现。报告同时又指出，我国要走绿色发展的道路，要把工作的重点放在推进绿色发展之上。只有通过绿色发展，生态和经济才得以平衡，才能实现长期稳定的发展局面。由此可见，"美丽中国"为中国的发展提供了一个明确的战略构想，而绿色发展为实现"美丽中国"的战略目标提供了具体的实现途径，两者的提出都是时代发展的必然要求，具有重要的理论与现实意义。

"美丽"作为一个美学名词，就是指人们所观赏的对象在形式、比例、布局、风度、颜色或声音上都接近完美或理想境界，能给人带来极为愉悦的感受。作为一个国家，要能够称之为"美丽"，首先

---

① 李佐军:《解读五中全会坚持绿色发展六大亮点》，中国证券网（http://news.cnstock.com/event/15wzqhgb/201510/3606701.htm）。

就是体现在自然生态之美上，这是美丽中国的基本内涵和根本特征。

自然生态美是人与自然关系和谐的体现，它既体现了人的需求与自然界所能提供的资源相适应这样一种状态，也反映了人类在经济发展过程中对自然界的有效保护。自从进入工业化时代以来，随着人类对自然界的不断征服，导致对自然资源的过度开采和自然环境的严重破坏，而自然界又对人类施加严厉惩罚和报复，出现一系列灾难性的后果，直接危害了人类生存和发展。因此，建设美丽中国、实现自然生态之美就凸显了党和政府的执政理念更加尊重自然、顺应自然。这也要求我们在发展经济的过程中，必须树立起自然生态文明之美的理念，建设起一个资源节约型、环境友好型社会。为了达到这一目标，我们一方面要充分利用科技手段，最大限度地提高资源利用率，建立起资源循环利用系统，使单位国内生产总值能源消耗和二氧化碳排放大幅下降，主要污染物排放总量显著减少，森林覆盖率不断提高，生态系统稳定性得到增强，人居环境得到明显改善，实现城镇田园化、田园景观化、农业现代化、城乡一体化。另一方面，我们还要注重调动每一个人的主观能动性，人人都应自觉地审视自己的行为，建构人与自然和谐相处的伦理精神，努力形成"珍惜资源、节约资源，取予有度，消费有节"良好习惯，有效地维护人与自然生态的和谐与统一，实现人与自然的共生共荣、共同繁荣、和谐发展，建设青山绿水、鸟语花香的美好家园，展现出人文的、生态的、绿色的、文明的现代化画卷。

所谓绿色发展，前面我们已经提到，就是在生态环境容量和资源承载能力的制约下，通过保护自然环境实现可持续科学发展的新型发展模式和生态发展理念。合理地利用自然资源，有效地保护好生态环境，在经济发展过程中重视维系生态平衡，是绿色发展理念的核心要素，通过实现绿色环境、绿色经济、绿色政治、绿色文化等实践活动，实现经济、政治、社会、文化和生态环境的可持续发展，是绿色发展的主要内容和发展途径。

应该看到，进入 21 世纪以来，中国绿色发展已经取得了明显的成效。"十一五"规划曾设计了多个人口资源环境指标，以此来评估经济发展和环境资源的协调情况，并约束经济生产活动中资源总使用量和单位使用量。这些约束指标更加重视经济发展和环境资源的平衡，有效地约束了地方政府不合理的经济发展活动，从而将节能减排的要求落到了实处。截至 2010 年，我国的单位国内生产总值能源消耗降低约 19.1%，达到预期目标；单位工业增加值的用水量降低 35%，实际情况高于预期估计的 30%；工业固体废物的综合利用率达到 69%，高出规划目标 9 个百分点；农业灌溉用水的有效利用系数达到预期的 0.5；森林覆盖率达到 20.36%，超出预期约 0.36 个百分点。在节能减排方面，二氧化碳的排放总量下降 14%，化学需氧量下降 12%，均超额完成预计的 10% 的目标。[①]

正是在此基础上，党的十七届五中全会提出了绿色发展道路，对中国未来的发展产生了深远的影响。特别是十八大提出建设美丽中国的构想，更是为中国走绿色发展道路提供了战略支撑，为绿色经济、绿色新政等的实施指明了前进的方向，树立了明确的奋斗目标。

可以相信，随着绿色发展理念的不断强化，建设美丽中国的道路一定会越来越宽广，前进的动力也会越来越充足。因为绿色发展能够有效提高经济发展的质量，逐步实现各个领域发展的"绿色化"和"生态化"，为中国经济社会等发展提供新的制高点。绿色发展能够统筹经济和社会的发展，同时将经济和社会的发展建立在环境资源可承受的范围之内，实现人与自然、经济和社会、发展和环境的和谐与平衡。同时，绿色发展追求公平和效率、追求物质与精神的平衡，提倡绿色消费、绿色生活，可以提高全民的文明素养，全面增强自然、经济、社会等各个系统的可持续发展能力，这些都将为建设美丽中国开辟更加广阔的途径、提供更加强大的动力。

---

① 胡鞍钢、鄢一龙、王洪川：《经济社会主要目标实施进展顺利》，《经济研究参考》2013 年第 3 期。

第二章

城市的绿色发展道路与深圳的实践

绿色发展具有丰富的内涵。对整个社会而言，它应该包含有绿色环境发展、绿色经济发展、绿色政治发展、绿色文化发展等内容；单纯对经济而言，它包括均衡发展、节约发展、低碳发展、清洁发展、循环发展、安全发展。同时，从绿色发展的主体来看，它不但要求政府必须实行绿色行政，企业必须实行绿色生产，而且公众也必须坚持绿色消费；而从发展的地域分布来讲，又可分为绿色城市、绿色乡村、绿色单位、绿色学校等。因此，绿色发展既是建设美丽中国的必然要求，又是推进新型城市化的应有之义。在城市化的进程中，只有坚持绿色发展之路，通过发展绿色产业、绿色能源、绿色建筑、绿色出行和建设绿色社区、绿色企业、绿色单位等途径，使城市的经济、社会和公共服务均实现绿色化，才能为建设美丽中国开辟广阔的道路和奠定坚实的基础。

第一节　现代城市的生态特点与所面临的挑战

城市作为一个历史名词，最早的城市是指"城"与"市"的组合。"城"主要是为了防卫，并且用城墙等围起来的地域；"市"则是指进行交易的场所，"日中为市"，而这两者都仅仅是城市的最原始形态。现代意义上的城市也叫城市聚落，是以非农业产业和非农业人口集聚形成的人口较稠密的地区，一般包括了住宅区、工业区和商业区并且具备行政管辖功能。在《辞源》一书中，城市被解释为人口密集、工商业发达的地方。

一　城市是一个复合的人工生态系统

城市作为人类主要聚集地已成为历史发展的必然，但即使如此，人类的衣、食、住、行和从前一样离不开自然界，城市也必须依赖于为其提供物质与能量并可接纳其"代谢"废物的生态系统才能存在。

因此，生态学家马世骏在 20 世纪 80 年代初曾首先提出经济—社会—自然复合生态系统概念，并且认为城市生态系统是一个以人为中心的自然界、经济与社会的复合人工生态系统。它由自然生态系统、经济生态系统和社会生态系统三大子系统组成。其自然系统包括城市居民赖以生存的基本物质环境，如阳光、空气、淡水、土地、植物、微生物等；经济系统运行主要有生产、流通、消费等环节；社会系统包括城市居民生产、生活过程中经济及文化活动的各个方面，主要表现为人与人之间、个人与集体之间以及集体与集体之间的各种关系。

城市生态系统与自然生态系统的最大区别在于，人在城市生态系统中起着支配作用。除此之外，城市生态系统不同于自然生态系统之处还在于，城市是一个人工生态系统与自然生态系统的结合体，其健康运转需要人为介入，以改善其动态平衡，但其运转不能脱离自然生态母系统的支撑，如森林生态系统、草原生态系统等提供的各种功能。也就是说，城市需求的大部分能量和物质，都需要从其他生态系统（如农田生态系统、森林生态系统、草原生态系统、湖泊生态系统、海洋生态系统）输入。同时，城市中人类活动中所产生的大量废弃物，不能完全在本系统内分解和再利用，必须输送到其他生态系统中去，势必会对其他生态系统造成强大的冲击和干扰。因此，人们在城市的建设和发展过程中，如果违背了生态规律，就很可能会破坏其他生态系统的生态平衡，城市生态系统的结构决定城市生态系统功能的发挥，并进一步影响城市生态系统的生态稳定。①

---

① 廖福霖等：《建设美丽中国理论与实践》，中国社会科学出版社 2014 年版，第 131 页。

正因为城市是一个复合的生态系统，其自然子系统、经济子系统、社会子系统通过生态流、生态场在一定的时空尺度上耦合，形成一定的生态格局和生态秩序。因此，城市建设需要充分发挥人类的主观能动性，遵循自然—人—社会生态系统的运行法则，实现生态、经济和社会三大效益相统一与最优化。这些都要求我们在城市建设过程中，必须充分利用生态工程、社会工程、系统工程等现代科学与技术手段，使城市中的自然、技术、人文等要素能够充分融合，其物质、能量、信息都能得到高效利用，人的创造力和生产力也能得到最大程度发挥，尽量减少废物的排放和保护好生态环境，从而建成一个社会、经济、自然可持续发展的城市。这样的城市就是居民身心健康和环境质量得到充分保障的城市，是清洁的城市、低碳的城市、宜居的城市、幸福的城市，从某种意义上讲，这就是城市的绿色发展道路。

二 现代城市发展所面临的挑战

城市化是人类迈向工业社会的显著标志。随着经济的发展和科学技术的进步，不但原有的城市规模在不断扩大，而且新兴的城市也越来越多，城市化的步伐已经越来越快。但是，对于人类社会而言，城市化却是一把双刃剑，它一方面带来了巨大的经济效益，使人们能够享受到便捷而丰厚的物质生活；但是另一方面又带来了人口膨胀、资源短缺、交通拥堵、环境污染等诸多的问题，给人类的生存环境造成了严重的破坏。

改革开放以来，中国的城市化进展跨入了前所未有的快车道。但是，我国快速推进的城镇化是建立在对水、土、能、矿等资源的大量消耗基础之上，由此导致资源供需矛盾日益加剧，同时缺乏总体规划和布局的发展也导致许多"城市病"的频频发生。当前，在城市化进程中所面临的诸多挑战中，最为突出的就是资源短缺和环境污染。

（一）城市资源消耗过度

随着我国城市面积的迅速扩大和人口的急剧增加，许多宝贵资源的被过度消耗甚至浪费，因此造成资源的短缺。

一是水资源短缺。目前，在全国 654 座城市中，已有近 400 个城市缺水，其中约 200 个城市严重缺水，北京、山西、山东、河北、河南等地的城市地下水位普遍下降。

二是土地资源过度消耗和低效利用。2000—2011 年，我国的城镇化率从 36.22% 提高到 51.27%，提高了 15.1%，年均提高 1.37 个百分点；而同期城市建成区面积由 22439 平方公里扩大到 43603.2 平方公里，扩大了 94.3%，年均扩大 6.2%，土地城镇化速度远远快于人口城镇化的速度。从土地承载的人口规模和经济总量数据对比来看，我国城镇人均建设面积 130 平方米，发展中国家平均水平为 83.3 平方米，发达国家仅为 82.4 平方米。另外，从产值集约度来看，我国内陆最发达的城市北京、上海地均 GDP 仅约为东京、香港的 1/9—1/18。

三是大拆大建造成资源极度浪费。以住宅为例，我国住宅建筑平均寿命仅为 30 年，远低于英国 124 年，美国 74 年的平均寿命水平。我国建筑垃圾产生量每年达到 5.7 亿吨，钢铁年消耗量超过 10 亿吨，对外依存度持续保持在 60% 的水平。2010 年我国水泥消费量为 18.51 亿吨，是 2004 年消费量的 2 倍，水泥生产近 20 亿吨，约占全世界水泥产量的 59%。我国的钢铁、水泥单位 GDP 消耗量是世界平均水平的 1.9 倍。

（二）城市环境污染严重

随着资源的大量消耗，再加上环保措施不到位，城市的废水、废气排放量也急剧增加。2008 年年底，仅全国 113 个环保重点城市的废水排放量就占全国的 59.3%，化学需氧量排放量占 47.5%，二氧化硫排放量占 49.4%，氮氧化物排放量占 55%，烟尘排放量占 44.8%，由此而带来了城市环境的严重污染。

一是空气污染严重。目前我国城市空气污染呈现出从工业源向生活源转化的趋势，以北京市的空气污染为例，PM2.5 是造成北京市能见度降低的主要污染物，而这一污染物首要来源是城市机动车尾气排放，贡献了 22% 以上的比重。

二是碳排放居高不下。以 2007 年全国 GDP 排名前一百位城市为例，利用城市经济发展与碳排放量的脱钩模型可以得到，100 个城市里面强脱钩的仅有 8 个，弱脱钩的共 15 个，扩张连接的 33 个，扩张负脱钩的 44 个。扩展连接和扩张负脱钩意味着城市经济的增长与碳排放紧密相关，并且高速的经济增长会同步带来更高额的碳排放。当前，经济的发展仍是城市的首要任务，这意味着大规模的碳排放仍将继续。

三是垃圾围城问题突出。截至 2010 年，中国内地每年产生近 10 亿吨垃圾，垃圾总量居世界首位。其中，在全国 600 多座大中城市中，有 2/3 陷入垃圾"包围圈"，有 1/4 的城市已无合适场所堆放垃圾。而小城镇周围农药、化肥及农膜的使用产生的"白色污染"，村镇居民产生的生活垃圾，占全国工业污染物排放总量接近 50% 的乡镇工业粉尘和固体废物的排放，这些都在严重地威胁着中小城镇及周边环境。[①]

事实上，这些问题已经严重影响到城市的经济社会发展和人民的身心健康，已经到了非解决不可的时候了。而要真正解决好这些问题，根本途径只能是走绿色发展之路，要通过循环发展、低碳发展、清洁发展、节约发展，从而有效地减少资源的消耗和浪费，减轻和避免环境的污染，这也是建设美丽中国、建设美丽城市的唯一选择。

第二节　绿色城市发展理念的兴起

一　国外关于绿色城市的概念

（一）田园城市——绿色城市思想的萌芽

早在 19 世纪末，英国著名社会活动家、城市学家埃比尼泽·霍华德就提出了"花园城市"的概念。他熟知当时不少欧美国家由于大批农民流入城市造成城市膨胀和生活条件急剧恶化的种种弊端，也十分了解和同情贫苦市民的生活状况，于 1898 年出版《明日：一条通往真正改革的和平道路》一书，提出建设新型城市的方案。

---

① 李忠、卢伟、王丽：《绿色、循环、低碳的新型城镇化发展研究》，《中国经贸导刊》2013 年第 4 期。

1902 年修订再版，更名为《明日的田园城市》。

霍华德设想的田园城市包括城市和乡村两个部分。城市四周为农业用地所围绕。城市的规模必须加以限制，使每户居民都能极为方便地接近乡村自然空间，城市居民可以就近得到新鲜的农产品供应。同时霍华德还对他的理想城市做了具体的规划，他建议田园城市占地为 6000 英亩，其中城市占地 1000 英亩，四周的农业用地占 5000 英亩，除耕地、牧场、果园、森林外，还包括农业学院、疗养院等。农业用地是保留的绿带，永远不得改作他用。在这 6000 英亩土地上，居住 32000 人，其中 30000 人住在城市，2000 人散居在乡间。城市人口超过了规定数量，则应建设另一个新的城市。城市的中央是一个面积约 145 英亩的公园，有 6 条主干道路从中心向外辐射，把城市分成 6 个区。城市的最外圈地区建设各类工厂、仓库、市场，一面对着最外层的环形道路，另一面是环状的铁路支线，交通运输十分方便。为减少城市的烟尘污染，必须以电为动力源，城市垃圾应用于农业。霍华德还设想，若干个田园城市围绕中心城市，构成城市组群，他称之为"无贫民窟无烟尘的城市群"。中心城市的规模略大些，建议人口为 58000 人，面积也相应增大，城市之间用铁路联系。

为此，霍华德于 1899 年组织田园城市协会，宣传他的主张。而《明日的田园城市》出版后，也被翻译成多种文字在世界各国流传，引起了全球的关注。霍华德倡导用城乡一体的新社会形态来取代城乡分离的旧形态，强调要把生动活泼的城市生活与乡村的美丽环境和谐地组合在一起，建设具有生态魅力的田园城市，这种思想虽然不能简单地等同于今天我们所说的城市绿色发展道路，但其富有开拓性的设想仍然具有十分重要的参考价值。

（二）生态城市——绿色城市理念的形成

尽管霍华德早就提出了"田园城市"的概念，但是随着资本主义经济危机的爆发和两次世界大战的冲击，西方国家忙于应付各种紧迫的军事、政治和社会问题，根本无暇顾及绿色城市的发展。二次大战之后，西方各国政府均是以刺激经济增长和增加物质财富为主要目标，城市规模越来越大，都市化特征更加明显，各种城市病也层出不穷，这使得生态城市的理念长期得不到重视，更无法在实践中加以落实和推广。

从 20 世纪 60 年代开始，伴随着世界经济危机的频繁爆发、能源和劳动力价格的上涨，西方许多中心城市如休斯敦、匹兹堡、格拉斯哥、伯明翰等呈现出大规模的城市衰退迹象。一些学者对这些城市的产业结构如何调整与复兴进行研究。有学者就发现狭窄的专门化产业群体是造成城市经济脆弱的根源，产业结构的多元化转型是城市振兴与发展的重要路径。他们的研究指出，休斯敦城市资源耗竭、环境恶化、产业衰退、失业严重等问题，应该通过大力延伸产业链，推进石油科研的开发，带动相关服务业的发展，从而加速城市经济结构的转型。从 20 世纪末到 21 世纪初，一些西方学者又深入地进行了这方面的研究，提出当代都市发展需要用创意的方法加以转型的观点。他们认为，艺术在美化与活化城市、提供就业、吸引居民与观光、建立创意的与革新的环境等方面都可发挥重要作用。同时，还有不少国外学者从绿色经济、低碳经济等视角对城市转型进行了研究。有的实证研究了碳排放量与城市规模、土地开发密度三者的关系，发现城市规模与碳排放存在一定的正相关关系；有的则研究了英国城市空间规划与绿色低碳发展目标之间的关系；还有的学者实证研究马来西亚能源消耗、碳减排与城市绿色发展、城市规划的关系问题。① 正是在这样一种背景下，生态城市的概念便应运而生并得到广泛的关注。

一般认为，生态城市作为一个正式的科学概念，来源于联合国教科文组织于 1971 年的第 16 次会议，这次会议提出了"关于人类集居地的生态综合研究"计划，明确要求要从生态学的角度用综合生态方法来研究城市。于是就在世界范围内推动了用生态学的理论来研究生态城市、生态社区、生态村落的趋向。这一目标提出后，人们便开始从不同角度对生态城市进行了多方位的研究，使这一概念及其理论体系不断得到发展。从广义上讲，生态城市是建立在人

---

① 陆小成、冯刚：《生态文明建设与城市绿色发展研究综述》，《城市观察》2015 年第 3 期。

类对人与自然关系更深刻认识基础上的新文化观，是按照生态学原则建立起来的社会、经济、自然协调发展的新型社会关系，是有效地利用环境资源实现可持续发展的新的生产和生活方式。而狭义地讲，则是按照生态学原理进行城市设计，建立高效、和谐、健康、可持续发展的人类聚居环境。

1981 年，苏联城市生态学家亚尼茨基于提出了的一种理想城市——"生态城市"的设想，这样的生态城市就是一个将自然、技术和人文等各种要素得以充分融合，物质、能量、信息能够被高效利用，人的创造力和生产力得到最大限度的发挥，居民的身心健康和环境质量得到保护，是一个生态的、高效的、和谐的人类聚居新环境。这样的生态城市，实际上就是社会、经济、文化和自然高度协调的复合生态系统，其内部的能量流动、物质循环和信息传递能够构成协同共生的网络，具有实现物质循环再生、能力充分利用、信息反馈调节、经济高效运转、人与自然和谐共生的机能。

1990 年，在美国西部小城伯克利召开了第一届国际生态城市研讨会，700 多名来自世界各地的专家、学者参加了这次研讨会，就城市问题展开了深入的讨论，并就如何按照生态学原则建设城市提出了一些具体的、开创性的建议，此后生态城市的研究与示范建设逐步成为全球城市研究的热点。第二届国际生态城市研讨会 1992 年在澳大利亚的阿德来德举行，大会就生态城市设计原理、方法、技术和政策进行了深入的探讨，并提供了大量的研究案例。1996 年、2000 年、2002 年又分别在塞内加尔的约夫、巴西的库尔蒂巴、中国的深圳召开了第三届、第四届、第五届国际生态城市研讨会，使生态城市的概念更加清晰，理论体系逐步完善。[①]

生态城市概念的提出，使反对环境污染、追求优美的自然环境、实现人与自然的和谐成为新的城市价值观，也标志着城市的发展进入了一个更高的历史阶段——绿色城市发展阶段。随着这一趋势的出现，先进城市的标准也开始由"技术、工业和现代建筑"逐渐演

---

① 李超：《绿色城市发展战略体系研究——以"绿色南京"战略为例》，硕士学位论文，南京林业大学，2006 年，第 5 页。

变为"文化、绿野和传统建筑",人们还提出了让城市"回到自然界"的口号,花园城市、绿化城市、自然城市的思想开始成为一股世界性的潮流,并且直接影响到新城市建设和旧城市改造等诸多方面。

二　中国城市发展观的演变

绿色城市理念是近代工业化的产物,中国过去长期处于农业社会,因此鲜有这方面的理论阐述。但是,即使是在农业社会,中国的城市发展仍然不乏注重生态环境的良好传统。而改革开放以来,随着中国城市化进程的不断加快,城市建设的发展思路也在发生深刻的变化。

(一)　园林城市

应该说,中国古代城市的发展曾长期受到"天人合一"思想的深刻影响。"天人合一"这一思想观念最早是由庄子阐述,后被汉代思想家董仲舒发展成为一种哲学思想体系,并由此构建了中华传统文化的主休。在道家来看,天是自然,人是自然的一部分。天人本是合一的。但由于人制定了各种典章制度、道德规范,使人丧失了原来的自然本性,变得与自然不协调。人类修行的目的,就是要"绝圣弃智",打碎这些加于人身的藩篱,将人性解放出来,重新复归于自然,达到一种"万物与我为一"的精神境界。这种思想观念也就决定了中国古代城市建设的一个显著特点,那就是从选址到建设都重视与自然环境的和谐共生。中国古代盛行的风水学,尽管受到当时落后的科学和物质技术手段的限制,但那种追求和顺应自然、并有节制地改造和利用自然,追求人与自然协调与合作的意境,早于西方现代文明几千年登上了天人合一的审美理想的高峰。

从古代建筑史中人们不难发现,园林与城市、造园与建城的相互融合,是中国古城建设的一个突出特点,以私家园林和庭院绿化为载体的"城市山林"享誉全球,而北京、南京、杭州、昆明、长春、苏州等城市,也成为了中国古代园林城市的典范。

自20世纪80年代中期以来,伴随着国际上对绿色城市研究的关注,我国的绿色城市研究也得到了迅速发展。而园林建设使城市绿化成为绿色城市综合系统中一个重要组成部分。为促进城市的绿化工作、改善城市的宜居环境，从 1992 年开始，全国就开始组织开展了园林城市的创建工作。"国家园林城市"，就是根据中华人民共和国住房和城乡建设部《国家园林城市标准》评选出的分布均衡、结构合理、功能完善、景观优美，人居生态环境清新舒适、安全宜人的城市，是国内重要的城市品牌之一。

园林城市的创建发挥重视改善城市环境的示范带动作用，有力地推动了城市生态建设和市政基础设施建设，提升了城市宜居品质。虽然它不能完全等同于城市的绿色发展模式，但也开启了城市绿色发展的转型步伐。全国约有半数城市（310 个）、1/10 的县城（212 个）成功创建国家园林城市（县城）。与创建之初相比，全国城市园林绿地总量大幅度增长，城市绿地总量增加了 4.7 倍，人均公园绿地面积提升了 6.3 倍，城市公园面积增长了 8 倍。各地有效落实出门"300 米见绿，500 米见园"指标要求，多数城市公园绿地服务半径覆盖率接近或超过 80%，城市公园更加亲民、便民、惠民，公园绿地成为健身、休闲和娱乐重要场所，广大市民就近游园数量快速增加。

（二）生态园林城市

1986 年中国园林学会在温州召开的"城市绿地系统，植物造景与城市生态"会议，从保护环境、维护生态平衡的观点出发，就园林绿化建设，提出了生态园林的概念。1990 年上海市"生态园林研究与实施"课题组以生态学、景观生态学、生态经济学等原理为指导，在继承和总结传统园林的基础上，对生态园林的兴起、范围、定义、内容、经济等进行了系统的理论探讨。生态园林是继承和发展传统园林的经验，遵循生态学的原理，建立多层次、多结构、多功能的科学的植物群落。在构成特征上，生态园林应具备生态性、景观性、多样性、经济性、综合性的基本特征。由此可见，生态园林建设在我国城市绿化建设进程中具有划时代的重要意义，可以称之为我国城市绿化由追求美学艺术效果转变为重视绿化的生态功能等综合效益的转折点，是使城市绿化建设成为为城市居民服务、提供良好居住环境的手段和措施的里程碑，使绿化与城市成为不可分割的有机体。①

2007 年，住房和城乡建设部发起了创建"国家生态园林城市"的工作。创建"国家生态园林城市"的申报城市必须先获得"国家园林城市""中国人居环境奖"等称号。生态园林城市是城市发展的阶段性目标，是城市发展的一种先进模式。生态园林城市不仅仅是指环境优美、洁净，园林绿化好，而且要在园林城市的基础上，利用生态学原理，通过植树造林，扩大森林面积，增加森林资源，保护生物多样性，提高城市的生态功能，突出城市的生态概念，并保证居民对本市的生态环境有较高的满意度。国家生态园林城市是国家园林城市的更高层次。国家生态园林城市更加注重城市生态功能提升，更加注重生物物种多样性、自然资源、人文资源的保护，更加注重城市生态安全保障及城市可持续发展能力，更加注重城市生活品质及人与自然的和谐。

（三）绿色城市

"十三五"规划中提出了五大发展理念，其中一大发展理念就是绿色发展。为此，不少业内专家都认为，发展绿色低碳的生态型城市将是"十三五"中国城市发展的方向。目前，中国城市数量已达650 多个，城镇化率也达到55%，意味着每年约一千万人口从农村转移到城市。而随着城市的扩张，现在至少 50%的物质气体是城市产生的，75%的能源是城市消耗的，同时城市排放了同等数量的二氧化碳气体和其他废气、污水。如何吸纳大量新增城市人口、如何克服城镇化进程中的"城市病"、如何提高城市保障能力和运行效率，都是未来中国城市发展亟须解决的问题。

与园林城市和生态园林城市相比，创建绿色城市就不但要种树、种草和发展多样化的城市园林，使之成为城市中不可或缺的魅力风景线，而且还要强调低碳、节能。绿色城市的建设归根结底要体现人与自然的和谐发展，在发展经济的同时，既不能破坏城市的生态和人文环境，还要坚持节能和可再生的原则。因此就必须大力发展

---

① 李超：《绿色城市发展战略体系研究——以"绿色南京"战略为例》，硕士学位论文，南京林业大学，2006 年，第 6 页。

循环经济、低碳经济，并采用绿色建筑和节能材料。同时，建设低碳绿色城市，还要对城市的自然资源、居住条件、交通状况、工作环境、休憩空间等诸多问题进行科学合理的规划，并且严格地加以执行，使城市在它的建设和使用周期内，能够最大限度地节约资源、优化环境和减少污染，为人们提供健康、宜居的城市空间，创造与自然和谐共生的环境。

其实，早在2001年11月8日，以"绿色城市、绿色经济、绿色生活、绿色文明"为主题的首届中国国际城市绿色环保博览会就曾在厦门召开，时任全国人大环境与资源保护委员会主任委员、首届绿博会组委会主任曲格平在大会致贺词时表示：在英国产业革命之后，人类在发展经济方面取得了巨大成就，但也带来了许多意想不到的结果，甚至埋下了人类生存和发展的潜在威胁，生态破坏和环境污染问题日趋严重，终于形成了大面积乃至全球性公害。今天，环境保护运动风起云涌，席卷全球，可持续发展已经成为人类发展不可逆转的绿色潮流，正引导人类进入一个崭新的绿色文明时代。绿色文明时代的典型特征是人与自然重新结盟，和谐共处，它不仅影响着人类的经济活动，还将影响着人类的价值观念、行为模式和政治结构。自然，它也必将影响我国正在进行的工业化和城市化进程。

曲格平指出：建立绿色城市，也要有相应的绿色经济。城市的发展必须以经济为基础，但经济的发展不能以牺牲环境为代价，只有保护好自然资源和生态环境，才能实现城市社会和经济的可持续发展。不顾生态环境的经济发展，等于杀鸡取卵、竭泽而渔，虽然可以获取短期的经济效益，但从长远看，是扼杀经济发展之路，必将付出沉重的经济代价。因此，在发展经济中，要尽量避免短期行为，要以可持续发展为目标，重视环境和资源保护，积极发展绿色经济，努力探索一条社会、经济与环境、资源相互协调的发展道路。这也是首届绿博会的宗旨所在。

同时，他还表示：绿色文明是绿色城市的主要标志，建设一个绿色文明城市，要符合以下七个方面的条件：合理规划布局；完善的城市基础设施；有效控制污染；环境质量达到优良状态；选择使用清洁能源；有一定比例的绿化覆盖；居民有强烈的环境意识。他认为，以上是绿色文明城市的基本条件，绿色经济和绿色生活是绿色文明不可或缺的重要内涵。如果说工业文明是以大量消耗自然资源、大批量生产、过度消费和环境污染为主要特征，那么绿色文明则是以资源循环利用、清洁生产、适度消费以及清洁优美的环境为主要特征；而只有摒弃工业文明中落后于时代的成分，创造出坚实丰厚、充满生机的绿色文明，才能建立起名副其实、欣欣向荣的绿色城市，这也是本届绿博会更深一层次的用意。①

今天，在十八大精神指引下，全国许多城市的建设者们正在以更加开阔的视野、更加坚定的信念、更加有效的措施，加快绿色城市的建设步伐。而绿色城市建设的具体指标也从单纯注重城市绿化，向大力发展循环经济、低碳经济和倡导绿色生活方式等综合性的目标转化。

第三节　深圳是城市绿色发展的先行者

城市是一个国家经济发展与社会进步的象征，在国家的政治、经济、文化等各方面都起着重要的作用，特别是中心城市更具有举足轻重的地位。据统计，2000 年全球 GDP 的 90% 就是由城镇生产的，而这 90% 中又有 50% 以上由国家中心级别城市生产。因此，在城市化与全球化时代，一个国家的地位，在某种程度上正是由中心城市的地位所决定的。

深圳是一座非常年轻的城市。30 多年来，伴随着改革开放的春风，深圳从一座不知名的边陲小镇迅速崛起，发展成为一座举世瞩目的区域性中心城市。建市以来，深圳一直坚持以"生态立市"为引领，通过大力开展生态环境保护与污染整治，使全市的整体环境质量不断得到改善，逐步探索出一条经济、社会、生态协调可持续发展新途径，在城市发展的绿色转型方面，深圳已经成为了先行者、

---

① 《人民日报·海外版》2001 年 11 月 3 日第 10 版。

领跑者。

一　在城市发展中始终坚持生态优先理念

"生态优先"是深圳建市以来始终坚持不渝的基本原则。早在1986年，深圳就在特区总体规划中划定了绿化隔离带，初步确立了抑制城市建设向外无序扩张的生态边界。2005年深圳又开创性地在全国率先将约49%（974平方公里）的土地划入基本生态控制线，涵盖了饮用水源保护区、自然保护区等生态环境敏感区，并采用卫星遥感监测技术，实行最严格的红线保护和管理，严守生态资源，打造了一道具有深圳特色的绿色屏障，有效保护了城市生态系统的完整性和城市生态安全。深圳正是通过严控生态控制线内区域的开发活动，在保持城市化快速发展的同时，坚决守住了生态资源。深圳正是通过加快构建"四带六廊"区域生态安全格局，以"东西贯通、陆海相连、疏通廊道、保护生物踏脚石"为生态空间保护战略，依托山体、水库、海岸带等自然区域，连通大型生态用地，隔离城市功能组团，保障全市的生态安全。

在"生态优先"理念的支撑下，作为全国首批生态文明建设试点城市，深圳市委、市政府于2007年以一号文件的形式出台了《关于加强环境保护建设生态市的决定》，并编制实施《生态市建设规划》，以此来体现对生态文明建设的极大重视和关注。2008年，深圳又在全国率先出台了《深圳生态文明建设行动纲领（2008—2010）》，以及节能减排、循环经济、绿色交通和建筑等9个配套文件，启动了80项生态文明建设项目，每年开展环境保护实绩考核，率先迈出全面建设生态文明的步伐。这些文件强调了深圳建设生态文明的理念和目标，那就是牢固树立全民忧患意识、以人为本意识、生态优先意识、国际化意识和特色化意识，通过持续推进生态文明建设系列行动计划，推进城市生态文明水平不断进步，把深圳建设成为中国最干净、最美丽、最生态化的城市，具有中国风格、中国特色、中国气派的现代化国际化城市，可持续发展的全球先锋城市，有中国特色的社会主义示范市。同时，文件还突出了建设生态文明的主要内容，即按照生态文明的标准和要求，从四个方面入手，全力打造精品深圳、绿色深圳、集约深圳和人文深圳：

一是在提高城市规划水平、加强城市与建筑设计、促进特区内外一体化发展、加快绿色公共交通体系建设、创新和完善城市开发建设模式、加强城市综合管理六个方面，科学谋划城市功能布局，打造精品深圳。

二是在推进节能减排、构建生态安全格局、打造绿色城区和绿色建筑、推进含量污染治理、加强生态环保区域合作等五个方面，推进节能减排和生态建设，打造绿色深圳。

三是在提高土地资源集约利用水平、实施水资源可持续利用战略、提高能源资源综合利用效率和固定废弃物循环利用三个方面，优化城市资源管理，打造集约深圳。

四是在加强住房保障、提高公共服务水平、加强历史文化保护和城市更新、促进生态科技创新、提高生态文明素质五个方面，提升人居环境质量，打造人文深圳。

这些文件既有行动纲领，又有配套行动方案，更有实实在在的建设项目支撑，是全面推进深圳的生态文明建设的规范文件。这些文件的制定颁发，说明了深圳市领导对加快生态文明建设具有强烈的责任感和极大的紧迫感，对深圳走绿色发展道路起到了重要的保障作用。

经过数年的实践，在党的十八大精神指引下，深圳市委、市政府于2014年4月又发布《关于推进生态文明、建设美丽深圳的决定》。该《决定》更加突出了生态文明建设的重要意义，强调要将其融入到经济建设、政治建设、文化建设、社会建设各个方面，落实在城市规划、建设、管理各领域，贯穿于生产、流通、分配、消费各环节，建设蓝天白云、青山碧水的美丽深圳。主要目标为，到2015年建成国家生态市，到2020年将建成国家生态文明示范市和美丽中国典范城市。为此，《决定》突出强调：

——在产业政策上要体现生态优先的原则。即在经济发展思路、产业发展政策、资金投入机制上都要体现生态优先，大力发展资源节约型环境友好型产业，在保护中求发展，坚决摒弃以牺牲环境换取经济增长的发展模式。

——全面促进资源节约，扎实推进低碳城市试点，高水平建设深圳国际低碳城。即要大力发展节能环保产业，将节能环保产业列为战略性新兴产业，出台产业振兴发展规划和政策；支持骨干企业做大做强，建设一批节能环保企业加速器、孵化器，助推中小企业快速成长。

——编制自然资源资产负债表。要树立生态红线观念，优化城市空间布局；要完善城市组团式空间结构，换取生态系统的休养生息；要建立生态安全网络体系，维护自然生态系统的连通性和完整性。此外，还要建立健全自然资源资产管理制度，充分利用深圳生态资源测算成果，建立完善自然资源资产核算体系，探索编制全市的自然资源资产负债表，将自然资源资产状况纳入党政领导干部考核体系。

——对生态环境违法"零容忍"。《决定》提出要实施最严厉的生态环境责任追究机制，对不顾生态环境盲目决策、造成严重后果的领导干部，依法严肃追究责任；要将生态文明建设考核结果作为评价领导干部政绩、年度考核和选拔任用的重要依据之一，避免单纯以经济增长速度评定政绩的倾向。

——强化生态文明建设组织领导。成立深圳市生态文明建设工作领导小组，市委、市政府主要负责同志任组长，各部门主要负责人为成员，领导小组办公室设在市人居环境委。《决定》还强调要制定落实本决定的实施方案，确定具有约束性、体现先进性的关键指标，提出近阶段主要任务和具体措施，加强督察，确保取得实效。

正是在这一系列文件的指导规范下，并通过严格的考核，深圳市各级领导干部普遍树立起绿色施政的理念，政府不断加大对绿色财政投入，企业着力发展好绿色环保产业，市民也更加注重保护市容环境。深圳市在有限的环境容量里承载了经济社会快速发展，生态环境质量保持良好水平并逐年改善，生态、节水、节能、减排、宜居等工作全面提升，这些都为全面建设美丽深圳打下了良好的基础。

二 着力发展循环经济、低碳经济

绿色发展的关键就是要大力发展循环经济、低碳经济。2009 年
5 月，国务院批复了《深圳市综合配套改革总体方案》，要求深圳充
分发挥经济特区的"窗口""试验田""排头兵"和示范区作用，在
重点领域和关键环节先行先试，其中一项重要任务就是要探索建立
资源节约环境友好的体制机制，包括环境资源的综合管理机制，促
进资源节约、环境友好的激励约束机制和适应经济增长的生态发展
模式，加快建设国家生态文明示范城市。因此，深圳更加积极地承
担起在全国率先发展循环经济、低碳经济的历史重任。

实际上，深圳经济发展的一大特色，就是在保持整体经济快速
崛起的过程中，不断加快建设现代产业体系的步伐，并大力推进产
业结构转型升级。多年来，深圳着力发展金融、文化、物流、旅游、
会展等低能耗产业，大大提高了服务业在整个经济中的比重。同时，
在第二产业内又积极促进传统劳动密集型产业和加工贸易企业转型
升级。大力发展高新技术产业，这些都体现了深圳在发展循环经济、
低碳经济方面所做出的巨大努力。

为了加快循环经济、低碳经济的发展步伐，深圳充分利用产业
体系比较合理、自主创新比较活跃、法制环境比较健全的优势，通
过政府规划引导、完善政策法规体系、提供技术和资金支撑、提倡
示范带动等方式，使高新技术、金融、物流、文化四大支柱产业的
作用不断得到增强，低碳排放的高新技术产业蓬勃发展，重污染行
业减排和优化升级全面加快，有力推动了深圳产业结构、能源结构
的持续优化。2015 年 1 月 8 日，深圳市市长许勤向市人大常委会议
报告了 2014 年经济社会发展情况，报告指出 2014 年深圳本市生产
总值增长约 10%，高于全国、全省平均增速，而且呈现出"速度
稳、质量高、动力强、结构优、消耗低"的特点。2014 年深圳经济
规模已经突破 1.5 万亿元，提前 1 年完成"十二五"规划目标，其
经济规模超过了葡萄牙、希腊、芬兰等国家 2013 年经济规模。人均
GDP 预计 2.4 万美元，居内地副省级城市首位。特别值得指出的是，
创新已经成为深圳驱动发展的新引擎、主引擎，2014 年全社会研发

投入 640 亿元以上，是 2009 年的 2.3 倍。深圳 PCT 国际专利申请量增长 15%，达 1.15 万件，连续 11 年居全国首位，约占全国的一半。同时，深圳转型升级的成效日益凸显，包括传统战略性新兴产业、服务业、传统优势产业以及未来产业在内的产业转型升级"四路纵队"齐头并进，包括 13 个重点区域、23 个战略性新兴产业集聚区、高新区北区等在内的区域转型升级"多个集团军"协同推进，深圳不断涌现新的增长极。据统计，深圳战略性新兴产业增加值 5 年年均增长约 20%，约为 GDP 增速的 2 倍；先进制造业增加值占规模以上工业的比重达 73.1%，比 2009 年提高 4.3 个百分点。消费升级也加快了步伐，信息消费、金银珠宝、文化办公、通信器材等消费增速，是消费整体增速的 2.7 倍。

在传统的发展模式下，经济的增长必然伴随着资源能源消耗的增加。但是深圳在 GDP 和财政收入持续增长的情况下，万元 GDP 能耗、万元 GDP 水耗等指标呈大幅下降趋势。统计数据显示，2014 年深圳万元 GDP 能耗下降 4.3%，五年累计下降 19.5%；万元 GDP 水耗下降 8%，五年累计下降 44.7%，节水 28.77 亿立方米；工业用水量五年累计减少 5449 万立方米；新增建设用地面积五年年均减少 258 公顷。同时，预计全年化学需氧量、氨氮、二氧化硫减排量累计完成"十二五"目标任务的 198.1%、154.9%、100.6%；PM2.5 平均浓度为 33.6 微克/立方米，同比下降 15.2%，处于内地副省级以上城市最优。[①]

三 加大环境基础设施建设和治污力度

为了尽快改善城市的生态环境质量，深圳加快环境基础设施建设，不断提升城市环境承载力。截至 2009 年，深圳就先后建成污水处理厂 19 座，处理能力达 287 万吨/日，城市生活污水集中处理率达到 80.17%；生活垃圾无害化处理设施 9 座，处理能力达 8975 吨/日，无害化处理率达到 94.3%；危险废物、医疗废物集中处理处置设施 8 座，处理能力 2221 吨/日，无害化处理率达到 100%，在全国

---

① 《新常态下深圳经济发展新特征解读》，《深圳特区报》2015 年 1 月 9 日。

大中城市处于领先地位，初步建立了适应经济社会发展需要的环境支撑体系。

伴随着环境基础设施不断改善的是环保投入的急剧增加。2001年深圳的环境保护投入为 42.68 亿元，到 2011 年，环境保护投入已高达 298.65 亿元。环境保护投入的大幅增加，也意味着治理环境污染的力度不断加大。

深圳大力治理水质污染和大气污染，可以说是一场真正的"生态文明大考"。深圳用旷日持久的坚持来治水治气，还市民水清天蓝。在河流的治理方面，深圳投入的是超常规力度。从 2008 年起，深圳联合东莞、惠州两市推进界河龙岗河、观澜河污染整治工作，四年中累计投入 88.2 亿元，通过治污工程、管网建设、流域限批、产业转型、环境监管多方面措施，改变了河流黑臭现象，河流生态系统逐步恢复，深圳河流水质已得到根本性改善。光是在那几年中，深圳因"环保问题"就否定了 1.1 万个投资项目意向，高耗能、高污染、资源消耗项目，再赚钱也不审批。[①]

由于实行了严厉的环保措施，深圳的环境质量得到明显好转。2015 年 3 月 25 日，深圳市人居环境委发布 2014 年度深圳市环境状况公报。公报显示，2014 年，全市环境质量总体保持良好水平，空气质量优良天数共 348 天，比上年增加 24 天。空气中首要污染物为细颗粒物，全年灰霾天数 68 天，比上年减少 30 天。其中，二氧化硫、二氧化氮、可吸入颗粒物、细颗粒物、一氧化碳日平均浓度和臭氧日最大 8 小时平均浓度达到二级标准天数比例分别为 100%、99.2%、99.7%、96.7%、100% 和 98.9%。而国家环保部在此之前发布的 2014 年全国 74 个城市空气质量状况，显示深圳排名第四。

四　努力打造宜居环境

坚持绿色发展的主要目的，就是要在经济不断发展的前提下，建成生活舒适、环境优美、功能完善、人民群众具有幸福感的宜居

---

① 张军：《打造生态文明之都　建设美丽宜居深圳》，《特区实践与理论》2013 年第 2 期。

城市。为此，深圳在这方面做出了长期而艰巨的努力。

早在 1992 年，深圳市住宅局就荣获"联合国人居奖"。联合国人居奖是当今世界一个有重要影响的奖项，由联合国人居署于 1989 年创立，是全球人居领域的规格最高也是威望最高的奖项，其目的是表彰那些在住房供应、使无家可归者的困境得到重视、在战后重建中发挥领导作用、发展和改善人类居住区以及提升城市居民的生活质量等诸如此类的领域做出了杰出贡献的举措，简单说来就是表彰那些为人类居住条件改善做出杰出贡献的政府、组织、个人和项目。

1994 年 5 月，深圳市获得"国家园林城市"称号。2003 年 7 月，国家建设部委托广东省建设厅组织考核专家组，按照建设部颁布的有关规定对深圳市获得"国家园林城市"称号以来所做的工作进行了复查考核。考核专家组一方面听取了深圳市政府的专项工作汇报，并查阅了有关资料；另一方面又先后进行了实地考察和随机抽查。考察组发现，深圳历届市委、市政府紧紧围绕建设园林式、花园式现代化国际性城市和高品位文化型生态城市的目标，优先发展城市园林绿化，机构稳定，经费落实，城市人居环境质量不断得到提高。在城市园林绿化和基础设施建设中，坚持"同步规划、同步建设、同步发展"，确保城市绿地率、绿化覆盖率和人均公共绿地 3 项指标，始终保持在全国的领先水平。9 年来共投入资金达 25.9 亿元，取得了显著的效果。到 2002 年年底，深圳建成区园林绿地面积 19315.9 公顷，绿化覆盖面积 213961 公顷，绿地覆盖率达到了 39%。按人口计算，人均公共绿地面积达 14.9 平方米，已形成完整有机的城市绿地系统。市园林系统科研机构 9 年来获得市级以上科技奖 20 多项，城市道路、供水、污水与垃圾处理等基础设施建设水平不断提高，城市各项功能日臻优化完善。因此，考核专家组认为，深圳市 9 年来园林绿化和城市建设完全符合国家园林城市的评选标准。深圳继国家园林城市达标后，又先后获得了"国际花园城市"等荣誉。深圳市在巩固和发展创建国家园林城市成果的工作中，创造了许多经验，对全省乃至全国的园林城市建设具有示范作用。[①]

---

① 《深圳通过国家园林城市复查》，《深圳商报》2003 年 7 月 5 日。

2004 年，国家建设部下发《关于印发创建"生态园林城市"实施意见的通知》，决定从 2004 年起开始评选"生态园林城市"，积极引导城市发展建设向"生态园林城市"目标迈进。深圳自 1994 年获得"国家园林城市"称号以来，不断巩固和发展"国家园林城市"成果，实现城市生态良性循环和人居环境持续改善，谱写了"以生态环境优化经济增长"的新篇章。然而深圳并不满足于此，又吹响了向生态化迈进的嘹亮号角，于 2004 年 10 月正式启动了创建国家生态园林城市工作，历经两年精心组织、周密部署和认真实施，通过了建设部国家"生态园林城市"考评组考评。

2006 年年底，建设部专家组专程到深圳考察，发现深圳在绿地建设上模拟地带性植被，构筑多种复层混交群落；运用高新技术开展"环境管理监控"，建设资源节约型社会，探索出可持续发展的模式；划定"基本生态控制线"，确立"组团式"网状空间结构；建成区绿地率、绿化覆盖率和人均公园绿地面积等指标，每年都有大幅度增长，因而认定深圳已达到国家"生态园林城市"的标准要求。为此，2006 年 12 月 28 日国家建设部正式致函深圳市政府，确定深圳为创建"国家生态园林城市"示范城市，深圳成为全国第一个生态园林城市，为我国生态园林城市建设闯出一条新路。

此外，深圳市于 1997 年荣获"国家环境保护模范城市"称号；2000 年获得"国际花园城市"称号；2002 年先后获得"中国人居环境奖"和联合国环境规划署授予的"全球环境 500 佳"称号。同年，深圳市与其他国际组织共同主办"第五届国际生态城市大会"，大会通过了旨在促进全球生态城市建设的"深圳宣言"。

正是在这些卓有成效的工作的基础上，深圳市政府于 2010 年 8 月颁发了《深圳市创建宜居城市工作方案》，根据该方案，全市将力争用 10 年左右的时间，将深圳建设成为生活舒适、环境优美、功能完善、人民群众具有幸福感的宜居城市，并成为国家和广东省宜居城市建设的先进城市和示范城市。为了早日建设成"宜居城市"，深圳市政府决定从八大方面进行城市建设的提升，而且还将依托深圳独特的人文底蕴和城市风貌，注重城市个性化设计，注入更多的文化元素和国际化元素，彰显深圳独有的城市风貌。

在建设宜居城市的八条措施中，其中有三条与生态建设有关：一是要进一步"提升城市综合环境质量"。方案要求加快全市五条界河治理，完善与香港、东莞、惠州等周边城市的合作机制。实施"蓝线"管制，拆除蓝线范围内违章建筑，实现城市水系空间保护。此外，还将扩大城市生活垃圾处理与利用。二是要"提升城市绿色开敞空间"。方案要求加快深圳绿道网建设，建设涵盖区域绿道、城市绿道和社区绿道的深圳绿道网络体系；构建生态安全体系，加快构建"四带六廊"生态安全网络格局；增加城市绿量。积极推进生态风景林、沿海防护林建设以及重要功能区的生态恢复重建；继续推进森林公园、郊野公园、市政公园、社区公园的建设，完善公园体系，打造"公园之城"。三是要继续"推进城市资源节约和节能减排"，要强力推进循环经济试点城市建设，重点推进资源综合利用和可持续消费领域循环经济试点工作，将循环经济理念融入城市的经济活动、社会生活、城市管理等各个层面，以点带面推动循环型产业和循环型社会建设。要大力发展清洁能源，降低城市污染排放；要大力推进建筑节能，提高建筑节能效果；要推广再生水利用和节约用水力开展节水型工业、节水型城市绿化等重点行业的节水型城市创建工作。

深圳宜居城市建设成效初显，截至 2011 年年底，全市已有 65 个社区获"广东省宜居社区"称号，3 个项目获"广东省宜居环境范例奖"。深圳的生态街道、生态工业园区、绿色社区等创建成果丰硕，盐田区、福田区、南山区成为"国家生态区"；东晓社区等 221 个社区被评为"深圳市绿色社区"称号。全市建成区绿化覆盖率 45%。全市人均公共绿地面积 16.4 平方米，均居全国前列。特别是公园数量、面积 10 年间两项指标激增 6 倍多。在绿色建筑和建筑节能改造方面，深圳以第一名成绩被评为首批国家公共建筑节能改造重点城市，全市节能建设面积累计 6088 万平方米，已建和在建绿色建筑应用面积达 1000 万平方米。在利用清洁能源方面，深圳大力推广新能源汽车，是全球投入新能源汽车最多的城市。2012 年，推广纯电动公交大巴 1000 辆，纯电动出租车 500 辆。力争至 2015 年，推广新能源公交大巴 7000 辆，纯电动出租车 3000 辆，新能源公交大巴约占全市公交车辆总数的 50%，初步形成了新能源公交服务网络。

2014 年 6 月 26 日，中国社会科学院社会发展研究中心、甘肃省城市发展研究院、兰州城市学院、社会科学文献出版社今天联合发布《生态城市绿皮书：中国生态城市建设发展报告（2014）》。绿皮书指出，我国已进入城镇化快速发展阶段，2013 年，城镇化率达到 53.73%。但同时，大范围长时间雾霾肆虐、"城市病"日益加深的严峻现实令人忧虑。我国城市生态化仍处于"初绿"阶段，绿色、智慧、健康、宜居的生态城市建设成为最大的民生工程。绿皮书提出，"人的自然健康是绿色发展的首要前提，生态环境是人的自然健康的最基本保障"。绿皮书通过动态评价模型对 280 多个大中城市进行的考核评价结果表明，2012 年生态城市健康状况排名前 10 名的城市分别为：深圳、广州、上海、南京、大连、无锡、珠海、厦门、杭州、北京。其中，前五名城市中，深圳市综合排名、生态环境排名和生态经济排名位居前茅。这表明在建设宜居城市方面，深圳已经取得了明显成效。

五　积极创新制度保障体系

党的十八大报告要求的把资源消耗、环境损害、生态效益纳入经济社会发展评价体系，建立体现生态文明要求的目标体系、考核办法、奖惩机制。而深圳在这方面已经做了大量的工作，不但把资源消耗、环境损害、生态效益等指标纳入深圳经济社会发展评价体系，建立了土地开发保护制度、严格的生态功能区域保护制度、水资源管理制度、资源有偿使用和生态补偿制度，而且明确了要"树立绿色价值观和生态政绩观"，将"绿色 GDP"纳入经济社会发展评价体系。

为了更好地检查落实各项环保制度，深圳还以市政府名义定期召开"环境形势分析会"。作为一项政府的重要工作，由市长主持环境形势分析会，市人居环境委做关于全市大气、河流、海洋、噪声、辐射、土壤环境和饮用水源、固体废物、生态资源、污染减排等 10 方面的总体环境形势分析报告，会议研究生态环境保护面临的形势、存在的问题，部署下一步工作重点。①

在全国，专门针对区、局行政"一把手"的考试极其少见。在深圳有坚持了多年的一年一度的特殊考试，叫作"环保大考"，在国内开了先河。每年，来自深圳各区以及市政府委、办、局和国有集团公司的行政"一把手"变身为考生，依次走上前台陈述环保工作完成情况，接受由人大代表、政协委员、环保专家和市民代表等50位评委的"拷问"。深圳从环保角度考核干部，不再"唯GDP论英雄"，自然催生出"绿色政绩观"。

2014年4月，深圳又一次开展年度生态文明建设考核。该次考核采取现场陈述会的形式进行，全市10个区（包括新区）、17个市直部门和12个重点企业的生态文明建设工作接受了评审团的现场评审。深圳市委、市政府对这次生态文明建设考核工作高度重视，并将其作为深圳市保留"一票否决"考核事项的6项考核之一。参加考核的所有单位除按规定提交生态文明建设工作实绩报告外，各单位负责人都到现场向评审团陈述一年来的生态文明建设工作实绩，然后由考核办组织评审团进行现场评审和打分。而评审团则由党代表、人大代表、政协委员、生态环保领域专家、环保监督员、环保市民和各辖区居民代表共35人组成。这次考核把贯彻落实深圳市委、市政府《关于推进生态文明、建设美丽深圳的决定》作为核心内容，并将自然资源资产负债表、领导干部自然资源资产离任审计制度等生态文明制度体系建设的内容纳入考核。同时，还以民生需求和解决问题为导向，优化、完善了考核指标体系，增设了"内涝治理""建筑废弃物减排与综合利用"等考核指标。

六　大力培育绿色生态文化

依靠公众参与，培育全社会的生态文明意识，是建设绿色城市的一个重要环节。深圳在生态文明建设方面的一个显著特点，就是积极倡导市民的共同参与，发起组织建设美丽深圳的"全民行动"。

---

① 张军：《打造生态文明之都，建设美丽宜居城市》，《特区实践与理论》2013年第2期。

这些活动深刻改变着深圳的社会发展，也改变着深圳人日常的生活习惯。例如在节约水资源方面，由于深圳70%以上的水源需从市外引入，人均水资源拥有量仅为全国平均水平的1/12和广东省的1/11，深圳因此成为全国七大缺水城市之一。为解决水资源短缺问题，从2004年起深圳启动了"创节水型城市"工作。为了动员全民参与这项工作，从2005年开始，深圳市水务局、节水办每年都和媒体联合，在全市范围内开展"节水好家庭"评选、策划"东江之旅"、选拔"节水小天使"等一系列节水宣传活动，一个个节水宣传活动推动了深圳人节水观念的改变。

几年来，每次"节水好家庭"的评选活动都成为深圳家庭节水的"擂台赛"，他们比拼节水方法的优劣，节水习惯的好坏，涌现出一个又一个的节水窍门和妙招；他们比赛降低家庭人均用水量，分享节水的心得和经验，家庭人均用水量逐年下降；他们更引领了深圳成千上万的家庭共同加入到节水的行列，提升了节水意识，养成节水习惯，学会节水的方法。这一个个"节水好家庭"，他们的节水意识都是发自内心的，虽然他们来自不同的群体，但有一点是相同的，他们并不是为了省下水费，只是想为深圳创建节水型城市贡献一点自己的力量，为子孙后代多留一些资源。

如果说"节水好家庭"成为引领节水文明的社会细胞，那么"饮水思源——百名市民看东江"活动，即由水务部门引导参观东部水源工程、亲身体验深圳水资源的来之不易，则是参与市民一辈子都不会忘记的旅行。他们去探访的是一条承载一座城市上千万人生命的水源之旅，看到涓涓清流逶迤漫延106公里才能汇入到千家万户，从此都会心怀感激，感谢这生命之源，珍爱这人间琼浆。每一个报名参加生命线之旅的人，都是非常热爱这座城市的人；每一个走完生命线之旅的人，都会成为一个懂得感恩和珍惜的人。已经连续举办了八届的"生命线之旅"，每一次报名依然还是那样热烈，100个名额总是在2个小时内报满。百闻不如一见，历年来参加过这项活动的老人、孩子、义工……如今都成了社区节水"宣传员"，他们在基层社区居民中主动宣讲节水意识。如今，它是"水务名片"，更是节水教育的基地。

　　"节水从娃娃抓起，小手牵大手，共创节水型城市"是深圳提出的理念，节水教育已在中小学实施了多年，并取得了很好的成效。从 2010 年开始，深圳市水务局、市节水办又举办了一个新的宣传活动——"节水小天使"评选活动，旨在通过"小手牵大手"的方式，让深圳的中小学生参与到节水活动当中来，再由他们带动、影响自己的家庭和亲人。创新的"亲子节水"宣传方式，既能让节水意识深入家庭，又能促进家庭和睦，使生态意识和生态行为扎根基层，渗透至全社会。①

　　在培育全民环保意识方面，2011 年举行的第 26 届世界大学生运动会也给深圳留下宝贵的精神遗产，提升了市民的精神品格。"大运会"期间，深圳市民响应"绿色出行"开创了社会管理的新模式，带来公共管理和公共文明的改善。多达百万的志愿者在学校、企业、社区、公共场所服务，成为深圳街头一道道最亮丽的风景线，开启了一个"绿色的深圳梦"。深圳人用自己的实际行动，为一座城市的全民环保意识做出了深刻的注解，更成就了深圳城市文明的全新高度。深圳各行政区（新区）均开展"生态创建"或"生态新城"建设活动，已有 3 个行政区通过国家生态区考核验收；全市累计创建各种"绿色"单位 959 家。

　　在党的十八大精神指引下，未来的深圳将坚定不移地走绿色发展道路，着力构建"生态格局、生态经济、生态环境、生态制度、生态文化"这五大生态文明体系，力争到 2020 年实现城市格局合理、生态经济高效、人居环境良好、生态文化浓厚、生态制度完善的目标，努力将深圳建设成为最适宜居住、最具民生幸福感的国家生态文明示范城市，为国家的绿色发展贡献出一分力量。

---

　　① 《全民行动创节水城市：深圳交漂亮成绩单》，原载中国经济网，转引自 http：//info. water. hc360. com/2011/01/110833245831-3. shtml。

第三章

绿色发展是建设美好盐田的根本途径

盐田区位于深圳市东部，辖区面积 72.63 平方公里，东起大鹏湾背仔角与大鹏新区相接，西至梧桐山与罗湖区相邻，南连香港新界，北靠龙岗区。盐田依山傍海，在 19.5 公里的海岸线上，盐田分布有中英街、梧桐山国家森林公园、明斯克航母、盐田港、东部华侨城、大梅沙海滨公园、小梅沙度假村，蓝色与绿色构筑了一条魅力四射的"黄金海岸"，当年曾被国务院总理李鹏赞誉为南方明珠。1997 年 11 月 7 日，经国务院批复同意设立盐田区。从此，盐田进入了一个崭新的发展阶段。

从建区伊始，盐田就特别注重保护好自身的生态环境。在盐田区委、区政府和广大市民看来，重视生态建设，实施"蓝天、碧海、绿地工程"，坚持走绿色发展道路，就是盐田可持续发展的生命线。为此，他们先后提出了"既要金山银山，更要绿水青山"和"像保护眼睛一样保护生态环境"的理念，下大力气闯出了一条以经济发展促进环境保护、以良好的环境优化经济发展的新路子，并取得了引人注目的成绩。

第一节　盐田是一个年轻的滨海城区

深圳位于南海之滨，先民"靠海吃海"，在宽广的海边开辟盐田，以煮盐为生。盐田区的名称，得于深圳东部沿海旧有的"盐田村"和"盐田墟"，是从行业经济演化出来的地名。盐田村、盐田墟的最早历史记录，出现在清康熙《新安县志》里，因在海边造田

晒盐得名。清朝时期，在现在盐田港东北角的海滩上，出现了一个
交易墟市，许多人不走山路，而是从海路划船、乘船而来，这就是
盐田墟。后来墟市越来越大，赶墟的人也在墟市边搭棚逗留，露天
的墟市逐渐演变成盐田村，盐田区也因此而得名。

一　盐田的行政区划和地理环境

（一）行政区划

盐田区现辖区内有沙头角、海山、盐田、梅沙四个街道办事处
和一个中英街管理局。

沙头角街道于 2002 年 6 月设立。该街道位于盐田区西南部；东
连海山街道，西南接香港新界和大鹏湾，西北靠梧桐山与罗湖区莲
塘街道、东湖街道及龙岗区横岗街道相连；面积 6.6 平方公里。地
势北高南低，地貌以丘陵为主。下辖沙头角、田心、桥东、中英街、
东和 5 个社区工作站。辖区内有"特区中的特区"广东省爱国主义
教育基地——中英街；街道与盐田港和沙头角保税区紧邻，梧桐山
双向隧道和罗沙盘山公路与市中心相通，惠盐、盐坝高速公路直通
龙岗和惠州，沙头角口岸陆路直达香港，沙头角边境特别管理区内
的居民实行关口 24 小时通行，水陆交通便利。

海山街道于 2002 年 6 月设立。该街道地处盐田区中部；东接盐
田街道，西邻沙头角街道，南临大鹏湾与香港新界隔海相望，北靠
梧桐山与龙岗区横岗街道相连；面积 5.57 平方公里。区行政文化中
心坐落其中，是盐田区政治、经济、文化中心。下辖田东、梧桐、
鹏湾、海涛 4 个社区工作站。街道辖区内有梧桐山森林公园、黄金
珠宝大厦、明斯克航母世界以及海滨栈道，全年吸引数百万国内外
游客慕名前往。

盐田街道于 1998 年 3 月设立。该街道位于盐田区中部；东与梅
沙街道相连，西与海山街道接壤，南临大鹏湾与香港隔海相望，北
与龙岗区横岗街道毗邻；面积 43.57 平方公里。下辖盐田、沿港、
东海、明珠、永安 5 个社区工作站。辖区内有国际四大深水港之一
的盐田港，惠盐、盐排和盐坝高速公路纵横贯通全境；有风景优美
的三洲田自然景观和三洲田孙中山庚子首义旧址、东部华侨城旅游

项目等人文景观，有闻名遐迩的"盐田海鲜一条街"等。

梅沙街道于1998年3月设立。该街道位于盐田区东部；东与龙岗区葵涌街道相连，西接盐田街道，南与香港新界隔海相望，北靠龙岗区坪山街道；面积16.89平方公里。下辖大梅沙、小梅沙、滨海、东海岸4个社区工作站。梅沙街道依山傍海，年平均气温22摄氏度，气候温和，植被丰富，山青水碧，环境优美；辖区内有东部华侨城生态旅游、大梅沙海滨公园、小梅沙海洋世界、小梅沙度假村等知名旅游景区，还有各类高中档宾馆、酒店等旅游配套设施，是深圳东部的旅游、休闲胜地。

中英街管理局于2015年1月5日正式揭牌运作。

（二）地理环境

盐田区背山面海。北部为梧桐山和梅沙尖，顶峰海拔885米，林地面积有4792公顷，全区森林覆盖率达65.5%，地貌以裸露的基岩和山林为主；南部面临着大海，有大小梅沙，是深圳乃至广东的"黄金海岸"，其中可供兴建深水泊位的海岸线6.7公里，盐田港是世界级港口码头。

盐田区地理坐标北纬22度32分，东经114度13分，地处北回归线以南，属于亚热带海洋性季风气候，气候湿润温和，年平均气温为22摄氏度；每年5—9月为雨季，年累计平均降雨量1500毫米—2500毫米；常年主导风向为东北偏北。盐田区常年日光充足，雨水充沛，空气清新。

山与海的环境造就了盐田区生物的多样性。该地现有维管束植物212科704属1097种，国家重点保护的珍稀濒危野生植物7种；陆栖脊椎野生动物196种（隶属24目64科），国家重点保护的动物有21种；昆虫101科375属488种，是南亚热带生物的基因库；海岸线长19.5公里，有鱼类100种以上，海鱼占37%，河口鱼、淡水鱼占47%，有金色小沙丁、金钱鱼、大眼鲷等40余种名贵鱼种。

独特的山海风光使盐田成为旅游和生活的胜地，这为打造国家生态文明示范区创造了天然的条件。

二　盐田经济发展的主要特色

盐田作为正在成长的海滨城区，其最大的特点就是拥有山与海这样一种地理优势。正是由于这个优势，深圳市政府才把港口物流业和海滨旅游作为盐田经济发展的重心亮点。经过近 20 年的迅猛发展，如今国际港口、高端旅游、优化的产业结构已成为盐田区经济发展的显著特色。

（一）国际港口物流

盐田区地理位置优越，具有可与当今世界任何国际大港相媲美的天然地理条件，其大鹏湾海域达 250 平方公里，水深近 14—21 米，无泥沙淤积，锚地宽阔，湾口与南海相连，扼世界主要航线之要冲，无深海潜流，具有良好的避风条件。

盐田港位于深圳市东部的大鹏湾内的西段，东与大、小梅沙毗邻，西接沙头角，南与香港九龙半岛隔海相望，北靠横岗、龙岗工业区。200 公里的半径范围涵盖了香港、澳门和珠江三角洲所有的新兴城市和最发达地区。盐田港区拥有可供兴建深水泊位的海岸线 6.7 公里，可供开发建设港口配套设施的后方陆域和港区面积 17.96 平方公里，是发展集装箱码头的理想地方。

1985 年 1 月，深圳市委、市政府批准成立了深圳东鹏实业有限公司（后改名为盐田港集团）。公司以 80 万元起家，开始了一场艰苦的创业历程。1985 年 3 月，东鹏公司提出"将大鹏湾的盐田地区开发为新型的、现代化的海港卫星城"的议案。1987 年 12 月，在国务院、中央有关部门和深圳市政府的大力支持下，盐田港起步工程在沙头角九径口隆重奠基。盐田港的一期工程启动，规划在 687 米码头线上建立 6 个千吨级以上泊位 6 个，年吞吐量 280 万吨，集装箱具有适应年吞吐 50 万 TEU。1990 年 6 月，国务院批准，盐田港码头开始对外开放，接受国外船舶靠岸。此时的盐田港的发展也引起了大陆以外投资者的注意。1992 年 7 月，李嘉诚开始联系大陆，同意把第一期工程的总投资作价人民币 25 亿元，占即将成立的盐田国际集装箱码头有限公司股份 70%。同年，马士基（香港）有限公司也被批准投资盐田港。1993 年 10 月 5 日东鹏公司（甲方）与香港和记黄埔盐田港口投资有限公司（乙方）在北京钓鱼台国宾馆签约，合资成立深圳盐田国际集装箱码头有限公司，注册资本12亿港元，甲方占30%，乙方占70%，合营期限50年。李鹏总理、邹家华副总理等中央、省、市领导和李嘉诚先生出席了签字仪式。

　　1994年6月16日世界"船王"——丹麦"马士基航运"参股盐田国际集装箱码头有限公司签约仪式在香港举行。"马士基航运"开辟了盐田至美国西岸、盐田至欧洲两条国际集装箱航线。外资的融入令盐田港的发展如虎添翼，1995年12月18日盐田港二期工程正式动工，投资约47亿港元，兴建3个5万吨级集装箱泊位。2002年盐田港又启动第三期工程，12月16日国家经贸部正式批准盐田港集团与香港和记黄埔成立合资公司经营平盐铁路。2004年9月24日盐田港三期工程9个位通过验收并交付使用。至此岸线长1400米，岸边水深16米的三期工程的4个10万吨级泊位全部建成。2005年8月，盐田港三期扩建工程正式启动，码头岸线总长3297米，将安装30台岸吊和120台龙门吊，可停靠8000标准箱以上的大型集装箱船，整个工程总投资超过100亿元人民币，总面积136.4万平方米。包括6个集装箱船专用泊位和集装箱堆场，计划2010年全部竣工。

　　2006年10月12日中国港口协会集装箱分会公布2006年度评优结果，盐田国际集装箱码头有限公司同时囊括"中国港口前十强集装箱码头"第一名、"中国港口杰出集装箱桥吊作业效率码头"第一名、"中国港口杰出集装箱船舶装卸效率码头"第一名，荣膺"2005年综合指标最佳集装箱码头"称号。

　　2008年12月9日盐田国际集装箱码头荣获"国际卫生港口"称号。2009年6月26日深圳盐田港普洛斯物流园有限公司举行物流园一期出口监管仓开仓庆典，其建设用地面积为60524平方米，建筑面积为91208平方米，是高标准、高质量、多功能的出口监管仓库，货柜车可通过盘道直达各层的三层仓库，旨在为国内外知名的制造商、零售商和第三方物流公司提供具有国际水平的物流仓储服务。

　　2010年12月1日盐田港集团有限公司与盐田国际集装箱码头有

限公司旗下的盐田港国际资讯有限公司开发的"盐田港国际供应链电子商务平台"正式上线。这标志着盐田港物流信息化建设工作取得了突破性进展。

2013 年 4 月 19 日，盐田港区集装箱码头扩建工程通过了国家竣工验收。整个扩建工程包括 5 个可挂靠第五、六代集装箱船舶的现代化泊位和配套设施，1 个 3 万吨级集装箱专用泊位，码头岸线长 3297.2 米，泊位水深 17 米，陆域面积为 136 公顷，设计吞吐能力为 370 万标准箱，该扩建工程的竣工使盐田港区的年吞吐能力超过 1000 万标准箱，在全国排第二位，已跻身为世界第四大集装箱港。

随着"一带一路"战略的提出，2015 年 5 月，盐田区又提出了构建"一港一带一区一城"的发展新格局。"一港"，即全力建设海上丝绸之路华南远洋主枢纽港——盐田港区。盐田将实施"深水战略"，力争 2020 年东港区有一个以上 20 万吨级超大型泊位投入使用；大力推进物联网、云计算、大数据等新一代信息技术在港口推广应用；大力发展中转航线，争取 2020 年航线达到 100 条以上。随着"十三五"规划的出台，盐田港必将成为盐田区的一张更为耀眼的名片。

（二）高端休闲旅游

盐田区具有发展旅游业的丰富旅游资源。以梧桐山、大小梅沙为代表的山地与大海的景色，是大自然给予盐田的馈赠，为盐田涂上了一抹浓重的绿色与蓝色背景。同时，历史还为盐田留下了独具特色的中英街、三洲田首义遗址、东江纵队根据地等遗址，又为盐田增添了一抹红色的历史记忆。

盐田区一直把高品质作为旅游业的发展方向。盐田区建立之初，在制订第十个五年计划时，就提出建立"现代化旅游海港城区"奋斗目标，坚持精品和品牌原则，逐渐树立了"黄金海岸，蓝色盐田"的旅游形象。"十一五"规划盐田区定位为"国际旅游城区"，以国际标准打造盐田旅游的高端品牌，不断推进旅游服务的标准化、提升服务质量和管理水平，建立旅游品牌，并获得一系列殊荣。2009年 6 月，盐田区被评为"国家旅游服务标准化示范区"，是全国首个获得此殊荣的行政区；东部华侨城获得"亚太地区最佳度假旅游胜地"称号；茵特拉根华侨城酒店于 2009 年 5 月获中国酒店"金枕头"奖，成为"2009 年度全国十大最受欢迎的度假酒店"之一；中信明斯克航母世界于 2009 年 4 月成为国家 AAAA 级旅游景区。盐田区"黄金海岸·蓝色盐田""山海休闲·生态乐园"的旅游形象逐渐树立。在制定"十二五"规划时，盐田区着力打造国际知名的观光度假休闲生态旅游区，凸显特色旅游名片，把"建设成为旅游产业集群带和具有国际水准的生态学滨海综合旅游度假胜地"作为战略目标，坚持高端、特色旅游发展定位，经过五年的努力，旅游项目和配套设施更加完善，盐田在旅游形象、品质等方面取得了长足发展，获得了一系列殊荣。2012 年盐田区荣膺 2012 亚洲金旅奖"最负盛名旅游区"。2004 年 3 月，"一街两制——中英街""梅沙踏浪""梧桐烟云"均被评为"深圳八景"之一。

（三）优化的产业结构

盐田设区之后，便搭乘改革开放之船，凭借天然的地理优势、独具特色的自然风光，实现了经济又好又快的发展和产业结构的明显优化。"十一五"期间，盐田区经济年均增速达到 13.7%，2013 年 GDP 达到 408.51 亿元，人均生产总值为 191552 元，是国内平均水平的 4.6 倍，按中国人民银行公布的平均汇率计算，人均生产总值为 30929 美元，是世界平均水平（10513 美元）的 2.9 倍，是美国平均水平的 58%，日本的 89%，属于较发达地区。

2014 年全区实现地区生产总值 450.23 亿元，其中第一产业实现增加值 0.03 亿元，主要有茶、盆栽植物、林地、植树、海水产品等；第二产业实现增加值 81.28 亿元，以工业、建筑业为主；第三产业实现增加值 368.92 亿元，以旅游业、交通运输、仓储和邮政业为主。三次产业结构比为 0.00∶18.1∶81.90，产业结构持续优化。

盐田区的经济对外开放程度较高，全区规模以上工业企业个数 61 个，其中内资企业 22 个，港、澳、台商投资企业 32 个，其他外商投资企业 7 个，外商投资企业占比达到 64%。规模以上工业企业产值中，港澳台投资企业占比达到 56.8%，其他外商企业占比 6.6%，合计达到了 63.4%。

更为重要的是，盐田区经济发展具有较高的质量。在"十一五"

期间，盐田区全面完成了节能减排目标。随后，盐田又按进度完成了"十二五"资源环境类约束性指标，初步形成了低能耗、高产出、高质量的经济增长模式。2013 年，辖区万元 GDP 能耗 0.47 吨标准煤，是全国平均水平的 71.2%，相比 2010 年下降 13%；万元 GDP 用水量 6.98 立方米，相比 2010 年下降 40.4%，是全国平均水平的 5.8%；万元 GDP 建设用地 4.82 平方米，相比 2010 年下降 17.6%。各项指标在全国均处于领先水平。

第二节　绿色是盐田经济社会发展战略的主色调

为了保护好优良的地理环境和优化产业结构，盐田区成立伊始便规划了一条新的发展道路。在盐田区正式挂牌之时，第一任盐田区委书记戴北方在接受记者采访时就表示："我们新区领导班子经过近两个月的调查研究，初步提出了盐田新区未来 5 年国民经济和社会发展的目标：把盐田区建设成为环境优美、经济发达、基础设施配套的现代化海滨城区。"[①] 把环境优美放在经济社会发展目标的首要地位，这就清楚地表明，绿色已经成为盐田社会经济发展战略的主色调。

一　环境状况决定着盐田的未来

盐田由于其独特的地理环境，在整个深圳市的生态系统建设中处于重要的地位。因此，新区一经成立其环境状况就引起了社会的广泛关注。早在 1998 年 7 月 20 日，《深圳商报》就刊发了一篇名为《环境意味盐田未来》的文章，文章认为，作为深圳市新建立的第 6 个行政区，盐田区依山傍海，自然环境得天独厚，秀丽的风光曾令众多中外游客流连忘返。但是，文章也指出，据新成立的盐田区城管办（环保局）的一项全面摸底调查表明，全区环境质量虽然有许多优势，但仍存在一些不容忽视的问题。这些问题主要表现在：

---

① 《把盐田建成现代化的海滨城市》，《深圳商报》1998 年 3 月 30 日。

海域污染初显，污染防治迫在眉睫。由于沙头角湾口大量
生活污水和部分工业废水未经处理就直接排入近海，该湾口
1997 年含氮量比上年大幅上升 222%，而近海污染将导致渔业、
海滨旅游业的严重损失。

大气降尘值较高，危害市民健康。1997 年沙头角降尘值比
全市平均值高 38.6%，但比 1996 年下降了 13%。这主要是由区
域内大量开山、填海造成的。固体废弃物囤积，出路亟待解决。
原位于盐田港保税区附近的垃圾堆放场已不适应盐田新区的发
展，处理垃圾成为新的一项迫切任务。另外提前考虑治理港口
油污染，也是一个保持新盐田海滨环境的关键问题。据介绍，
此间新开始运作的盐田区已经开始实施环境综合治理的"蓝天、
碧海、绿地"工程。该工程将以"净化、绿化、美化"城区为
重点，努力把盐田区建成市容整洁、环境优美、秩序优良、交
通畅达、社会文明的旅游海港城区。将按照可持续发展战略，
加强对大气、水资源、海洋、土地、自然人文资源的保护，创
造一个与现代化海滨城区相适应的城市生态环境。眼下开展的
工作是对大气、粉尘、海水、噪声进行监测控制，划定海水污
染控制区，保持大小梅沙一级海水水质。使盐田海滨空气与海
水都达到一个"净"的标准，同时还要控制噪声，使之能突出
一个"静"字管理。当务之急是建设沙盐、梅沙污水处理厂和
日处理垃圾能力 300 吨的垃圾厂。到 2000 年全区污水处理率达
到 90%，垃圾集中处理率达 100%。假如盐田区能变成一个蓝
天、碧海、绿地，既干净又宁静，建筑物有文化品位的美丽的
海滨城区，那么其前途将无可限量。

这篇文章既指出了盐田在保护环境方面所存在的主要问题，又
对解决这些问题的办法和前景充满了期待。很显然，当时盐田在生
态环境方面的落后状况，不但引起了社会的关注，更引起了盐田区
领导班子的深深思考。要建成一个现代化的海滨城区，没有优美的
生态环境是不可想象的，事实上也正是这种种原因，迫使盐田区下

决心要加快生态文明建设步伐，坚持走绿色发展道路，以改变辖区生态环境的落后面貌。

二　绿色发展在盐田区政府工作中的战略地位

（一）用国土规划为绿色发展提供制度保障

做好国土规划是发展经济的一项基础性工作，也是搞好生态文明建设、坚持走绿色发展道路的制度保障。盐田新区成立伊始，区委、区政府便立即着手进行《深圳市盐田区国民经济和社会发展五年计划及远景目标》等多项规划的编制工作。为使规划更具科学性和可操作性，新区领导及有关工作人员一方面走访市里的各职能部门及相关研究机构，争取各方的大力支持；另一方面又深入基层调查研究，掌握了大量第一手资料。在此基础上，专门成立了以区主要负责人为组长的规划领导小组，并组建了各分项规划课题小组。

在规划编制过程中，盐田区始终强调高起点、高标准。规划课题小组通过国际互联网查询了新加坡、横滨、鹿特丹、纽约及香港等港口城市的规划设计资料，结合全市及各区的规划，拿出了盐田区多项规划的初稿。经过广泛听取社会各界人士的意见，确定了盐田区发展的总体思路及基本框架，提出今后五年要把盐田建设成为经济繁荣、环境优美、社会文明、人民富裕的现代化旅游海港城区。为此，盐田将实施开发"三大组团"（沙头角、盐田、梅沙）、促进"四个协调"（经济增长与环境保护、区域经济、速度与效益、两个文明建设）、培育"五大产业"（港口服务业、旅游业、商贸业、房地产业和工业）的发展战略。值得指出的是，在盐田的第一个五年发展规划中，实现环境优美始终占据十分重要的地位。

1999 年 12 月 6 日，时任区委书记戴北方、区长吕锐锋在《深圳商报》发表了题为《加强规划国土工作促进盐田新区发展》的署名文章，文章指出，盐田区成立之后，如何开好头，起好步，这是事关新区的功能定位和今后发展规模、发展方向及发展速度的大问题。区委、区政府经过认真调查研究后认为，盐田虽拥有黄金海岸等多方面的优势，但由于历史原因，其弱势也比较明显：规划滞后，发展思路不够明确；城区道路、桥梁、防洪体系等基础设施长年失修，损坏严重；环保设施基本空白，海水、大气面临污染之患；地理条件有一定局限，全区面积72.63平方公里，主要为山地，可规划利用的土地面积约20平方公里，只占总面积的28%左右。因此，高度重视和切实加强规划国土工作，无论对于新区起步，还是今后的可持续发展，都具有十分重要而深远的意义。基于这样的认识，盐田区委、区政府自觉加强对全区规划国土工作的领导与指导，主动争取市规划国土部门的支持，形成了团结协调、关系融洽、互相支持、富有效率的工作机制，不仅打开了盐田区规划国土工作的新局面，而且有力地促进了盐田区的经济和社会发展。文章认为，奠定高起点、高标准建设的基础规划也是生产力，规划是建设和管理的基本依据，是合理地进行城区建设和土地开发利用的前提和基础，是实现社会经济发展目标的综合性手段。

　　事实上，盐田新区刚一成立，区领导班子就已经强烈感受到要推动盐田区快速发展，首先必须要有一个好的规划。因为盐田区可利用土地面积有限，必须做到精打细算、"精耕细作"，因此提出了"不求最大、但求最好"的规划思想。在这一思想指导下，区委、区政府领导牵头组织、规划国土部门积极配合，迅速开展工作。经过一年多的努力，完成了盐田区分区规划、防洪规划、供水规划及沙头角、盐田、大梅沙片区规划等11项规划的制定工作，而其余16项规划随后也陆续进行。这些规划完成后，全区的每一块土地都纳入到规划之中，从而为新区大规模开发建设和可持续发展提供了可靠的保证。同时，为了使规划具有科学性和超前性，充分发挥规划的效力，盐田区领导采取走出去、请进来的方法，一方面到国内外先进地区学习取经，另一方面邀请国内外有实力的规划设计单位来盐田。在一年多的时间里，先后有来自美国、法国、英国、德国、新加坡等国家及国内的知名规划设计单位参与盐田区的规划设计。此外，盐田还组织召开了首次规划国际咨询会，聘请了城市规划顾问，并在规划和建设实践中引入了"管理规划"理念，使规划贯穿于开发、建设、监理、质检、管理等环节。所有这些都使规划明显上了一个档次。盐田区后来的发展进程已经充分表明，这些高质量的规划对于建设一个经济繁荣、社会和谐、生态良好、环境优美的新型海滨城区起到了至关重要的作用。

（二）盐田区历届政府工作报告中的生态建设和绿色发展

在制定清晰的国土规划的基础上，盐田区委、区政府始终坚持绿色发展作为一项重要的战略任务来抓，这一点在历届政府工作报告中都得到了充分的体现。

1998年6月21日，在深圳市盐田区第一届人民代表大会第一次会议上，时任盐田区人民政府区长吕锐锋代表区政府向大会做了首次政府工作报告。报告指出，盐田区未来五年的发展战略是：开发"三大组团"，促进"四个协调"，培育"五大产业"。所谓"开发'三大组团'"，就是根据深圳市的总体规划和盐田的地形特征，按照产业发展要求和对外交通状况，明确区域分工，统筹建设以商贸中心和出口加工工业基地为主的沙头角组团、以港口服务基地为主的盐田组团和以旅游度假基地及高档住宅区为主的梅沙组团。所谓"促进'四个协调'"，首先就是实施可持续发展战略、促进经济增长与环境保护相协调，要加强对土地、水源、森林、海洋等资源的保护，治理水土流失，保持良好的自然生态环境，把盐田区建成深圳市环境保护和生态保护的示范区。所谓"培育'五大产业'"，就是依托盐田港，重点发展港口服务业；深度开发自然资源，壮大旅游产业；利用依山傍海的自然环境，加快发展房地产业；改革"中英街"商贸体制，构筑合理的商业布局，大力振兴商贸业；发展高新技术产业和临港工业，形成以港口服务业、旅游业、房地产业、商贸业、工业五大产业为主体的产业体系。作为盐田建区以后的第一次政府工作报告，把促进经济增长与环境保护相协调放在未来五年发展的首要位置之上，而且所着力培育的五大产业也符合绿色发展的要求。很明显，从建区开始盐田就在试图走出一条与众不同的绿色城市发展道路。

1999年3月17日，在盐田区第一届人民代表大会第二次会议上，盐田区政府的工作报告再次强调要促进经济增长点的形成，提高经济整体素质。其主要着力点就是以仓储运输业为切入点，加快港口服务业发展；以深圳市开发东部黄金海岸为契机，加快旅游业发展；以科技进步为推动力，努力提高经济发展水平和质量；以发展中高档别墅和深化中英街商贸体制改革为重点，加快房地产和商贸业的发展；以产业化为方向，发展"三高""三化"农业；以发展辖区经济为目标，大力推进区域经济发展。同时，还要大力推进"两大工程"和"两个共建"，确保创建文明区达标。所谓"两大工程"的第一项，就是实施"蓝天、碧海、绿地"工程，即按照建设现代化旅游海港城区的要求，进一步制定和完善各项规划，全面加强环保、环卫和城管工作。其中包括：营造1000亩生态风景林，完成1平方公里水土流失治理和恩上等5座水库安全达标任务；按照"十无"要求全面治理"脏乱差"，继续查处违法建筑，重点整治深盐路、中英街关口、隧道口等交通要道；设置公益广告，建好城市雕塑，精心规划、精心建设城市绿地系统和灯光夜景工程，净化、绿化、美化盐田；建设一个责任明确、管理到位、反应迅速的城市管理网络，严厉查处各种破坏市容市貌及污染自然环境的不法行为；加大环境保护力度，保护自然资源和生态平衡，确保生态环境与旅游海港城区建设协调发展；加强对各施工单位的监督与管理，坚持文明施工，坚决制止一切破坏自然环境和牺牲环保的行为，建设与环保兼顾，发展与生态相宜，使盐田的天更蓝、海更碧、山更青、地更绿、街更美。

2003年6月3日，在盐田区第二届人民代表大会第一次会议上，盐田区政府的工作报告对建区以来的五年工作做了回顾，并提出了今后五年政府工作的主要任务。报告指出在今后的五年中，摆在第一位的工作就是"以规划为龙头，全面提高城区建设水平"。其具体要求首先是要从规划做起，实施精品战略，要按照可持续发展的原则，将规划与开发保护土地和海洋资源结合起来，与产业的发展结合起来，在规划中充分体现滨海特色。争取用五年时间，形成以沙头角和海山街道为主体的行政文化商贸区域，以盐田港为支撑的港口物流区域，以大小梅沙为依托的滨海旅游区域，以三洲田为中心的综合生态发展区域。摆在第二位的，就是要"以优化产业结构为重点，构筑产业发展新高地"。一是"做强港口物流业"，要全力支持盐田港的建设，以港兴区，以区促港，共谋繁荣和发展。二是要"做旺旅游业"，要加快推进华侨城综合生态旅游项目的建设步伐，合理开发梧桐山旅游资源，建设大梅沙五星级酒店，进一步完善旅游配套设施。要规划建设国际会议中心，发展会务经济。要精心策划组织黄金海岸旅游节等活动，加大特色旅游产品的开发力度，加强旅游项目和线路的对外宣传和推介。积极引进知名企业开发我区旅游资源，整体提升旅游业的经营管理水平。三是要"做实工贸业"，要高标准建成盐田坳工业区和北山工业区，有计划、分步骤地改造老工业区，发展园区经济，促进工业的合理布局；要全面支持保税区的发展，提升盐田的黄金珠宝加工、制鞋、服装、钟表等产业的竞争力，推动全区产业的升级换代；要大力发展高新技术产业，积极引进现代生物医药、微电子等高科技项目。加大对科技的投入，扩大科创中心的容量，鼓励更多的孵化项目就地产业化；要促进企业信息化建设，以信息化带动工业化，等等。四是要"做活文化产业"，树立"文化经济"的理念，扶持文化产业的发展，要开拓特色文化市场，促进文化与旅游、服务、信息等产业的结合，培育一批有影响的文化产品与品牌，使文化的社会功能得到保证，市场功能得到发挥。发展教育产业，积极引进名校，认真探索公办民助、民办公助、中外合作等多种办学方式，鼓励各种社会力量兴办多层次、多类型的教育与培训机构，创办富有特色的职业培训学校。同时，在卫生产业、体育产业方面也要积极探索发展的新路子。

2006年10月18日，盐田区三届人大一次会议召开，时任区长袁宝成代表区政府向大会做了政府工作报告。报告回顾了过去几年的工作，认为经过建区八年的大投入、大建设、大发展，全区的经济实力不断增强，生态环境、主导产业和社会管理等多个领域具备了一定的比较优势和竞争力，在城区功能设施、人民生活水平和社会长治久安等方面为未来五年的发展奠定了良好基础。但是报告也指出，要在新的历史起点上谋划更大的发展，盐田还面临着各种困难和风险，突出表现在：一是产业竞争日趋激烈。盐田区经济对外依存度较强，产业整体档次不高，自主创新能力不足，结构相对单一，因此受外部影响的风险较大。二是资源短缺问题突出。盐田可开发土地严重匮乏，环境承载能力接近饱和，各类别、各层次的高素质人才短缺，资源紧约束特征尤为明显，部分企业为了扩大规模、降低成本可能向外转移。为此，面对新的发展形势，今后的工作必须正确处理好四个方面的关系：一是处理好"小"与"大"的关系，走特色取胜之路。要立足于盐田有形发展空间小的实际，通过实施特色提升战略，不断更新资源观，充分利用无形资源，化弱势为优势，化优势为胜势。做强特色产业，实现单位面积产出效益最大化；打造特色城区风貌，实现环境效益最大化；坚持特别能改革、特别能创新，拓展无形发展空间，实现管理效益最大化。二是处理好"舍"与"得"的关系，走科学发展之路。要立足于盐田区生态和资源的优势，不惜舍弃资源消耗型、环境污染型项目，不惜放弃粗放型、低档次产业，坚决摒弃拼总量拼规模、单纯追求速度的发展模式，大力发展循环经济，积极推进自主创新，切实转变经济增长方式，促进经济社会可持续发展。三是处理好"破"与"立"的关系，走改革创新之路。要坚持用改革的办法突破经济社会发展的体制机制性障碍，继承和发扬好的传统、好的做法，学习和借鉴各种先进经验和模式，在社会管理、行政管理等领域逐步建立适应和谐盐田、效益盐田要求的新体制、新机制。四是处理好"线"与"面"的关系，走和谐发展之路。要立足于辖区居民日益增长的物质和精神文化需求，在牢牢把握经济建设这条主线的同时，继续加大公共财政向民生倾斜的力度，更加注重维护社会公平和正义，进一步扩大基层民主，统筹协调各方面利益关系，培育有共同家园意识，体现开放包容、充满活力的和谐文化，建设符合和谐社会理念的核心价值体系，努力实现经济、社会和人的全面发展。

在此基础上，政府工作报告今后五年的主要工作任务，其中第二条就是"发展循环经济，力争在建设资源节约型、环境友好型城区上走在前面"。其主要内容包括：一是要建成国家生态区。要从战略高度加大现有生态环境资源的保护力度，在产业发展方面按照循环经济理念的要求，通过规划制定、政策发布、能耗指标、环保标准等引导社会投资，严格限制高耗能、高耗水、高污染的产业，坚持污染型企业一个不能引进，资源消耗型项目一个不审批，通过产业政策引导把低档次的产业逐步转移出去，或通过技术改造提高产业发展水平。继续营造生态风景林，保护森林资源，强化生态资源优势，提高生态环境质量，确保 2007 年年底通过首批国家生态区验收。二是要建成水环境综合治理示范区。完成沙头角、盐田和梅沙三大片区市政污水管网改造，实施河流截污、雨污分流和污水提升工程，构建全区一体化的污水处理系统，将辖区污水全部集中到盐田污水处理厂处理。加强河流、海域水质保护，完成盐田河、沙头角河和沙头角湾域的综合整治，让"两河一湾"成为城区景观的新亮点和居民休闲的好去处。确保年底前全区污水处理率达到 95% 以上，在全市率先通过水环境综合治理达标验收。三是建成节能环保示范区。坚持"政府主导、企业主体、社会参与"的方针，按照《盐田区建设节约型社会的指导意见》要求，扩大中水利用规模和范围，积极推进海水淡化项目，广泛推广应用太阳能照明技术，推进风能发电项目和深圳抽水蓄能电站建设。完善垃圾分类回收、固体废弃物收集系统，加强废弃物无害化处置和再利用。在城区建设和改造过程中，大力推广建筑节能节材。积极开展绿色机关、绿色企业、绿色社区创建活动，力争全区所有学校评为市级以上绿色学校。实现土地资源集约化利用。要牢固树立科学的土地资源观，把集约节约用地作为缓解土地供需矛盾的根本途径。严格实施土地利用规划，优先保障我区重点扶持的产业用地需要，坚决查处非法占地、非法开发行为。整合和优化配置土地资源，严格执行用地效率考核标准，不断提高单位土地综合产出效益。

2012 年 1 月 5 日，时任盐田区人民政府区长杜玲向区第四届人民代表大会第一次会议做了政府工作报告。报告回顾总结了前五年的工作，认为五年来盐田区在各方面都取得了显著成绩：经济实力实现跨越性提升，社会事业实现整体性迈进，城区建设实现突破性进展，改革创新实现系统性推进，政府职能实现持续性转变。但是同时也指出了盐田在发展中所存在的问题和面临的困难，其中最主要的：一是资源紧约束更为严峻，生态保护与资源利用矛盾突出，可建设用地极其匮乏，高素质人才仍然紧缺，加快转变经济发展方式任务艰巨。二是经济内生动力和发展后劲不足，支柱产业抗风险能力不强，新兴产业短期难以形成规模，保持经济快速增长的难度加大。三是城区功能离现代化国际化要求还有较大差距，城市更新改造步伐还需加快，商业、文化等配套设施还需完善。为此，报告提出了今后五年的总体要求和工作重点。总体要求包括四个方面：一是"转型发展促品质"。转型发展是打造"新品质新盐田"的必由之路。要加快转变经济发展方式，从战略高度整合发展空间，集约利用土地资源，挖掘城区发展潜能，以资源利用最优化完善城区整体规划，以资源效益最大化推进城区二次开发，积极破解资源紧约束困境，促进发展模式由规模扩张向内涵提升转型；要推动经济结构战略性调整优化，充分发挥盐田山海资源优势，大力发展海洋经济，加快发展现代服务业，着力打造港口物流、滨海旅游和生物科技"三张世界级名片"，强化质量意识和品牌意识，推进支柱产业高端化、新兴产业规模化、总部经济纵深化、传统产业高级化，促进国有经济、民营经济共同发展，实现经济发展由出口拉动、速度优先向扩大内需、质量优先转型；要深刻认识新时期人们思想观念、生产方式和生活方式等方面的新变化，把服务和促进人的全面发展作为最高追求，尊重居民群众的主体地位，扩大公众有序参与，推动社会发展由管理型向公共治理型转型。二是"和谐发展促品质"。和谐发展是打造"新品质新盐田"的根本要求。要以保障和改善民生为重点，以公众需求为导向，充分利用盐田区良好的社会基础，加快推进基本公共服务均等化、民生福利优质化，全面增强社会管理有效性，争当社会建设排头兵；要以深化文化体制改革为动力，推动辖区文化大发展大繁荣，充分发挥文化建设引领风尚、凝聚人心、鼓舞士气的重要作用，进一步激发辖区居民关心盐田、热爱盐田、建设盐田的精神力量，努力形成开放、包容、进取的滨海特色主流文化，全面提升城区文明程度和文化软实力；要以民主法治为保障，扎实推进法治政府建设，增强社会体系公信力，及时回应群众合理诉求，切实维护群众合法权益，促进起点公平、机会公平和分配公平，不断提升居民幸福指数。三是"创新发展促品质"。创新发展是打造"新品质新盐田"的强大动力。要大力推进自主创新，完善企业科技创新扶持政策，支持和推动华大基因等科研机构和高新技术企业，利用创新能力和核心技术处于世界前沿、行业领先的优势，有效吸引、集聚和整合创新资源，在科技研发和应用上实现多领域、纵深化突破，整体提升我区科技实力，加快形成以生物科技为主导、以企业为主体的区域创新体系；要加大制度创新力度，有机借鉴国内外先进地区的创新理念和改革成果，加强改革顶层设计，以行政管理、社会治理等领域为重点，推动体制机制改革不断取得实质性进展，加快形成具有盐田特色的制度创新体系；要激发社会创新创造活力，加快引进科技领军人才和各领域创新专才，创新人才培育模式，积极营造尊重知识、鼓励创新的良好环境，激发全社会"非同凡想"的创新意识，努力形成充满活力的创新激励体系。四是"低碳发展促品质"。低碳发展是打造"新品质新盐田"的必然选择。要牢固树立生态建设与保护优先的理念，充分发挥盐田梧桐山、三洲田等天然碳汇资源优势，加大海域、湿地、山林等生态环境保护力度，提升生态宜居水平，努力让辖区居民享受更多更好的绿色福利；充分利用盐田区产业低碳化发展的良好基础，把低碳环保作为新产业、新项目准入的刚性指标，扎实推进节能减排，推广使用太阳能等清洁能源，基本建成低排放、低能耗、高效益的低碳产业体系；积极把握生态文明建设的发展趋势，深入开展低碳机关、低碳学校、低碳家庭等创建活动，大力推广低碳消费、低碳出行等绿色生活方式，率先建成低碳生态示范区。

　　根据五年发展的总体要求，报告还提出了今后五年要做好的三项重点工作，即"着力打造产业发展三大高端集群，全面提升经济综合竞争力""努力争当社会建设三项'标兵'，全面增强辖区居民幸福感""大力实施城区面貌三大提升优化工程，全面建设滨海生活新岸线"。而在这三项主要工作中，其中有两项均与绿色发展和生态文明建设有着密切的关系。比如说第一项工作"着力打造产业发展三大高端集群，全面提升经济综合竞争力"，就具体包括了：一是"打造高附加值的港口物流产业集群"，要"继续坚持以港兴区、区港联动战略，加快推进盐田港西区集装箱码头建设，全面完善后方陆域交通基础设施，支持港口提高疏港铁路运输能力，大力发展海铁联运、水水联运，拓展港区发展的腹地空间，增强港口功能辐射能力"；要"积极推进盐田港现代物流中心、普洛斯国际物流园二期等重大物流项目建设，大力支持商贸物流、供应链管理等高端物流业加快发展";"要按照区域航运资源配置中心的要求,以港口为核心、以保税功能区为基础,形成高端物流企业集聚、高端物流业态完备的产业集群,推动盐田港区成为华南地区集装箱大船首选港,努力建设全球一流的港口物流枢纽"。二是要"打造高效益的旅游文化产业集群",即"以东部华侨城和大、小梅沙景区为龙头,充分利用梧桐山国家森林公园和海滨栈道、登山环道,深度开发以山地休闲、滨海度假为主题的旅游精品线路,形成山海特色高端生态旅游中心。依托茵特拉根、万科国际会议中心、京基喜来登、京基海湾等高端酒店群,积极打造在国内外具有重要影响力的科技、文化交流品牌论坛,形成具有国际知名度的会议会展中心。规划建设盐田文化创意产业园,积极推动国家音乐创意产业基地产业链开发,支持周大福、百泰等企业发展黄金珠宝创意设计产业,形成具有核心创造力的滨海文化创意中心";"要推动生态旅游与文化创意、商业消费融合发展,促进旅游功能从'观光型'为主向'度假型'为主转变,努力建设世界知名的滨海休闲旅游胜地"。三是要"打造高成长型的战略性新兴产业集群",即"把扶持华大基因做大做强作为发展战略性新兴产业的重要突破口,全面推进华大成坑生物产业基地建设,全力支持华大在健康、环境和农业等领域实施示范工程,充分利用国家基因库、产学研资联盟等平台,加快基因科技成果向现实生产力转化。大力支持大百汇、海滨制药、中宝生物、汉邦多糖等生物科技企业加快发展,形成以华大基因为龙头、关联研发机构汇聚、科技与产业同步发展的国际生物科技'信息港'和生物产业集聚群";"加大对互联网、新能源等新兴产业项目和企业总部的引进力度,积极争取国家和深圳重大新兴产业项目布局盐田,努力建设国际前沿的战略性新兴产业发展高地"。

再比如说第三项工作:"大力实施城区面貌三大提升优化工程,全面建设滨海生活新岸线",就包括了"实施功能完善环境优化工程"这一内容。所谓环境优化工程,它一方面包括了加快道路交通建设,全面构建"两横五纵"跨区域交通网络;优化完善公交线路,大力推进生态型、郊野型、都市型绿道建设,形成慢行、公交、地铁无缝接驳的居民绿色出行网络等内容。另一方面还需"加快推进信息基础设施建设，打造信息化程度更高的'无线城区'。全面完成优质饮用水入户、燃气管道进社区等民生工程，继续推进雨污分流改造，实现排水达标小区动态全覆盖。进一步提升环卫保洁、市容管理、综合执法精细化水平，严格监控和查处违法建筑，保持辖区违建'零增量'"。同时报告还明确提出了"加强绿化建设和管养工作，全面完善立体式城区绿地系统，实现'点上成荫、线上成林、面上成景'，加快形成沿山、沿海生态景观带，确保建成区绿化覆盖率达到45.5%。要以国际著名湾区为标杆，用五年的时间，通过对辖区沙头角湾、大鹏湾沿线的建设改造和整治美化，形成宜居、宜业、宜商、宜游的高品质滨海生活新岸线"这样一个奋斗目标。

从以上历届政府工作报告中人们不难看出，作为一个新兴的滨海城区，为了打破资源环境的约束，盐田区在推动经济发展的过程中始终不渝地坚持走绿色发展的道路。为此，盐田立足于自身的优势，努力坚持循环发展、低碳发展，形成了具有特色的港口经济、旅游经济和高新技术产业群，并推动了传统产业不断升级换代，从而在经济快速发展的同时，也较好地保护和改善了城区的生态环境，为建设美好盐田迈出了坚实的步伐。

第三节　为绿色发展奠定良好的基础

绿色发展是十八届五中全会所确立的五大发展理念之一，这五大发展理念，标定了"中国号"巨轮未来的发展航标。当然，成立于20世纪末的盐田区，不可能从一开始就能在发展过程中全面地践行好绿色发展理念，而只能是在实践中逐步地探索一条符合自身特点的绿色发展道路，而这条道路就是从创建文明小区、保护和改善城区生态环境、建设"黄金海岸"等一系列举措开始的。因此，开始上述这些工作，可以说是为盐田的绿色发展奠定了良好的基础。

一　实现文明小区全覆盖

绿色发展就是一种以效率、和谐、持续为目标的经济增长和社会发展方式。要坚持走绿色发展的道路，首先就必须营造好有利于绿色发展的社会环境。为此，盐田区成立伊始，便开始狠抓社区治理和城区街道环境整治工作。

当时盐田区所辖街道共创建了 47 个文明小区，覆盖面积达 75%，人口覆盖率达 93%。虽然经过创建文明小区活动，整治了辖区的社会治安和市容市貌，也提高了城区的文明程度和市民的综合素质，但是由于过去资金短缺，市政建设历史欠账多、城市基础设施建设薄弱，因此环境污染现象依然存在，人口的文化素质与市区相比也还有差距。为此，盐田区委、区政府经过认真分析研究，在 1998 年 5 月制定建设安全文明小区第二个三年规划时，便提出了新的创建目标，即到 2000 年，全区的安全文明小区覆盖面要达到 98%，力争在全市率先建成安全文明区。

创建文明区，经济是基础。盐田区的经济实力与全市其他区比较相对落后。为此，区委、区政府提出，要集中精力抓经济建设，推出若干具体措施，启动新区经济快速发展。1998 年全区实现国内生产总值 14.42 亿元，增长了 16.8%，位居全市 6 区之首。在经济快速发展的基础上，区委、区政府还多方筹集资金，进行大规模的基础设施建设，加快完善城市功能，改善投资环境，加大生态环境保护力度。当时基础设施投资的重点就是两厂（盐田污水处理厂、盐田垃圾发电厂）、两路（深盐路拓宽改造和北山大道改造）、两块片区（沙头角填海片区规划和巡逻道建设、大梅沙片区的盐梅路改造和大梅沙沙滩改造）、两个中心（区行政中心和包括市民广场在内的多功能中心）。这些重点工程的实施，不但极大地改善了盐田区的投资环境，而且有力地推动了文明区的创建工作。

在基础设施不断完善的基础上，盐田区把"环境优美"和"优良秩序"作为创建文明区的两大目标，并且推出了被称为"两项工程"的具体实施方案：以创建安全文明小区为基础，实施"社会治安综合治理工程"；以环境综合治理为重点，实施"蓝天、碧海、绿地工程"。其目的就是要通过实施第一个工程，实现盐田区社会治安的更大好转，治安秩序和社会稳定工作继续走在全市的前列；通过实施第二个工程，成立区城市管理综合执法队伍，以"净化、绿化、美化"为重点，把盐田建成市容整洁、环境优美、秩序优良、交通畅达、社会文明的旅游海港城区。

经过各方的共同努力，在短短的时间里，创建安全文明小区的工作便取得了重大进展。到1998年年底，在已有的47个安全文明小区的基础上，盐田区又新创建了11个安全文明小区，有9个安全文明小区升级为先进小区。至此全区安全文明小区面积、人口覆盖率分别达到95%和97%。

与此同时，以环境综合治理为重点、"蓝天、碧海、绿地"工程实施方案也成绩斐然。全区共拆除违法建筑和过期临时建筑18万多平方米，新增绿化面积4万平方米，完成1000亩生态风景林的种植，投资560多万元在梧桐山隧道口、"中英街"关前、盐田老街建设三块绿化景点，城区绿化覆盖率达42.8%。盐田区还加强对辖区内闲置土地的管理，对推土未建的土地进行清理，该收回的收回，对造成生态破坏、水土流失和已停止开采的石场，通过种草、植树、养花、退耕还林等方式进行综合治理。通过这些措施，自然环境得到较好的恢复，治理水土流失面积1.7平方公里。到1999年9月，全区烟尘控制区覆盖率达到100%，噪声达标区覆盖率已达到60%。

在创建文明区的工作中，盐田还大力开展区港共建、军警民共建等两个共建活动。盐田区与盐田港集团公司签订了《区港共建文明海港城区合作备忘录》，成立了区港共建活动领导小组，明确了双方在区港共建活动中的职责和任务。为此，双方在基础设施建设、环境综合治理、化解群众与企业矛盾、合作协调解决征地补偿问题、发展文教卫事业等方面密切合作，取得显著成效。针对盐田区地处深港边界、驻军和武警部队较多的特点，盐田区充分意识到搞好军警民共建对盐田区的经济发展和社会稳定具有十分重要的意义。因此，建区不久便与5个驻盐部队的上级机关签订了共建合约，军地29对单位结成双拥共建对子。

经过创建文明区的工作，盐田城区面貌已经发生了可喜的变化：宽阔整洁的大道代替了昔日狭窄陈旧的道路，脏乱差死角披上了绿化美化的新装，往日脆弱的防洪设施得到彻底修整，一栋栋楼房粉刷一新，社区管理水平得到很大提高，治安状况也不断改善，初步展现了海滨城区的特色。

二 大力推进"净畅宁工程"

随着经济的快速发展和城市规模的迅速扩大，20世纪初的深圳城市管理也面临着严峻挑战。当时的深圳可以说乱搭建、乱摆卖、乱张贴之风愈演愈烈，令美丽的鹏城含羞蒙垢，这不但与深圳创建优秀旅游城市格格不入，更与深圳提出建设国际化城市的目标背道而驰。而盐田要建设环境优美的海滨城区，首先面临的也是如何加强城市管理、优化城市环境的问题。

据当时深圳市城管办摸底，深圳市有各类违章建筑物1300多万平方米，牵涉的流动人口达数十万人。这些违章建筑物主要是一些临时搭建的工棚、窝棚，往往成为藏污纳垢的犯罪滋生之地。一些外省来深圳谋生的民工在大小交通主干道的两侧，在一些山岭或果园，自行安营扎寨，或垦荒种菜，或垒圈养猪，或捡拾垃圾，既有碍观瞻，又造成严重的环境污染。在机场、港口、车站和旅游景点，一些违章搭建物更是严重破坏城市整体景观，令一些国内外游客不禁摇头叹息：深圳既像城市，又像农村；既不像城市，也不像农村。

为了全面落实科学发展观，尽快改善深圳的市容市貌，还市民一个洁净亮丽的鹏城，2003年7月25日深圳市人民政府正式颁布关于印发《深圳市"净畅宁工程"实施方案》的通知，强调为贯彻落实党中央、国务院，省委、省政府对深圳发展的要求和深圳市委三届六次全会、市委工作会议精神，加快建设国际化城市，实施可持续发展战略，深圳市政府决定针对人民群众关心的热点和难点问题，实施"净畅宁工程"。净化城市、净化环境，创造卫生、健康、舒适的环境；整治交通，完善路网，使道路畅通，出行便捷；加大社会治安综合治理，创造安宁、安心、安全的社会秩序和环境。力争通过3至5年左右时间，显著缩小深圳城市建设和管理水平与国外先进城市的差距。

从绿色发展和生态文明建设的角度来讲，其中的"环境净化工程"具有重要的现实意义。《深圳市"净畅宁工程"实施方案》所提出的"环境净化工程"，实际上就包括市容环境净化工程、水环境综合整治工程、大气环境净化工程、噪声污染整治工程、无公害农产品质量安全工程。在市容环境净化方面，《深圳市"净畅宁工程"实施方案》要求当时须重点解决严重影响市容环境的城中村、预留地、待建地、集贸市场、建筑工地、公路及铁路沿线、沿街门店等环境脏乱差问题，这些都是改变城市环境面貌的有力举措。

为了将盐田建设成为名副其实的生态城区，在《深圳市"净畅宁工程"实施方案》的指导下，盐田区从2003年下半年开始决定大力推进"净畅宁工程"。这一年盐田区共拆除违法建筑2.1万平方米，清理绿化政府预留地23.6万平方米，集中力量对盐田港后方陆域进行了专项整治，使城区的环境状况大为改观。盐田区在推进"净畅宁工程"的过程中，一方面继续加大城区园林绿化投入，城区新增绿地5.5万平方米，新增道路绿化总长2470米，并动工改造了东和公园，培育了生态风景林3278亩，完成森林防火带拓宽任务28公里，同时还对深华废弃采石场等山体缺口及裸露边坡进行了治理。另一方面又在全市率先对市政道路实行了招投标管理，并稳妥推进环卫体制改革，加强对建筑施工的管理，加大了对大气污染、水污染、噪声污染的监控力度，严查污染源。此外，还实施交通综合整治，兴建了一批交通设施，加强了对重点区域和重点路段的交通监管，制定了交通应急预案，有效地减少了交通事故，基本上保持了交通顺畅。通过大力推进"净畅宁工程"，这一年盐田区内有65家单位被评为花园式、园林式达标单位，整个盐田的生态环境有了明显的改善。

在推进实施"净畅宁工程"中，盐田区委、区政府和区直有关部门领导积极采取有效措施，深入第一线，全力落实制定的各项方案、措施。盐田区五套班子领导在"净畅宁工程"中都有包点单位，盐田区把每月最后一周的星期五定为机关干部到一线参加清洁工作的日子，区领导不仅在自己负责的工作中"靠前指挥"，而且在这一天全部来到旧村等卫生清洁的死角和难点地段，和干部群众一起打扫卫生，清理垃圾。他们的行动带动了全区群众自觉地投入"净畅宁工程"，在全区形成了全民参与的良好氛围。

围绕热点、突破难点，这是盐田区实施"净畅宁工程"的一大特色。当时，盐田港后方陆域环境卫生"脏乱差"一直是当地居民集中反映的突出问题，车辆乱停放、建筑垃圾堆放无序、待建地脏乱等现象比较严重。盐田区实施"净畅宁工程"中，把这一问题作为"净"工程的重点，与盐田港集团共同采取措施，盐田港集团投入近300万元资金，针对待建地、各施工区域、影响市容的临时建筑、停车场内部卫生、排水设施等卫生死角进行全方位的整治，使这一区域环境得到明显改善。

协同作战、齐抓共管，则是盐田实施"净畅宁工程"的另一特色。要从根本上改变城市环境的落后面貌，其目标往往不是一个部门、一个单位能够实现的。因此，盐田区采取的措施是各有关部门协同作战、齐抓共管、联合行动。例如，针对盐田街道辖区内无牌无证摩托车非法营运，引起交通事故、刑事案件频发的问题，盐田街道就联合公安、交警、运输、城管等部门和驻盐部队开展专项整治行动，共收缴无牌无证非法营运摩托车110辆。经过这六个部门的联手整治后，辖区内治安明显好转。当时盐田国际集装箱码头也正在建设"交通安全社区"，此项工作就是由区安监部门、区交警部门和码头运输企业联手进行，通过全面提高盐田区过往车辆和有关人员的交通法制观念和交通安全意识，依靠各方的共同努力缓解盐田港区的交通压力。另外，为了解决盐田港后方陆域货柜车争行抢道、交通混乱等问题，盐田区交警、盐田港集团和盐田国际这三家单位在做了大量调研、论证的基础上，积极建造两大进港车辆行车循环圈，大大改善了港区的交通状况。

三　全力开展对"城中厂"的搬迁改造工作

在积极推进"净畅宁工程"的同时，盐田还全力开展了对"城中厂"的搬迁改造工作。从新建的盐田区行政文化中心到明斯克航母世界，这两者之间是规划中的盐田中心区，这里是盐田城区形象的代表区域。但是，在盐田建区前这里就已经形成了一个旧住宅和旧厂房的工业村，一片约7万平方米的旧建筑群——鹏湾工业村正好坐落在中心区的中轴线上。驾车沿深盐路行5分钟即可穿过的沙头角，在密密麻麻的、五六层楼居多的建筑群中却"隐藏"着三四个工业区，成为嵌在民居中的"城中厂"。随着时间的推移，这些十多年前应运而生并为当地经济发展做过贡献的工业区，其建筑景观和使用功能已与周边环境产生了明显的不协调。如何解决"城中厂"的问题，是盐田区乃至深圳城市改造和建设中面临的一大难题。而盐田区由于国土面积小、地域狭窄，这一问题尤其突出。从辖区的范围来讲，盐田区政府可利用的土地"零角碎边"加起来也只有1平方公里左右，在空间小、余地少的情况下如何寻求突破、重整格局，按照时任区委书记王京生的话来形容，那就是"腾挪"。

当时的鹏湾工业村总建筑面积有10万多平方米，分为商住和厂房两部分。商住为4栋7层商业住宅，建筑面积2万多平方米；工业区为24栋2—3层厂房，建筑面积近8万平方米。由于建造时考虑是临时工业用地，所建厂房都为层数低、配套差、建设标准低的建筑，已经不能适应产业升级换代的需要。既要拆除鹏湾工业村，又要尽可能留住厂商，使工厂生产平稳过渡，确保经济发展不受影响，为此，盐田区拆迁领导小组就拆迁问题多次召集业主及厂商广泛征求意见，并对业主和厂商反映出来的问题进行认真研究和分析，制定了现金补偿和产权调换两种拆迁补偿方案。由于大部分厂商均表示愿意继续留在盐田设厂，区委、区政府便决定在盐田片区划定适当工业用地，用来建设工业厂房，以安置拆迁户，相当于把位于中心城区的工厂"腾挪"出去，放进统一规划建设的工业区。

由于盐田区山多地少，要划定一大块工业区发展用地十分困难。为尽快解决鹏湾工业村拆迁安置问题，区政府及规划国土部门深入调查研究，并与辖区内的盐田港集团及盐田街道办事处联系，最后将工业区选址在盐田港后方陆域北山大道以北、平盐铁路以南的一个狭长地带，占地面积约7万多平方米，并将此命名为北山工业区，规划总建筑面积为17万多平方米。该地块是通过整合盐田港集团，盐田一、二、三村，盐田街道办事处等几家单位的零碎闲置土地而成，从而实现土地的合理开发利用，最大限度地发挥了这块土地的利用价值。同时，在北山工业区建设决策问题上，盐田区委、区政府还要求高起点规划、高标准建设，规划中应考虑较大的发展空间和预留厂区，厂区建设标准要适度超前，以满足现代工业的需要。

并要求以北山工业区的建设为契机，不但要留住现有厂商，而且要引进更多科技含量高、有发展前途的现代化工业，使盐田区的工业发展在质量上能够迈上一个新台阶，提升盐田工业园区的档次，进而提升全区工业企业的素质。

在工业区的规划设计中，盐田区有关部门吸取了全市各工业区建设的成功经验，合理地确定北山工业区厂房的设计参数，包括层高、楼面荷载、柱网、电梯等，并适当提高了厂房设计标准。包括每栋厂房设有 4 至 5 台大吨位液压电梯，柱网布置跨度较大、空间规整，能满足各种生产工艺流程的要求。在平面布局上，将电梯、疏散楼梯、卫生间、开水间及设备用房等辅助用房安排在厂房的两端，以保证厂房生产区的完整性和单纯性。在北山一期约 10 万平方米的厂房建设过程中，盐田区还在积极筹建北山工业区的二期、三期项目，总面积将达到 50 万平方米，可以将盐田辖区所有零星、分散的"城中厂"全部搬进园区，这样一来不但可以极大地改善整个城区的环境面貌，从而给市民提供一个干净和安宁的优美环境，而且还将助推企业更好、更快地上规模、上档次，也符合绿色发展、循环发展、低碳发展的要求。

事实上，经过这一系列行之有效的工作，盐田的城市品位、生活质量有了较大的提高，城区环境也得到了明显的改善，一个现代化旅游海港城区的雏形正开始展现在人们面前。

四 蓝、绿并重的"黄金海岸"建设

靠山临海，这是盐田地理环境的最大特色。蓝色是大海的象征，绿色则是山地森林的象征。因此，如何突出蓝、绿色的特点，发挥好两者的优势，这不仅是一个科学规划的问题，更是一个精心实践的问题。

为了发挥盐田海滨城区的优势，盐田区政府于 2000 年曾做过一场"蓝色盐田"的推广活动。而正在此时，《深圳特区报》上发表了一篇关于盐田发展路径的评论，此事引起了盐田区领导的关注，于是便邀请报社协助做好蓝色盐田的策划和推广工作。为此，《深圳特区报》专门开辟了一个"海语论坛"，让专家们相聚一堂，交流

蓝色盐田发展的意见,描绘蓝色盐田的发展蓝图。"海语论坛"就是以海的视野关注盐田、以海的思维思考盐田、以海的蓝图描画盐田、以海的语言讲述盐田。

"蓝色盐田"的提出,不仅是对色彩概念美学意义上的丰富,更是对盐田未来发展方向的有益探索。在蓝色盐田的宣传推广策划方案中,有专家曾用这样的语言来评价和推介盐田:

蓝色——海的颜色,这是每一个到过这片土地的人的亲身体验。从市区过来,车子一出梧桐山隧道,你的心情立马变好。有人说梧桐山隧道是一个"磁带清洗器",经过它,关于繁华闹市的记忆会被一把抹去。其实,"心由境造",愉快心情的产生更多来源于感官的"接收信号"。"看"——有别于市区的高楼矗立,沙头角低层疏朗的建筑规划,使我们一出梧桐山隧道,抬头看到的是蓝蓝的天空和青青的山峦……"听"——有别于市内的人喧马嘶,沙头角海滨小城的交通布置使我们在感知城市节奏的同时,又时时感到它的宁静。"呼吸"——有别于市里的各种污染,这里80%的森林覆盖,使得清新的空气在亚热带的阳光下显得那么通透纯净……当车子一上盐田公路,你的心情就需要用激动来形容。激动首先来自海的出现。我们曾在飞机上看过海,看海的无边无际,但看久了会感到单调。我们曾在海边看过海,看海天一色,但看久了也会感到一线遮目、茫茫无知。但这里看到的海却是一幅生动的、壮美的、立体的、配乐的画卷。激动又来自梧桐山——是梧桐山的"到来",给我们提供了一个和大海相亲相近、远观近赏的恰当高度和距离。车辆穿行在美丽的梧桐山上,右下看去,蓝色的大海铺满你的整个视野,视野的边缘不时是逶迤的对面香港青山;右上看,蓝蓝的天空洁净澄明……而在海与天拉开了的空间中,盘旋着飞翔的海鸥……尽管山中静静、海面平平,但你似乎听到一首蓝色的交响——山的壮美与海的平阔在这里回荡,大自然的宁静与生命的舒展在这里回荡……顿时觉得海是蓝的,天是蓝的,甚至风是蓝的,空气也是蓝的,——我们的心情也被染蓝!作为描绘蓝色盐田的平台,"海语论坛"受到了盐田区政府领导的高度重视,也吸引了全国各地上十家品牌开发商的董事长、总经理,就连一向低调的"地产盟主"——

王石也现身论坛，同时还有重量级的专家为此出谋划策，可以说，"海语论坛"就是蓝色盐田发展的智囊团。"海语论坛"的地点就设在盐田区国土分局的圆形会议室里，每年召开一届。面对窗外蓝色的大海，蓝色盐田的美好前景也不断地构想出来。"海语论坛"的成功举办，使蓝色盐田得到较佳的推广，盐田的蓝色品牌形象得到塑造。在"海语论坛"的推动下，不但蓝色盐田的品牌形象开始飘向国内外，而且对全区的生态建设也起到了很好的推动作用。

几乎与此同时，2000年8月，根据深圳市第三次党代会的精神，盐田区政府提出了进一步的发展战略：发挥港口、资源、政策这三大优势，建好东部物流、黄金海岸线和旅游胜地、黄金珠宝加工展示这三大基地，营造安全投资和生活环境、高品位的文化环境、公平的法制环境这三大环境。为此，在生态建设方面盐田又提出了新的目标，即新增绿化面积2万平方米，营造1000亩生态风景林；积极探索和改革环卫管理体制，改革"门前三包"管理制度，推动环卫管理上新水平；加大环境保护力度，抓好绿色学校、环保社区的创建工作以及大气、海水、汽车尾气的常规监测和监控；治理水土流失面积0.5平方公里，停办辖区内部分采石场。继续推行文明施工责任制；保护自然资源和生态平衡，实现可持续发展。而其中三大建设之一的黄金海岸线和旅游胜地建设，正是实践蓝色盐田美好构想的重要举措。

精心打造东部的"黄金海岸"，这是深圳在迈向现代化国际都市中提出的一个美好构想。"黄金海岸"盐田段东起大鹏湾背仔角，西至沙头角镇，南临大鹏湾，北拥梧桐山系。这里不仅有美丽的沙滩海岸、秀丽的青翠山地，还有充满情调的滨海城区和现代化港口。山、海、城和谐地统一在一起，构成了深圳东部黄金海岸线上一道亮丽的风景。进入21世纪之后，盐田人正把这个构想一步步变为现实。在盐田区政府提出新的发展战略不到一年的时间里，东部"黄金海岸"盐田段除"中英街"景观设计尚未最后拍板外，其余规划方案均已尘埃落定，并已陆续进入实施阶段，一座现代化的海滨城区初具雏形。

当时规划中的"黄金海岸"盐田功能片区包括"中英街"景

观、沙头角海滨城区、盐田港、大小梅沙片区和大梧桐、三洲田山地休闲地带等。其中，位于沙头角镇东南侧的海滨区，总面积达66.64公顷，它将成为盐田区的行政、文化和商业中心区域，盐田港港区规划分为西、中、东三个港区，西港区为已建成的通用泊位区，中港区和东港区为集装箱专用港区。大小梅沙海滨旅游度假区则集高档居住与海滨风光及娱乐休闲于一身。除海景资源外，盐田丰富的山体自然资源也将得到有效利用和开发，包括三洲田景观旅游区、上坪水库片区等。

　　盐田拥有全深圳最为宝贵的海岸和山景资源，因此"环境优先"便成为"黄金海岸"建设中的最大亮点。在打造东部"黄金海岸"过程中，盐田区始终坚持"环境优先"的原则，来规划黄金海岸的未来面貌。盐田的山景和海景资源不仅得到了很好的保护和开发，而且在开发中还创造出了新的环境资源。为了最大限度地保护环境景观资源，在规划中甚至不惜做出许多"牺牲"。如大梅沙海滨旅游度假区北部原来有一内湖，如将这块地拿去拍卖，可以卖不少钱，但在规划方案中不仅将它保留了下来，还将其扩大到8万平方米，并规划成一个半自然生态区和娱乐区，土地虽然因此而减少了，但却进一步提升了周边的环境质量。为体现"环境优先"思想，盐田规划国土部门甚至将开发的程序也倒了个儿，通常情况下，某一市政工程的实施是先委托市政工程设计院做方案，但在这里则要先做景观工程设计，提前对环境景观进行评价，提出环境保护要求，然后才交由市政单位据此进行工程设计。为了保证东部"黄金海岸"规划的高质量，盐田区还邀请外国专家携手献策，曾先后两次召开"现代海滨城市规划设计研讨会"，征询外国专家们对这一片区规划和开发的建议。而在具体的规划方案中，也有相当一部分就出自国外著名设计机构。如大梅沙海滨公园规划方案中，其大梅沙的整体构想出自美国规划师之手，其建筑设计源于新加坡，其景观设计则由法国设计公司负责，此外还有日本、英国等外国专家也都分别参与规划设计。

　　到2001年上半年，东部"黄金海岸"已不仅仅是停留在规划设计阶段，而是正在一天天地变为现实。经过一百天的奋战，"黄金海岸"的形象已在山海相拥的狭长地段中逐渐展露出迷人风采，五栋酒店式公寓已建成投入使用，重新规划、设计的大梅沙海滨公园已成为深圳市民的旅游度假胜地之一。大梅沙海滨公园的二期工程正在紧锣密鼓地进行，人工内湖、愿望塔可望在 7 月建成，盐梅之间的景观步行路亦已提上议事日程。同时，盐田区加快了基础设施建设步伐：沙头角海滨城区的 60 多万平方米的填海工程已经完成，给水排水、区内道路及路灯工程、绿化和交通设施也已基本完成。深盐公路的改造、北山大道、内环线的建设进展顺利，为了打通海边到三洲田和梧桐山之间的连接，国土部门还修建了三洲田上山公路，梧桐山上山公路也正处于建设之中。①

必须指出的是，从色彩学的意义上讲，蓝色与绿色可以说是两码事。但从生态文明建设的角度来讲，注重发挥蓝色海洋的功能和重视绿色植被的功能在本质上是一致的，都是强调要保护好自然环境，都是在追求人与自然的和谐。盐田是一个滨海城区，在生态文明建设方面首先就突出保护好海洋环境，而且把蓝色的海洋和绿色的林地结合起来，并以此为基础着力打造金色的海岸，这是一条符合盐田实际情况的绿色发展道路。

五　在经济结构调整中实施绿色转型

作为一个自然条件得天独厚同时也是一个极具发展潜力的新区，当初盐田在规划未来发展蓝图之时，区委、区政府领导就认为，盐田一方面要保护自身的生态环境，另一方面则必须大力发展高新技术产业。也就是说既要充分利用东部黄金海岸的自然资源优势，做好做足山和海的文章，以发展旅游业为龙头，带动服务业、房地产业等第三产业的发展，也要努力培植新的社会经济增长点，特别是要充分发挥依托盐田港这个国际集装箱大港的优势，大力发展与港口相配套的服务业，力争培育更多的经济增长点。这种产业发展的思路，从某种意义上应该说也是一种绿色发展道路，它对于盐田区的生态文明建设起到了重要的促进作用。

---

① 《盐田大手笔构筑"黄金海岸"》，《深圳特区报》2001 年 7 月 15 日。

从 2000 年 4 月开始，盐田区加快了经济结构调整、经济增长方式转变、培育新的经济增长点的步伐。产业结构的调整是一件长期而艰巨的任务，在 21 世纪初的头几年当中，盐田产业结构调整的重点就是建设三个基地，即依托盐田港建设深圳东部的物流基地，依托山海旅游资源建设深圳东部的旅游胜地，依托沙头角保税区建设黄金珠宝加工基地。当然，建设三个基地不一定就等于绿色发展，但是在实施的过程中，盐田着眼于节能、减排和保护好生态环境，应该说这确实是盐田决心走绿色发展道路的重大决策。

（一）努力发展和完善港口服务业

港口服务业是盐田区具有重要意义的支柱性产业，对全区经济发展有着举足轻重的影响。积极发展和努力完善港口服务业，努力建设好绿色港口，不但对提升盐田的产业结构具有重要作用，而且对盐田区的生态文明建设也能产生很大的影响。建立以国际港口、口岸、现代化场站为枢纽，以公路、铁路、水运为骨干，疏港交通与区内交通合理分流的综合运输网络；健全货运代理服务体系，鼓励区内外企业参与报关、中转、分拨、集运等业务和货源组织、集装箱分装及维修业务；建立为港区生活服务的配送中心和公共服务基地，开展对外轮生活物资供应等外供业务；完善港口服务所必需的信息基础设施，引进国内外金融机构，开展海运货运保险、离岸业务等金融服务，这些都是盐田区在发展和完善港口服务业时需要完成的具体任务。为此，盐田区委、区政府采取有力措施，逐步引导区属国有企业转型到港口服务业，促进港口物流基地的形成。1999 年，港口服务业对全区的经济增长贡献率为 21.2%，2000 年就上升为 31.3%。2001 年，仅与港口服务业相关的交通运输业的增加值就增长了 27.3%，由此带动了整个第三产业的迅速增长，第三产业对全区 GDP 的直接贡献率达到 26.1%。

随着盐田现代化港口发展战略的实施，整个深圳港的集装箱吞吐量迅速攀升。1997 年的集装箱吞吐量排在世界前 20 名以外，1998 年就以 195 万标准箱跻入全球第 17 位，1999 年以 298 万标准箱名列全球第 11 位，2000 年以 399 万标准箱的业绩跃居全球第 10 名，2001 年时则以 507 万标准箱的业绩进入了前 8 强。

（二）积极发展壮大旅游业

旅游业是符合绿色发展要求的重要产业，盐田则具有发展旅游业的、尚待开发的山海资源。树立"大旅游"的观念，统一规划和深度开发旅游资源，这是盐田发展旅游业的基本思路。按照当时的计划要求，盐田的海滨度假旅游要以现有项目的功能改造升级为主，尽快建成"海洋世界"，加快大梅沙旅游度假基地的开发，注重大、小梅沙功能互补和相互协调，并适当开发海上体育运动项目；山地观光休闲旅游要着力开发梧桐山森林公园、三洲田乡村俱乐部、孙中山庚子首义纪念馆等项目；购物旅游要重点实施沙头角填海地商贸区、"中英街"改造和特色商品购物街等项目；饮食旅游要重点建设盐田海鲜街等项目。要突出特色旅游，开辟海上游轮旅游、盐田港港区旅游、短期过境旅游和香港环岛游，组织建立区内旅游同业协会，吸引各类旅游组织到区内设立分支机构，尝试建立中外合资旅行社，加大旅游产品的开发和宣传促销力度。

经过各方面的努力，盐田区的旅游业在短短的几年中便得到了迅速发展。20 世纪末，在人们印象中的盐田旅游还只不过是到大梅沙海滨游泳而已，但到 2001 年，随着小梅沙海洋世界、大梅沙海滨公园、大梅沙滑水索道、明斯克航母世界等一批旅游项目相继在东部海岸建成开业，加上三洲田、梧桐山旅游资源开发的启动，盐田区旅游正逐渐从以海滨浴场为主的单一海滨度假型向山海并重、功能配套的体系化旅游产品转化，一个生机勃勃的东部黄金海岸初具雏形。

尤其值得指出的是，盐田区的生态休闲游开始引来四面八方的游客。盐田原先的旅游产业主要集中在海滨海景开发上，但盐田区具有独特的山地风光、生态景观，过去却一度养在深闺无人识。随着实行山景、海景立体开发，盐田区在积极完善大、小梅沙旅游配套设施，加快大梅沙二期工程建设步伐、推动小梅沙旅游度假中心的整体改造的同时，还先后引资成片开发梧桐山国家级森林公园和三洲田生态风景区，建成了滨海观光度假和山地生态休闲旅游的配套景区，为紧张忙碌的特区市民营造了一方湖光山色的生态净土，一个高品位、综合性的城郊自然风景名胜区正吸引着越来越多的中外游客前来参观游览。

与此同时，盐田还积极推进"吃、住、行、游、购、娱"旅游六要素的全面发展。原先游客到盐田，渴了喝自带的矿泉水，饿了打道回福田、罗湖选酒家，这种现象也逐渐被"吃在盐田"所代替。盐田新建的海鲜一条街地处海滨，占地约 1.5 万平方米，是深圳唯一的临海酒家消费街，被列为深圳市八大食街之一，"吃海鲜，到盐田"开始名不虚传。游客在品尝海鲜美味的同时，又可欣赏海上美景。为进一步提升盐田旅游业的发展水平，盐田区还大力发展与旅游景点配套的商贸业，依托中英街建设沙头角购物天堂，对周边街道和商铺进行优化布局，积极引进各种连锁店、专卖店、便利店，形成旅游购物网点。

盐田黄金海洋旅游设施的不断完善，带动了相关的商贸和饮食业加速增长，不但使旅游效益呈明显增长的态势，而且也改善了环境、带旺了人气，拉动了全区经济的发展。良好的自然生态环境引来了海内外高新技术开发商，以国外留学生为背景的基因生物港开始落户盐田区，现在已经发展成为全球闻名的深圳华大基因研究院。①

（三）稳定、提高出口加工业和大力扶持高科技产业

盐田区经济的外向度较高，出口产品产值占全区工业总产值的90%以上，因此一旦全球经济形势出现疲软时，带来的冲击就相对较大。例如 IT 产业是盐田的一项主要产业，但盐田建区伊始就面临着东南亚经济危机，世界经济、贸易的增长速度明显放缓，全球 IT 产业的需求衰退，对盐田区的经济产生较大的冲击。为了应对不利的外部环境，盐田区委、区政府有针对性地采取一系列对策和措施。首先是优化经济结构，采取措施稳定工业生产，确保经济的稳步增长。一方面政府加强对辖区内企业的跟踪服务工作，积极引导、支持和推动 IT 企业进行产品结构转变以适应市场需求；同时还加大对黄金珠宝等特色工业的扶持力度，鼓励企业适当扩大内销，积极开拓国内市场，以缓解国外订单不足的状况；另外又对其他的"三来

---

① 《东部旅游看盐田》，《深圳商报》2001 年 9 月 23 日。

一补"项目，继续实行稳定、巩固和提高的方针，帮助业主解决实际困难和问题。另一方面则大力调整产业结构，努力实现一般加工业向高附加值加工业转化，出口加工型向进口替代型转化，重点发展计算机及软件、基础元器件、首饰加工、生物医药为主的高新技术项目，努力促进经济增长方式的转变。这种经济增长方式的转变对盐田走绿色发展道路具有十分积极的意义。围绕着建设现代化旅游海港城区和东部高科产业基地的目标，盐田坚持能快则快、好中求快和"大投入、大建设、大发展"的方针，高科技产业一起步便取得了相当大的进展。在深圳市发展高新技术产业的总体格局中，盐田区根据自身的特点，着力发展以电子信息、通信、生物和医药为主的一些用地少、污染小、附加值高的高新技术产业，建设深圳东部高新技术产业研发园区，促使电子信息产业向纵深发展，大力开发和应用生物工程技术，建立具有本区特色的高科技产业研发基地。同时，充分发挥沙头角保税区的产业优势和政策优势，加大技术改造和结构调整的力度，用高新技术改造和武装传统产业。为此，当时盐田区便相继引进一批技术含量高、市场前景好的高科技企业及项目。其中，计算机设备、基础元器件、新材料等产业，都形成了较强的竞争力。

在此基础上，盐田区于 2001 年制定并实施了《扶持科技型孵化企业发展暂行规定》，并决定增加科技三项经费的储备，每年的投入不低于财政收入的 1.8%，用于对落户盐田的高新技术企业的扶持。此时的盐田虽然建区才短短四年，但高科技产业已初步显示出雄厚的基础和实力，高新技术对经济贡献率在全市已居于领先地位。这一年高新技术产品产值达 145 亿元，占全区工业总产值的 74%。已有数家全国、全市进出口百强企业落户盐田。盐田区开始成为深圳重要的高新技术产业研发基地，仅鑫茂科技有限公司 2001 年销往欧美的电脑主板就高达 1541 万块，出口额达 10.2 亿美元。

随着盐田区产业结构的不断优化，高新技术产业也在不断地聚集。在深圳市 1—3 届高交会上，盐田区累计成交项目达 44 个，投资金额 45 亿多元。2001 年全区高新技术产值已达 137 亿余元，占全区工业总产值的 78.5%，高新技术产业已成为盐田区工业的重要支柱。一些颇具实力的国内外高新技术企业纷纷前来盐田洽谈投资，当时即有中兴通讯公司的研发中心、四川大学旭飞研究园、生物基因港、绿色材料谷等项目在盐田落户。不少高新科技产业的投资者们，谈起为何选择在盐田落户时都表示，主要是因为这里有得天独厚的环境质量，空气、海水及周边环境都十分纯净，满足了许多对环境质量要求苛刻的高新技术研发基地的要求。此外，良好的社会治安环境，也使投资者多增加了一份安全感。而高新技术的迅速崛起，既为盐田经济发展增添了强大的动力，又没有给环境造成明显的损害，从而为盐田的绿色发展之路开辟了光明的前景。

到2001年年底，也就是在建区4周年之际，盐田区已经提前完成5年奋斗目标。在这4年中，盐田区国民经济连续保持了快速健康增长态势，国内生产总值年均递增27.1%，各项税收年均递增41.1%，工业总产值年均递增25.5%，外贸出口年均递增24.6%，社会固定资产投资额年均递增38.4%，提前一年实现了建区之初确定的5年奋斗目标。

到2002年，盐田区国内生产总值已达33.38亿元，比1997年增长1.76倍，地方财政收入7.63亿元，比1997年增长2.29倍，实际利用外资1.27亿美元，比1997年增长2.38倍，五年累计引进外资4.5亿美元。两大支柱性产业发展迅猛，盐田港以吞吐量年均增长80%的速度飞速崛起，旅游业也开始形成黄金海岸特色品牌。经过五年的奋斗，盐田作为深圳市最晚成立的行政区，在努力建设现代化旅游海港城区的道路上阔步前进，其社会经济发展和生态文明建设均取得了引人注目的成就。

盐田建区之初，其经济底子比较薄弱，而城区基础设施建设尤为滞后。在确立建设现代化旅游海港城区的目标之后，盐田区委、区政府把改善城市交通、污水处理、城市亮化绿化等基础设施建设作为当务之急，采取"大投入、大建设、大发展"的举措，全力推进城区的基础设施建设，从而为经济社会的全面发展创造良好条件。在这五年中，全区固定资产投资累计达50.87亿元，建设改造了39条道路，大梅沙海滨公园、区行政文化中心、盐田污水处理厂等相继竣工投入使用，同时还完成了盐田河治理等一批防洪排涝工程，使城市功能日趋完善。特别是在改善城区面貌方面,盐田区实施"蓝天、碧海、绿地"工程,下决心拆除了 37 万平方米的违法建筑,新增了 14 万平方米的绿地面积,使城区的绿地、林地覆盖率达75%,并新建了一批灯光形象工程和街景工程,使城区的市容市貌发生了显著的变化。经过 5 年的开发建设,盐田城区的功能日臻完善,投资环境不断优化,生态环境也得到明显改善,可以说盐田绿色发展的态势起步良好。

第四章

认真做好盐田的水土保持工作

水土保持工作是指对因自然因素和人为活动造成的水土流失现象所采取的预防和治理措施。盐田处台风暴雨的高发区域，辖区多丘陵山地，是一个容易发生水土流失的地方。特别是盐田建区较晚，辖区水土保持基础建设底子薄、欠账多，水土修复和保护工作量巨大。因此，对于盐田来说，认真做好辖区内的水土保持工作，是保护和改善生态环境的必然要求，也是坚持绿色发展、建设美好盐田的重要举措。

第一节　水土保持是建设美丽中国的重要条件

防治水土流失，保护、改良与合理利用水土资源，维护和提高土地生产力，减轻洪水、干旱、风沙灾害，充分发挥水土资源的生态效益、经济效益和社会效益，是一项关系到建立良好生态环境、支撑可持续发展的重要的社会公益事业，对于建设美丽中国具有重要的现实意义。

一　水土保持维系着国土生态安全

党的十八大提出了政治建设、经济建设、社会建设、文化建设和生态文明建设"五位一体"的发展战略。建设生态文明，就必须了解水土生态知识，认识水土生态规律，加强对水土流失的治理力度。只有这样，才能达到天蓝、地绿、水清的目标，实现人与自然的和谐相处。

建设生态文明，实现绿色发展，归根结底就是要实现人与自然的和谐相处。而人与自然的关系，首先就表现在人与水的关系、人与土壤的关系、人与植被的关系之上。水是生命之源，是人类赖以生存和发展的不可缺少的最重要的物质资源。一切生命活动都起源于水，在地球上哪里有水哪里就有生命。水作为大自然赋予人类的宝贵财富，早就被人们所关注。中国古代文化对水有着浓厚的亲近感和敬畏感，汉语中的"海"字就表明了水是生命之源，它左边是三点水"氵"，上面一个"人"，下面一个"母"，意为水是人类的母亲，这与生命起源于海洋的科学观点不谋而合。而土地则是财富之母，是生产活动的主要场所，是一个国家最宝贵的自然资源。因此，水与土地都是一个民族生存和发展的基本物质条件，是不可替代的稀缺资源。我国人口众多，只有珍惜和合理利用水土资源，有效防范水土流失，才能实现经济社会的持续、稳定发展，才能将祖国建成美丽的家园。

水土流失是指人类对土地的利用，特别是对水土资源不合理地开发和经营，使土壤的覆盖物遭受破坏，裸露的土壤受水力冲蚀，流失量大于母质层育化成土壤的量，土壤流失由表土流失、心土流失而至母质流失，终使岩石暴露。中国是个多山国家，山地面积占到国土面积的2/3，又是世界上黄土分布最广的国家。山地丘陵和黄土地区地形起伏，黄土或松散的风化壳在缺乏植被保护的情况下极易发生侵蚀。而且中国许多地区都属于季风气候，降水量集中，雨季降水量常达年降水量的60%—80%，且多暴雨。这些易于发生水土流失的地质地貌条件和气候条件，是造成中国发生水土流失的主要原因。再加上中国由于人口众多，对粮食需求量大，所以在生产力水平不高的情况下，容易对土地实行掠夺性开垦，破坏了生态环境，加重了水土流失。另外，一些基本建设也不符合水土保持要求，例如，不合理地修筑公路、建厂、挖煤、采石等，破坏了植被，使边坡稳定性降低，引起滑坡、塌方、泥石流等严重的地质灾害。由于上述这些特殊的自然地理和社会经济条件，目前中国是世界上水土流失最为严重的国家之一。其流失的范围分布广、面积大，已经成为我们国家主要的环境问题。根据全国第2次遥感调查结果，中国的水土流失面积达到 356 万平方公里，占国土总面积的 37%。据统计，中国每年流失的土壤总量达 50 亿吨。长江流域年土壤流失总量为 24 亿吨，其中上游地区年土壤流失总量达 15.6 亿吨，黄河流域、黄土高原区每年进入黄河的泥沙多达 16 亿吨。所以，如何加大水土保持的力度，已成为关系到国土安全的大问题。

新中国成立之后，国家对水土保持工作一直较为重视，并且坚持通过立法手段来保证和促进水土保持工作。1957 年，国家就制定了《中华人民共和国水土保持暂行纲要》，1982 年又发布了《水土保持工作条例》，2010 年 12 月 25 日第十一届全国人民代表大会常务委员会第十八次会议修订通过了《中华人民共和国水土保持法》，从此水土保持工作便有了更严格的法律保障。根据该法律规定，水土保持工作应"实行预防为主、保护优先、全面规划、综合治理、因地制宜、突出重点、科学管理、注重效益的方针"，同时该法律还强调"任何单位和个人都有保护水土资源、预防和治理水土流失的义务，并有权对破坏水土资源、造成水土流失的行为进行举报"。

水土保持工作在城市现代化建设中同样起着重要的作用，城市水土保持不仅美化了人们的生活环境，提高了生活质量，而且可以提高人们的文化素质、道德水准，对两个文明建设产生很大的推动作用。随着我国城市化进程显著加快，而城市中的水土流失、城市环境问题也日益突出，严重影响了城市经济、社会的可持续发展，城市水土流失已成为制约城市可持续发展的重要因素，因此如何做好城市的水土保持工作已经成为新形势下面临的新的严峻课题。针对城市基础设施建设、开发建设项目活动频繁和点多面广的特点，国家要求各地加强城市水土保持及城镇化进程中的水土保持工作。要认真开展水土流失状况调查，建立开发建设项目档案，掌握开发建设项目水土流失动态，对其实行全过程规范管理，使城市的人居环境有较大改善，人与自然更加和谐，实现经济发展、生态良好、环境优美的目标。这与走绿色发展之路从根本上来说都是一致的，都是建设美好城市的重要途径。

二　水土保持必须提高监测能力

水土保持是指采取工程措施、生物措施和蓄水保土耕作措施等手段，对自然因素和人为活动造成水土流失所采取的预防和治理措施。水土保持是国土整治、江河治理的重要内容，也是国民经济和社会发展的基础，它对生态文明建设具有重要意义，是我们必须长期坚持的一项基本国策。

水土保持强调对水土资源的合理利用，是一项适应自然、改造自然的战略性措施，不仅需要对自然界水土流失原因及规律加以认真的研究和总结，还必须努力提高人类改造自然和利用自然的能力。因此水土保持是一项综合性很强的系统工程。

水土保持工作有四个鲜明特点：一是其多学科性特点，涉及土壤、地质、水利、农业、林业、法律等多门学科；二是其地域性特点，由于各地自然条件的差异和当地经济发展水平、土地利用状况、社会环境及水土流失现状的不同，需要采取不同的治理手段；三是其综合性特点，治理水土流失涉及国土资源、环保、农林水、交通、建设、经贸、财政、计划、司法、公安等诸多部门，需要通过大量的协调工作，争取各部门的支持，才能做好这一工作；四是其群众性特点，水土保持工作面广量大，情况复杂，因此必须依靠广大群众，动员各行各业共同参与治理，才能取得积极的效果。

在治理水土流失方面，政府主管部门负有直接而重要的责任，其中一项重要内容就是要做好水土保持的监测工作。《中华人民共和国水土保持法》规定："县级以上人民政府水行政主管部门应当加强水土保持监测工作，发挥水土保持监测工作在政府决策、经济社会发展和社会公众服务中的作用。县级以上人民政府应当保障水土保持监测工作经费。"同时，该法律还对有关监测的基本要求和工作权限做出了详细的规定："从事水土保持监测活动应当遵守国家有关技术标准、规范和规程，保证监测质量"；"水政监督检查人员依法履行监督检查职责时，有权采取下列措施：（一）要求被检查单位或者个人提供有关文件、证照、资料；（二）要求被检查单位或者个人就预防和治理水土流失的有关情况作出说明；（三）进入现场进行调查、取证。被检查单位或者个人拒不停止违法行为，造成严重水土流失的，报经水行政主管部门批准，可以查封、扣押实施违法行为的工具及施工机械、设备等"；"水政监督检查人员依法履行监督检查职责时，应当出示执法证件。被检查单位或者个人对水土保持监督检查工作应当给予配合，如实报告情况，提供有关文件、证照、资料；不得拒绝或者阻碍水政监督检查人员依法执行公务"。这些法律条文的制定和实施，对于做好水土保持工作提供了严格的法律依据，是防治水土流失的重要制度保障。

三 治理水土流失是盐田的重要工作

作为一个地形较为复杂的海滨城市，深圳对全市的水土保持工作一直给予了高度关注。早在1997年2月，深圳市第二届人民代表大会常务委员会第十三次会议就通过了《深圳经济特区水土保持条例》，该《条例》强调"水土保持工作实行预防为主，全面规划，防治结合，加强监督，注重效益的方针；遵循谁开发建设谁保护，谁造成水土流失谁负责治理的原则"。《条例》要求"各级人民政府应当建立健全水土保持设施的管理制度，加强水土保持设施的管理和维护，组织全民植树造林、种草、保护植被"，"水土保持规划确定的任务，应列入国民经济的社会发展计划"。同时，该《条例》还对水土保持工作的"预防""治理""监督与管理""法律责任"等各项具体内容都做出了详细的阐述。此后，深圳市政府又陆续颁布了《深圳经济特区饮用水源保护条例》《深圳经济特区河道管理条例》《深圳市基本生态控制线管理规定》《关于加强水土保持生态建设工作的决定》等一系列法规、决定，有力地推进了全市的水土保持工作不断向前发展。

正是在这样的背景下，1998年盐田区成立之后的首届《政府工作报告》就明确规定，这一年区政府的首要工作就是"坚持高起点规划，以科学的规划统揽全局"。并提出要"抓紧完成《盐田区分区规划》，报市审批后尽快实施"；要"制订盐田区中长期供水规划、防洪规划和水土流失治理规划，以科学的规划统揽全局"。也就是说盐田区成立伊始，就在考虑制定长远的水土流失治理规划，并以此来统揽全局。

在 1999 年的政府工作报告中，一方面回顾了过去一年区政府为民所办的 10 件实事，其中就包括全面完成封闭盐田垃圾场、完善防洪排涝设施、治理红花坳崩坡等多处水土流失地等具体项目，并指出这些项目均取得了良好的社会效益；另一方面，政府工作报告要求在新的一年里，"在进行大规模基础设施建设时，要加强对投资项目的管理。推行'建设项目法人责任制''工程招投标制''工程建设监理制'和'政府投资跟踪审计制'，实现建设行政改革，健全工程管理制度。增强规划意识，引进国外的规划管理经验，严格按规划组织建设，把规划、管理、施工以及保护生态环境紧密结合起来"，要"加大执法监督的力度，防止事故发生，保护周边环境，及早恢复因施工而遭破坏的植被，避免造成水土流失"。这一年，盐田区共治理水土流失面积达 1 平方公里。随后几年中，每年的政府工作报告均提出了治理水土流失面积的具体任务，这就意味着治理水土流失已成为盐田区经济发展规划中的一项硬指标。

第二节　全力推进水土保持监督管理能力建设

一　盐田被列为全国水土保持监督管理能力建设试点区

水土保持监测是水土保持的一项重要的基础性工作，而水土主管部门的监督管理能力也是影响水土保持工作成效的重要因素。为此，国家十分重视加强地方政府及主管部门对水土保持的监测力度。作为深圳一个受水土流失影响较为严重的城区，盐田在这方面也做出了积极的努力，并取得显著成效。

为增强各级水行政主管部门的水土保持监督管理能力，提升监督管理水平，水利部于 2009 年 6 月在全国组织开展了水土保持监督管理能力建设活动，并确定了 510 个县开展第一批能力建设。同年 8 月，盐田区被水利部正式确认为全国第一批水土保持监督管理能力建设试点区，试点区要求着力提高水土保持监督管理能力，规范监督管理工作。盐田区的试点工作计划用一年半的时间完成此项能力建设，准备以水土保持配套法规体系的建立与完善、水土保持监督管理机构的职能到位、水土保持监督工作的规范化和水土保持监督管理制度健全为目标，进一步提高生产建设项目的水土保持方案申报率、实施率和验收率。盐田水土保持监督管理能力建设区的实施，将全面提高全区水土保持立法的水平，切实减少生产建设中的人为水土流失现象，维护好水土资源的可持续利用，以优良的生态环境来保障经济社会又好又快发展。

2010 年，盐田区将"水土保持监督管理能力建设"列为 2010 年全区四项重中之重的工作之一，纳入区政府重点督办事项。在国家水利部和省、市业务部门的关心支持指导下，盐田区严格按照水利部关于"五完善""五到位""五规范""五健全"的要求，建章立制，加强管理，狠抓落实，努力提高水土保持监督管理能力，为建设环境优美的生态城区提供保障。

为了把"水土保持监督管理能力建设"落到实处，盐田区专门成立了以时任区长杜玲为组长的建设工作领导小组，并召开专题会议研究制定了创建工作实施方案。时任区委书记郭永航高度重视这项工作，明确提出要在财力、人力上给予充分保障，确保圆满完成创建任务。其他区领导也多次深入辖区在建工地现场调研水土保持情况。

2010 年 7 月，水利部水土保持司牛崇桓副司长带领巡视组对盐田的水土保持监督管理能力建设情况进行检查指导，省、市业务部门领导也多次前来盐田检查指导工作。在上级部门和各级领导的关心支持下，盐田区不断加大对水土保持工作人力、财力投入，领导小组各成员单位各司其职，密切配合，形成合力，水土保持监督管理能力不断得到提高：一是各成员单位积极协作，严格把关，如区建设局主动把水保方案审批和水保设施专项验收作为工程开工和竣工验收的必备条件，对水土保持措施的具体落实起到了重要作用；二是在区水务行政主管部门设置三防水保科，并设置专门的水保方案审批和水保设施验收服务窗口，由专人负责审批和验收工作；三是成立财政全额拨款的事业单位——区水土保持监测站，具体负责全区水土保持的日常监测和监督检查工作；四是成立了区水政执法队，加挂在区水务行政主管部门，加大水土保持执法力度；五是各街道办配备水土保持监督管理人员，构建市、区、街道三位一体的水土保持监督管理网络；六是区财政安排了水土保持监督管理能力建设专项经费和裸露山体复绿整治专项经费，提供了保障。

与此同时，盐田还积极强化水土保持监测手段的建设。过去对水土流失的监测只是一种低层次的，即只能做定性分析，看是否造成了水土流失，但对水土流失的具体程度却无法做量化分析。为了改变这种落后状况，盐田区于 2010 年 8 月开始筹建水土保持量化监测实验室，配备了专职监测人员，购置了一批监测实验设备，并委托深圳市水务咨询公司编制出《深圳市盐田区水土保持量化监测实施方案》。随后，盐田便在中兴通讯盐田研发培训基地项目区域开展小区区域性水土保持量化监测，开始了量化监测的试验工作。这种量化监测主要分为两个方面，一方面是在项目区域现场布设观测点，包括建径流小区、沉沙池、量水堰、卡口控制自动监测系统、坡面钢钎、标尺等，另一方面是将现场各观测点采集的样本拿到实验室进行测验和数据分析，由此得出项目过程中的产沙和输沙情况，分析水土保持措施的效果。通过这种新的监测手段，实现定性监测与定量监测相结合，对在建项目造成的水土流失危害进行综合分析，可以得到比较准确的监测数据，将大大提高监测的效率和准确性。

二　不断加大对水土保持的监督管理力度

为了加大对国家水土保持法律法规的执行力度，进一步推进水土保持监督管理能力建设，提高监督管理的实效，盐田区结合自身的实际情况制定了一系列制度文件。2010 年 4 月，区政府下发了《关于加强开发建设项目水土保持方案申报审批和验收工作的通知》，进一步强调水土保持工作在开发建设过程中的重要地位，并要求：一是把水土保持方案审批作为开发建设项目报建的前置条件，规定"没有取得水务行政主管部门审批同意的，发改部门不予立项或备案，建设部门不予办理施工许可，林业部门不予办理林地征占和林木砍伐手续，规划部门在办理规划许可审批时严格按有关规定执行，环保部门在做出建设项目环境影响评价批复时，必须明确要求建设单位办理水土保持方案审批手续"。二是把水土保持设施验收作为工程竣工验收的必备条件，规定"水土保持设施未经验收或者验收不合格的，建设工程不得投入使用，未取得验收合格证明的，建设部门不予竣工验收备案"，从而形成了政府部门各司其职、齐抓共管、从源头上把好水土保持关的局面。

与此同时，盐田区还制定了水土保持"3+1"文件，即盐田区开发建设项目《水土保持方案审批细则》《水土保持巡查监测细则》《水土保持设施验收细则》和《水土保持案件查处制度》，细化了水土保持方案审批、监督检查、设施验收和案件查处等一系列规定，规范了工作流程，使水土保持工作做到了有章可循。此外，为了在水土保持工作拓宽与社会沟通的渠道，加强社会监督的力度，盐田区又颁布了开发建设项目水土保持《监督检查制度》《信息报告制度》《督察制度》及《水土流失事件应急处置制度》等15项制度，覆盖到水土保持工作的各个层面，细化了工作内容和方法，强化了监督检查的力度和时效。

在此基础上，盐田区进一步采取有效措施落实对水土保持的监督管理的责任。

首先，规范了水土保持方案审批程序（包括规范方案的受理、方案的审查及批复、送达等）。区水务行政主管部门设置专门的收文窗口、安排专人受理水保方案申报。针对方案审查环节，引入专家评审机制，明确属区水务部门审批范围的山地建设项目、开挖形成20米以上高边坡的项目及在河道、海域周边等动土存在较严重水土流失隐患的项目，必须通过水务部门组织的专家评审会审议。其次，规范了日常的监督管理行为。由区水土保持监测站对全区所有在建项目进行日常巡查监测和督促整改，2009年以来的两年中累计出动800余人次；区水务行政主管部门每年开展2次以上的水土保持专项监督检查。并专门制作了《盐田区开发建设项目水土保持动态跟踪卡》，全区130个在建项目每个项目都有1张卡，也称"水保档案"，全程记录了项目从审批到日常监督到设施验收的水土保持情况，真正做到底数清楚、项目明了、数据翔实。再次，规范了水土保持设施的验收程序。明确要求开发建设项目办理竣工验收前，必须先通过区水务主管部门的水土保持设施专项验收，验收不合格或未办理水保专项验收的，工程不得交付使用。区水务行政主管部门受理验收申请后，组织验收小组于 10 个工作日内进行现场验收，符合规定条件的方可评定为验收合格，验收信息通过媒体向社会进行公告公示。最后，加强了对水土流失案件的查处力度。按照深圳市水务局水政监察支队的要求，盐田对全区的水政执法文书、执法程序、执法队伍管理、执法装备等都进行了全面规范，着力加强对造成严重水土流失案件的执法查处力度。

2010 年年初，盐田区正式组建了水政执法大队，由区农林水务局副局长兼任大队长，全局有执法证的公务员全部纳入执法队伍管理，同时还委托区水土保持监测站执法，遇到严重水土流失案件时提请深圳市水政监察支队联合执法。执法过程采用"包案制"的办法，即谁执法谁负责到底，确保每一个水土保持案件都做到执法依据充分、证据确凿、程序严谨、记录翔实、量罚适当。此外，区水务行政部门还组建了专门的水土保持日常巡查队伍，对全区所有在建项目进行日常巡查，对存在较严重水土流失隐患的项目（如山地建设项目、开发山体形成高边坡的项目、项目区有河流经过的项目）进行重点跟踪管理。2009 年 10 月开展水土保持监督管理能力建设以来，在一年的时间里盐田区共查处了小梅沙生态公园综合管理楼、深圳中兴发展有限公司盐田培训研发基地、超美科技超美仓库、大梅沙联泰地产梅沙湾花园、裕泰金山碧海花园等 23 宗违反水土保持法律法规的项目，立案 7 宗，起到了查处一个、震慑一片、带动一方的效果。辖区开发建设项目水土保持违法行为得到有效遏制，违法案件明显下降。

第三节　建成"全国水土保持生态文明县（区）"

为了积极探索具有水土保持特色的生态建设新路子，更好地推进水土保持生态建设工作，充分发挥水土保持在建设生态文明社会中的重要引导带动作用，促进我国经济社会又好又快发展，在此前工作的基础上，水利部于 2010 年 10 月决定在全国开展国家水土保持生态文明工程创建活动。水土保持生态文明工程是指在我国生态建设中发挥重要引导带动作用的各类水土保持区域的总称，包括水土保持生态文明城市、水土保持生态文明县、生产建设项目水土保持生态文明工程三类。创建的思路是：按照"积极建设、科学评价，成熟一批、命名一批"的工作思路，推进水土保持生态文明工程创建。创建的目标是：到 2012 年，选择现有基础条件好的地区和工程进行完善提高，建成全国首批水土保持生态文明工程，组织考评并命名；到 2015 年，力争使 10% 的城市、20% 的县、10% 的生产建设项目创建为生态文明工程；到 2020 年，20% 的城市、30% 的县、30% 的生产建设项目创建为生态文明工程。[①] 正是在这一背景下，作为全国水土保持管理监督能力建设试点区的盐田，迅速投入到创建水土保持生态文明县（区）的活动中，并取得明显成效。

一　大力提升市民水土保持意识

水土保持工作是一项艰巨的任务，需要社会各界的广泛参与，所以大力提升全民的水土保持意识就具有重要的意义。为此，盐田区广泛利用宣传画册、海报、网络、电视等媒介向社会宣传水土保持的法律、法规，介绍水土流失的危害性和水土保持工作的重要性，印制了《水土保持法律法规汇编》《盐田区水土保持监督管理能力建设文件制度汇编》《盐田区开发建设项目水土保持方案审批办事指南》《盐田区开发建设项目水土保持设施验收办事指南》等宣传材料和视频光碟，向社会广泛发放。区水务部门还采取边巡查、边宣传的方式，巡查（检查）到哪里，就宣传教育到哪里。为重点加强对建设单位和施工单位的宣传教育，严格水土保持工作，时任区长杜玲还主持了召开全区水土保持工作会议，全区在建项目建设、施工单位及纳入盐田区工程建设预选承包商库的施工、监理单位等共 100 多家单位都参加了会议。通过组织与会者观看教育片，讲解水

---

① 《水利部开展国家水土保持生态文明工程创建活动》，中央政府门户网站（http://www.gov.cn/gzdt/2011-10/09/content_ 1964787. htm）。

土保持工作的政策法规，使大家明确了工作的要求，增强了水土保持意识。正是通过这样一种持续不断的宣传教育工作，有效地提高了辖区群众及各建设、施工单位水土保持意识，使全区上下初步形成了自觉遵守水土保持法律法规的良好氛围。

二　努力树立水土保持工作的新理念

由于面积狭小、经济发展迅速，盐田区一直面临着水土资源环境紧约束的巨大压力。要真正做好水土保持工作，盐田区实际上面临着三项巨大的困难和挑战：一是发展起步晚，盐田区于 1998 年建区，同时又位于台风暴雨的高发区域，辖区水土保持基础建设底子薄、欠账多，水土修复和保护工作量巨大；二是开发力度大，全区固定资产投资连续 4 年保持在 80 亿元以上，建成区单位面积投资强度位于全市前列，重大工程项目多，极易造成水土流失；三是经济增速快，建区以来盐田生产总值始终保持两位数的增长，对资源环境消耗的依赖不断加大，要降低经济增长所付出的资源环境代价，其难度极大。

面对水土保持工作的新形势、新要求，为了切实做好全区的水土保持工作，盐田区牢牢把握生态文明建设的工作主轴，在工作理念上实现了三个"转变"。

一是牢牢把握低碳发展的转型方向，实现由"先破坏再治理"向"保护与开发利用并重"的转变。盐田历届区委、区政府都秉承了"像爱护眼睛一样保护生态环境"的发展理念，在资源环境紧约束的情况下，提出把对水土资源和生态的保护与开发利用有机地结合起来的观点，变被动为主动，在保护中有利用，在利用中有保护，绝不以牺牲环境为代价谋求片面的经济增长。在产业布局的源头上，始终坚持低碳经济的发展方向，将节能环保作为产业准入的基本要求，做优做强港口物流、旅游等支柱产业，大力发展生物科技、文化创意等战略性新兴产业，形成了以服务业为主体的现代产业体系，确保水土资源投入的高产出、高效益和低耗能、低污染。同时，积极适应加快转变经济发展方式的新要求，坚定不移地淘汰转移落后产能，以老工业区转型升级为突破口，优化整合发展空间，在新一轮发展竞争中抢占制高点，在经济高速发展的情况下实现了最小的资源环境代价，使生态文明成为盐田的显著标志和闪亮品牌。

二是牢牢把握以人为本的转型理念，实现"立足水保抓水保"向"立足民生抓水保"转变。随着物质生活水平的提高，人民群众对生态问题日益关注，对良好工作生活环境的需求日益强烈。盐田依山傍海，生态资源和自然环境得天独厚，山地、森林、海洋、河流、水库等，既是水土保持的关键要素，也是宜居、宜业的核心资源。不重视水土保持，不落实水土保持，不但会给人民群众的生命财产安全带来危害，也会对辖区居民的幸福感造成影响。为此，盐田区以提升居民生活品质为根本，既在生态建设中体现为民服务，又在改善民生中体现生态要求，使盐田天更蓝、地更绿、水更清、空气更洁净，让辖区居民享受到实实在在的绿色福利。

三是牢牢把握共建共享的转型要求，实现政府"单打独斗"向社会"齐抓共管"转变。生态文明建设不能仅靠政府的一己之力，而要在广泛动员中激发社会参与，在社会参与中倡导科学、文明的生产生活方式，为生态建设营造良好的社会氛围。为此盐田区大力实施全民生态文明意识提升工程，政府部门、居民群众和辖区企业对生态文明建设的思想统一、认识到位，区人大、区政协将水土保持工作列为重点建议提案，由区主要领导亲自领办。充分发挥各人民团体、企事业单位、行业协会和社会组织的作用，不断扩大水土保持生态文明建设的覆盖面和参与度。辖区形成了政府主导、部门分工协作、社会共同参与的水土保持生态文明建设工作格局。

三　积极探索水土保持工作新模式

在努力转变水土保持工作理念的同时，盐田区又积极探索水土保持工作的新模式，在做法上着重五个"落到实处"。

第一，突出预防为主，将水土流失监督预警落到实处。注重预防为主、关口前移，宁可"有备无患"，不可"无备而患"。盐田区政府在2010年专门印发了《关于加强开发建设项目水土保持方案申报审批和验收工作的通知》，明确规定"没有取得水务行政主管部门审批同意的，发改部门不予立项或备案，建设部门不予办理施工许可，林业部门不予办理林地征占和林木砍伐手续，规划部门在办理规划许可审批时严格按有关规定执行，环保部门在做出建设项目环境影响评价批复时，必须明确要求建设单位办理水土保持方案审批手续"；规定"水土保持设施未经验收或者验收不合格的，建设工程不得投入使用"，调动各部门力量从源头预防水土流失。同时，率先建设全天候、全方位的环境在线监测监控系统，突出对环境质量和水土资源实施动态监测。并结合辖区地形特点，将山地建设项目和地质灾害易发区域的开发建设活动作为水土流失重点监督区域，从严控制，确保在第一时间发现问题苗头，从源头上防治水土流失。

第二，突出保护优先，将生态修复工作落到实处。盐田在 1998 年建区早期就经历了大开发、大建设、大发展阶段，社会经济总量快速增加，但也造成大量的水土流失和裸露边坡。2009 年以来，区政府大力协调推动，按照"谁开发、谁受益、谁治理"的原则，对于早期开发的遗留边坡、地块，坚决落实治理责任，加快治理步伐，成功推动盐田港集团公司完成了九径口裸露边坡、梧桐山立交边坡、东信采石场边坡，以及盐田港后方陆域堆场、停车场生态硬底化治理。确因历史原因无法找到原责任单位的，则由政府投资实施治理。同时在城区建设过程中还特别注重保护原生态、原地貌植被，如区政府投资 5000 万元建设的小梅沙海滨栈道，长 4.72 公里，在建设和修复过程中尽量保护和利用原有自然植被，整条栈道蜿蜒穿行于山体与礁石之间，营造了丰富、自然、独具特色的生态海岸景观。

第三，突出依法治理，将水土流失防治措施落到实处。国家、省市对于开发建设项目水土流失防治已建立了较为全面系统的法律体系，如何细化制度、加大执行力、将其落到实处是做好水土保持工作的关键。为此，盐田区采取如下措施：一是在现有国家、省、市水土保持法律法规的基础上，盐田区结合实际，专门出台了开发建设项目水土保持方案审批、监督、验收细则，开发建设项目水土保持巡查监测、信息报告、档案信息化管理、水土流失事件应急处置等一系列共 15 项规章制度，细化水土保持工作措施，规范工作流程。二是严格执法，始终保持打击违法行为的高压态势，近三年区水务执法部门共出动 3078 人次，检查在建工地 1522 场（次），下发责令改正通知书 252 份，立案查处违法行为 17 宗，起到了查处一个、震慑一片、带动一方的效果。三是对造成严重水土流失和较恶劣的社会影响的施工建设单位，不仅依据法律法规给予处罚，还组织新闻媒体进行曝光，并将其纳入政府工程预选承包商"黑名单"。四是大力开展事后督察工作，对于有水土保持违法行为的项目，增加检查跟踪频次，确保整改措施落实到位、教育警示作用到位，坚决杜绝重经济处罚、轻问题整改的现象。

第四，突出技术创新，将水土保持科技成果转化落到实处。盐田区以科技进步为支撑，结合辖区地形特点，形成了具有自身特色的水土保持生态建设技术，建立了科技与生产实践相结合的机制。比如，"理顺水系、周边控制、固坡绿化、平台恢复"的水土流失区控制性治理模式；"稳定边坡、理顺水系、改善景观、生态恢复"的裸露山体缺口治理模式；"乔灌优先、乔灌草相结合"的石质边坡绿化治理模式等，并运用到早期开发建设遗留的大面积裸露岩质边坡治理中。尤其值得指出的是，在梧桐山立交桥的建设过程中，需要大量开挖山体，造成大量边坡岩质裸露。为了解决这一问题，盐田区就将喷混植生绿化加 V 形槽等多项技术和乔灌藤草立体绿化的水土保持新理念应用在岩质裸露边坡的治理过程中，采用滴灌系统工程进行养护，不仅治理费用仅为传统浆砌石护坡治理的一半，还使边坡上长满了乔、灌、藤、花等植物，即使在枯水季节也能保持常绿，成为高陡岩质边坡治理的成功范例，得到了国家和省、市水利部门和专家的充分肯定。

第五，突出完善机制，将水土保持预防监督责任落到实处。盐田区坚持将水土保持工作纳入区政府工作的重要内容，列为政府部门绩效考核的重点项目，坚决落实水土保持工作责任制。一是先后成立了以杜玲区长为组长的盐田区水土保持监督管理能力建设工作领导小组、盐田区水土保持生态文明区建设工作领导小组，研究制定了创建工作实施方案。二是从 2009 年开展水土保持监督管理能力建设以来，每年坚持由区政府主要领导主持召开全区水土保持工作会议，研究部署年度水土保持工作任务。三是下大力气加强水土保持基层基础建设，将机构、人员和工作经费保障到位，各项治理经费落实到位。区环保水务局是负责辖区水土保持工作的政府职能部门，内设三防水保科、环境和水政执法监察大队，下设事业单位水土保持监测站，各街道分别设置环水科。四是注重建立健全部门联动、联合会商等工作机制，区水务部门会同区发改、住建、环保、规划、林业、街道等各部门，集中各方力量，合力把好水土保持审批、监督、验收"三关"，构建统一指挥、反应灵敏、协调有序、运转高效的水土保持工作体系。五是突出建立社会参与机制，定期开展水土保持宣传进机关、进社区、进学校、进工地活动，主动提请人大、政协监督，畅通群众参与渠道，每年组织召开一次全区开发建设项目建设、施工、监理单位、政府工程预选承包商等 100 多家单位参与的水土保持大型会议，多层次、全方位地宣传发动，将政府组织参与逐步变为社会各界和群众自发、自觉参与水土保持工作。

通过几年来持续不断的努力，到 2013 年盐田区生产建设项目水土保持方案申报率达到 100%、实施率达到 98%、验收率达到 97%，人为水土流失得到有效控制，辖区水土资源环境持续改善，使全区的水环境质量位于全市前列。①

四 荣获"全国水土保持生态文明县（区）"称号

从 2009 年 8 月正式确认为全国第一批水土保持监督管理能力建设试点区起，盐田区政府、辖区企业等各界总投资约 3.5 亿元，实施山体、边坡治理和复绿整治各类项目 29 个，整治面积近 45 万平方米。经过区政府和各有关职能部门、社会各界的共同努力，在全区广大干部群众积极参与和支持下，到 2012 年年初，盐田区以 99 分的高分通过了"全国水土保持监督管理能力建设区"验收授牌，辖区中开发建设项目水土保持方案申报率、实施率和验收率均符合相关指标要求，人为水土流失得到全面有效遏制。

在此基础上，盐田区于 2012 年正式向广东省水利厅提出国家水土保持生态文明区的创建申请。2013 年 3 月，广东省水利厅在深圳

---

① 盐田区环保水务局：《盐田区积极探索水土保持生态文明建设新模式 成功创建全国水土保持生态文明区》。

市组织召开了盐田区"国家水土保持生态文明县（区）"省级初评会议。盐田区人民政府以及区环境保护和水务局等 21 个创建国家水土保持生态文明区工作领导小组成员单位的代表，和特邀的中国科学院广州分院、华南农业大学、水利部珠江水利委员会、深圳市水务局等单位的专家共 28 人参加了会议。

在评审会上，与会专家和代表考察了小梅沙海滨栈道（盐田区环保示范点）、东部华侨城天麓一区边坡（企业自主治理边坡示范点）、盐田区水土保持监测站（机构设置示范点）、盐田河双拥公园（清洁小流域示范点）、深盐二通道梧桐山立交边坡（裸露山体缺口示范点）等示范现场，观看了盐田区创建国家水土保持生态文明县（区）宣传片，听取了创建组的工作汇报，审查了有关资料和图片。

经讨论、答疑，初评专家组认为：盐田区委、区政府立足于建设现代化国际化先进滨海城区的战略，高度重视水土保持工作，建立了水土保持工作政府责任制，将水土保持工作纳入国民经济和社会发展规划，并列入政府的重要议事议程和政府各部门的年度绩效考核内容，指导思想正确，目标明确，机构健全，制度完善，责任到位，形成了政府统一领导、水保统一规划、多部门协作配合、广大群众参与的水土保持工作机制。在水土保持生态文明建设方面，围绕全面打造"新品质新盐田"的目标，落实了任务和资金，实施了"消灭岩土裸露战役"、改善水源保护林、对岩石裸露边坡进行生态复绿、开展城市绿化提升行动等，经过多年努力，区域内已形成完善的水土流失综合防护体系，水土流失综合治理程度达到 75%，土壤侵蚀量减少 65%，林草保存面积占宜林宜草面积的 92.5%，治理度 80% 以上的小流域面积占区域应治理小流域总面积的 86.4%；在水土保持监督管理能力建设方面，被命名为第一批全国水土保持监督管理能力建设县（区），建立起了市、区、街道三位一体的水土保持监督管理网络；水土保持"三同时"制度得到全面落实，生产建设项目水土保持方案申报率达到 100%、实施率达到 98%、验收率达到 97%，人为水土流失得到有效控制。在新技术创新上，积极探索新的生态复绿技术并运用到早期大开发建设形成的大面积裸露岩质边坡治理中，建立了科技与生产实践相结合的机制，总结出符合当地的水土流失防治模式；积极开展了水土流失动态和量化监测，科学评价水土保持效益，建立了水土保持档案数据库，档案资料完整齐全。通过多年水土保持生态环境建设，发展旅游产业作为特色产业，带动了当地经济发展，改善了人居环境，提高了居民收入和公众的水土保持意识，为盐田区可持续发展奠定了坚实基础。专家组一致认为：盐田区水土保持机构健全、水土保持生态工程建设管理规范、综合效益显著、档案材料齐全，水土保持生态文明建设工作达到了国家水土保持生态文明县（区）考评标准，同意通过省级初评，并推荐参加水利部"国家水土保持生态文明县（区）"评选。①

2013年5月，由国家水利部、广东省水利厅等组成的评审专家组对盐田区创建"国家水土保持生态文明区"进行验收。验收会上，专家组认为盐田区高度重视水土保持生态文明建设，思路创新、机制完善、基础工作扎实，防治模式科学，建设成效显著，示范作用突出，达到了国家水土保持生态文明（县）区考评标准，同意通过评审。中国科学院生态环境研究中心院士傅伯杰，水利部水土保持司副司长邓家富，广东省水利厅副厅长张英奇，时任盐田区委副书记、区长杜玲参加评审会议。评审会上，杜玲代表盐田区委、区政府，对国家水利部及验收专家组各位领导和评审专家等到盐田区检查水土保持工作表示热烈欢迎。并通过"美丽""转型""创新"三个关键词，对盐田区创建国家水土保持生态文明区的情况做汇报，杜玲表示，"美丽的盐田"，得益于水土保持生态文明建设的扎实推进；而"转型的盐田"，不断在探索具有盐田特色的水土保持生态建设模式；"创新的盐田"则正以实干精神努力争创国家水土保持生态文明区。

经过专家组讨论质询后，评审专家组给盐田区水土保持生态文明县（区）考评打分，最终盐田区顺利通过了国家水土保持生态文明区验收。与此同时，验收组专家对盐田区水土保持工作提出了不

---

① 《盐田区通过"国家水土保持生态文明县（区）"省级初评》，深圳市政府网站（http://www.sz.gov.cn/cn/xxgk/bmdt/201303/t20130327_ 2120454.htm）。

少建议，专家左长清建议盐田区把水土保持工作的材料进行重新整理，把工作中的特色突出出来，为市、省乃至国家起到示范引领作用，同时建议盐田区多与大中院校科研单位合作，把水土保持工作推向新台阶。

中国科学院生态环境研究中心院士傅伯杰认为，盐田区在水土保持工作方面创建了新理念、新模式、新举措，并开创了城市水土保持与生态修复新技术、新方法。"盐田区在生态方面保持了山水自然美；在人文方面，生态保护理念深入社区、深入市民；在国土生态空间优化方面，则创建了生态底线，并且盐田区在开发过程中坚持守住这条底线。"

随后，由水利部、广东省水利厅等组成的评审专家组对盐田区创建"国家水土保持生态文明区"进行验收。验收组一行分别检查了小梅沙海滨栈道、万科东海岸社区、万科总部、东信石场、盐田河双拥公园段、梧桐山立交边坡治理工程现场6个视察点。检查组一行每到一个视察点，都认真视察其基本情况，并积极提问、发表建议，区环水局等部门负责人也一一给予回答。

在万科东海岸社区，检查组参观了社区系列宣传栏，据社区工作站负责人介绍，万科东海岸社区历来以"创绿色社区、建和谐家园"为目标，已实现社区各类生态指标全面达标和可持续发展，并先后获得"广东省绿色社区""广东省宜居社区""广东省宜居环境范例奖""深圳市绿色社区""深圳市市容环境达标社区""深圳市园林式花园式社区"等一系列奖项。

在有着"漂浮的地平线"之称的万科总部，检查组了解了部分楼体的构造及主要功能。据了解，从建筑设计到采光，从水源利用到温控，整个区域设计秉持"环保低碳"的理念，节约资源的同时充分发挥经济效益，达到立体景观与周边生态的平衡统一。

在大水坑岩石高边坡，检查组仔细询问了边坡情况，据悉，大水坑岩石高边坡原为东信石场采石区，由于多年的无序开采，裸露山体缺口边坡十分危险，并对景观造成严重破坏。2004年，相关单位开始启动东信石场整治工作，先期对标高125米以上实施整治，2008年，整治成果通过市国土局组织的阶段性验收。与此同时，市、区政府及社会各界对大水坑东信石场标高 125 米以下边坡的复绿整治工作也高度重视，全部复绿整治工作计划预计于 2014 年 3 月完工。

在盐田河，检查组一行查看了河流沿途情况。盐田河河道全长 6.61 公里，流经盐田检查站、盐田四村、洪安围等地，城镇面积 12 平方公里，沿岸居住人口 11 万。2004 年，盐田区投资近一亿元开始以污水治理、景观改造和提高防洪标准为主要内容的清洁型小流域综合治理。经过工程措施，基本实现了河水不黑不臭、逐渐变清的目标，并形成了上下游贯通长 3.5 公里的滨河公园。为进一步巩固治理效果，盐田区政府于 2012 年决定实施盐田河河道修复提升工程，包括绿化、栈道、文化墙、清淤等，同时对盐田河两岸截污工程和截污系统做进一步改造和完善，提升截污能力，对照明不足、植物老化、木板变形等情况进行修复，该项目被盐田区政府列为 2013 年十件民生实事之一。

验收组在查看了梧桐山立交岩石边坡复绿整治项目后，频频点头称赞，认为该整治项目成果非常成功。据相关负责人介绍，为使盐排高速公路、盐坝高速公路和深盐二通道三个出入盐田港的重要通道实现互联互通，该立交施工于是对这一带山体挖掘岩石，故形成大面积岩石边坡裸露。该复绿项目从 2008 年 5 月开始施工，2009 年 6 月完工，施工期 1 年零 1 个月，复绿面积约 11 万平方米，绿化覆盖率达到 90%以上。

2013 年 5 月 7 日，盐田区顺利通过水利部专家组对创建"国家水土保持生态文明县（区）"的验收评审，6 月正式获得国家水利部颁发"国家水土保持生态文明县（区）"的授牌，成为华南地区乃至珠江流域首个获得"国家水土保持生态文明县（区）"殊荣的县级行政区。

第五章

坚持不懈地发展循环经济、
低碳经济（上）

　　党的十八大首次将绿色发展、循环发展、低碳发展这三大发展理念写入党代会报告中，表明了我们党在应对日益严峻的环境污染挑战时实行发展方式转变的坚定决心。这三大理念是对高投入、高消耗、高污染的传统发展方式的否定，显示了建设生态文明的时代特点，是人类与自然和谐相处的必然要求，也是建设美丽中国的唯一选择。在这三大发展理念中，绿色发展处于核心和统领的地位，而循环发展和低碳发展则是绿色发展的具体体现。盐田建区以后，在绿色发展理念的引领下，坚持不懈地发展循环经济、低碳经济，取得了引人注目的成效。

第一节　循环经济、低碳经济的由来与发展

一　什么是循环经济

　　循环再生是自然生态系统一个非常显著的特征。自然生态系统能够保持自身长久的稳定与发展，其中一个重要原因就是内部具有强大的循环再生功能。植物能够在自然环境中与太阳光产生光合作用，从而获取生命所需要的物质与能量，食草动物则以植物为食物来维持自身的生存与发展，食肉动物又以食草动物为自己的食物，最后还有以腐生物为食物的数量巨大的微生物，这样就构成了自然界一个完整的循环再生的生物链。在这个生物链系统中，最大的特点就是没有对环境造成破坏的"废物"，一切从自然界产生的东西最

后还是能回归到自然，比如动物的尸体经过微生物的分解，又回归到自然成为植物的养料，而动物呼吸所排出的二氧化碳也正好是植物产生光合作用所需要的基本成分。自然界这一循环再生的特点，与传统工业生产方式形成了鲜明的对照，传统工业所产生出来的大量"废物"，不能有效地加以利用，反而对环境造成了巨大的破坏，甚至引起生态灾难。

循环经济思想最初诞生于 20 世纪 60 年代，当时经济发展对环境造成的严重破坏已经引起了人们的关注和反思。美国著名经济学家鲍尔丁受当时发射的宇宙飞船的启发，认为宇宙飞船是一个孤立无援、与世隔绝的独立系统，要延长其寿命的唯一方法就是实现自身资源的循环，如分解呼出的二氧化碳为氧气，分解出尚存营养成分的排泄物为营养物再利用，尽可能少地排出废物。同样的，尽管地球资源系统大得多、地球寿命也长得多，但是也只有实现对资源循环利用的循环经济，地球才能得以长存。因此，鲍尔丁提出，如果人类不合理地开发资源，破坏环境，将会使地球走向毁灭。

进入 20 世纪 80 年代，随着人口膨胀、资源过度消耗、污染的不断加重，人们开始意识到地球上资源并非取之不尽，而且认识到环境容量的有限性，因而必须逐步采用资源化的方式处理经济活动中产生的"废物"。到了 90 年代，尤其是 1992 年巴西里约热内卢"全球峰会"以后，可持续发展理念已被人们所广泛接受，从源头预防和全过程管理控制开始取代单纯的末端治理，成为了防止环境破坏和改善环境质量的主流途径。此时的发达国家为提高经济效益、避免环境污染而以生态理念为基础，重新规划产业发展，因此提出了循环经济发展的思路。如日本在 1992 年便颁布了《循环经济法》，2000 年进而修订为《循环型社会大法》和一系列实施性法律；德国于 1996 年颁布了《循环经济废物法》，随后，法国、比利时、奥地利、美国等国家也分别颁布了相关的法律。后来的事实证明，发达国家这些推动循环经济发展的举措，确实能在提高资源的利用率、缓解资源短缺和减轻环境污染压力等方面取得明显的作用。

发展循环经济是构建绿色经济体系的重要一环。从绿色经济发展的角度分析，循环经济主要侧重经济社会结构的物质循环，体现了生产过程各要素的循环利用。循环经济通过对资源的反复利用，能够形成"资源—产品—消费—再生资源"这样一种不断循环的经济发展模式，从而实现低开采、高利用、低排放的目标，达到经济效益、生态效益和社会效益的最大化。目前，"3R"原则已经成为循环经济的一个基本操作原则，所谓"3R"，即：减量化（Reduce）原则，目的是减少进入循环再生系统中的物质，节约资源和能源；再利用（Reuse）原则，目的是提高产品和服务的利用效益，比如，要求许多产品的包装多次使用；再循环（Recycle）原则，产品完成使用功能后进入循环再生系统，经过处理重新变成资源。遵循这三个原则，即可构建无数个大大小小的循环再生系统，促使整个生态文明健康稳步发展。

改革开放以来，随着经济的快速发展和人民消费水平的不断提高，使本来就已经短缺的资源和脆弱的环境面临着越来越大的压力。2013年我国消耗的一次性能源约合37.5亿吨，占世界的21.3%，铁矿石、钢材、氧化铜、氧化铝和水泥等资源的消耗量居高不下。我国现在每增加1元GDP，需要投资高达5元，而且比发达国家要多消耗两三倍以上的资源，尽管我国经济实现了快速增长，但付出了较大的资源环境代价，因此选择发展循环经济已经成为必然的趋势。只有这样才能减少对生态的破坏和环境污染，实现人与自然的和谐相处，保障经济的可持续发展。

二　低碳经济的基本特征和意义

低碳经济以低能耗、低排放、低污染为基本特征，以应对碳基能源对于气候变化影响为基本要求，以实现经济社会的可持续发展为基本目的。低碳经济的实质在于提升能源的利用效率、推行区域的清洁发展、促进产品的低碳开发和维持全球的生态平衡。这是从高碳能源时代向低碳能源时代演化的一种经济发展模式。

低碳经济是在人类温室效应及由此产生的全球气候变化问题日趋严重的背景下提出的。20世纪90年代，《联合国气候变化框架公约》《京都协议书》提出了低碳经济的概念，而英国则在2003年的能源白皮书《我们的能源未来：创建低碳经济》中率先在政府文件中使用这一概念。2008 年，世界环境日的主题就定为"转变传统观念，推行低碳经济"，更是希望国际社会能够重视并采取措施来促使低碳经济的发展。

全球气候变暖是今天人类所共同面临的一大挑战。20 世纪下半叶，由于大气中温室气体浓度在不断增加，加剧温室效应，令地球温度"节节上升"。科学家们预言，气温不断升高将在未来 20 年至 90 年间导致成千上万的人被洪水"逐出"家园，出现疾病流行、食物和饮用水缺乏等严重问题。2007 年 2 月，联合国政府间气候变化专门委员会（IPCC）发布"全球气候变化第四次评估报告"，指出从 20 世纪中期至今观测的大部分温度上升，超过 90% 的可能性与人类活动产生的温室气体排放有关。而据世界银行统计，在 20 世纪整整 100 年当中，人类共消耗 2650 亿吨煤炭、1420 亿吨石油、380 亿吨钢铁，同时排放出大量的温室气体，使大气中二氧化碳浓度明显上升，以致威胁到全球的生态平衡，对人类的可持续发展带来了巨大冲击。预测指出，到 2050 年世界经济规模比现在要高出 3—4 倍，而目前全球能源消费结构中，碳基能源（煤炭、石油、天然气）在总能源中所占的比重高达 87%，未来的发展如果仍然采用这种高碳模式，到 21 世纪中期地球将不堪重负。

正是在这种情况下，人们开始意识到，要解决全球气候变暖的问题，必须全人类共同携起手来，努力改变长期以来的高碳经济发展模式，寻找新的发展途径。于是在 20 世纪 90 年代，《联合国气候变化框架公约》《京都协议书》便提出了低碳经济的概念，而英国则在 2003 年的能源白皮书《我们的能源未来：创建低碳经济》中率先在政府文件中使用这一概念。2008 年，世界环境日的主题就定为"转变传统观念，推行低碳经济"，更是希望国际社会能够重视并采取措施来促使低碳经济的发展。由于低碳经济具有低能耗、低排放、低污染的特征，因此对于减少或降低工业化带来的温室气体排放就具有最直接的意义。低碳经济的关键就在于创新节能减排技术、可再生能源技术，建立低碳的能源系统和产业结构，同时在生产、流通、分配和消费的各个环节都实现低碳化的管理和操作。低碳经济在发展过程中，必然体现经济发展的绿色效应。

作为一种新的发展模式，低碳经济是 21 世纪人类最大规模的经济、社会和环境革命。低碳经济将创造一个新的游戏规则，碳排放是其新的价值衡量标准，从企业到国家将在新的标准下重新洗牌；低碳经济将催生新一轮的科技革命，以低碳经济、生物经济等为主导的新能源、新技术将改变未来的世界经济版图；低碳经济将创造一个新的金融市场，基于美元和高碳企业的国际金融市场元气大伤之后，基于能源量和低碳企业的新的金融市场正蓬勃欲出；低碳经济将创造新的龙头产业，蕴藏着巨大的商业机遇，这是一个转型的契机，可以帮助企业实现向低碳高增长模式的转变；低碳经济将催生新的经济增长点，成为国际金融危机后新一轮增长的主要带动力量，首先突破的国家可能成为新一轮增长的领跑者。[1]

目前，积极推动低碳经济发展已成为一种世界性的大趋势。2004 年欧盟委员会批准了 8 个欧盟成员国的废气排放计划，目前已有 194 个国家签署了《联合国气候变化框架公约》，184 个国家签署了《京都议定书》，各国已就发展低碳经济的资金、技术、环境保护及科研等问题基本达成了共识。2007 年英国公布的《气候变化法案》草案承诺至 2020 年温室气体排放削减 26%—32%；2007 年 7月，美国参议院提出了《低碳经济法案》；德国希望到 2020 年，国内的低碳产业要超过汽车产业；2008 年 7 月，日本政府公布了日本低碳社会行动计划草案……可以说，近几年来，低碳经济已成为国际社会回应全球变暖对人类生存与发展挑战的热门话题，它将有望成为美国等发达国家未来的重要战略选择。[2]

在应对气候变化的挑战中，中国作为一个负责任的发展中国家，积极参与推动低碳经济的发展。中国以约束性指标的方式决定，至 2020 年单位 GDP 二氧化碳排放将比 2005 年下降 40%—45%。2016年 3 月，《中国低碳发展报告 2015—2016》蓝皮书由社会科学文献出版社出版。该报告认为，"十二五"以来，随着中国经济进入新常

---

① 冯之浚、周荣：《低碳经济：中国实现绿色发展的根本途径》，《中国人口·资源与环境》2010 年第 20 卷第 4 期。

② 方时姣：《绿色经济视野下的低碳经济发展新论》，《中国人口·资源与环境》2010年第 20 卷第 4 期。

态，中国低碳发展进入深刻变革新阶段。从宏观和历史来看，中国经济从持续 30 年的高速增长转向中高速增长阶段。经济增速的变化对于中国低碳发展有着直接影响和长远意义。直接影响在于能源消耗和碳排放的增速明显下降。2012 年以来，能耗增速开始大幅下滑。"十二五"时期与之前的十年相比，能源消费年均增速下降幅度超过三分之一。与此同时，能源相关的碳排放增速随之大幅下降。"十五"和"十一五"期间，能源相关碳排放年均增加 4.3 亿吨，而在"十二五"期间，年均增加 2.8 亿吨。2015 年，能源相关碳排放总量与前一年相比基本持平，能源强度和单位能源碳含量大幅下降。能源消耗增速下降情况在电力生产和消费上表现明显。2000—2014 年的 14 年间，全国发电量年均增加近 3000 亿千瓦时。2015年，发电量仅增加 277 亿千瓦时，不及以往年均增量的十分之一。用电量强劲增长的势头明显减退。受到用电量增速下滑和清洁能源发电量增加双重影响，全国煤炭消费发生了巨大转折。2000—2013年的 13 年间，全国煤炭消费量年均增加 2.18 亿吨，年均增长8.8%。2013 年煤炭消费量达到峰值，总量超过 42.2 亿吨。2014 年则出现了首次下滑，总量减少 1.23 亿吨，降幅为 2.9%。2015 年以来，煤炭消费量继续下滑，降幅达 3.7%。能源消耗增速下降，特别是煤炭消费总量达峰，标志着中国低碳发展进入一个深刻变革的新阶段，也是中国碳排放最终达峰的必经阶段。这个特定阶段的到来对中国乃至全球的低碳发展和应对气候变化具有十分重要的意义。报告同时还认为，中国低碳发展面临巨大机遇的同时，也面对诸多不确定性和巨大挑战。如何将经济放缓、去产能、去库存带来的经济和社会压力，以及相关的投资拉动转变为创新、协调、绿色、开放、共享的发展动力是"十三五"期间经济低碳转型和社会绿色变革的关键。①

---

① 《中国低碳发展进入深刻变革新阶段：机遇和挑战巨大》，财经网（http://economy. caijing. com. cn/20160316/4089272. shtml）。

三　全面把握绿色经济与循环经济、低碳经济三者间的关系①

绿色经济、循环经济、低碳经济（或者说绿色发展、循环发展、低碳发展）是三个紧密联系而又相互区别的三个概念。"创新、协调、绿色、开放、共享"是党的十八届五中全会提出的五大发展理念。其中，绿色是永续发展的必要条件和人民对美好生活追求的重要体现，它贯穿于"十三五"经济社会发展各领域、各环节，是未来五年发展的主基调。绿色经济作为全面建成小康社会的基本保障，它和循环经济、低碳经济一起，是建设生态文明、实现人与自然和谐的根本途径。因此，为了更好地贯彻十八大精神，我们应该全面把握这三者之间的内在关系。

（一）绿色经济、循环经济和低碳经济的联系

第一，理论基础相同。绿色经济、低碳经济和循环经济的理论基础都是生态经济理论和系统理论，都立足于追求经济、社会和生态系统的有机统一、协调和平衡，以三大系统协调发展为核心，以包括人类在内的生态大系统为研究对象，借鉴生态学的物质循环和能量转化原理，考虑到资源和环境的可持续发展问题，探索人类经济活动和自然生态之间的关系。这三种发展模式都强调把经济系统与生态系统的多种组成要素联系起来进行综合考察与实施，追求经济社会与生态发展全面协调，达到生态经济的最优目标。

第二，依靠的技术手段相同。绿色经济、循环经济和低碳经济都是以生态技术为基础。生态技术是指遵循生态学原理和生态经济规律，既可满足人们的需要，又能够节约能源资源、保护环境、维持生态平衡，从而能促进人类与自然和谐发展的一切手段和方法。生态技术将经济活动和生态环境作为一个有机整体，追求的是自然生态环境承载能力下的经济持续增长。

第三，追求的目标相同。发展绿色经济、循环经济和低碳经济目的都是为了保护和改善自然环境，建设环境友好型社会，实现人

---

① 该小节主要参考资料：翟淑君、苏振锋：《绿色、低碳、循环发展有何异同？》，《中国环境报》2015年11月30日。

类的可持续发展。这就要求人类在生产和消费时不能把自身置于自然生态系统之外，而是将自己看成是这个大系统中的一个子系统，把自然生态系统的承载能力作为经济发展不可逾越的红线。要尽可能地节约自然资源，不断提高自然资源的利用效率，努力降低经济活动对资源环境的过度使用及对人类所造成的负面影响，以促进人与自然的和谐发展。

（二）绿色经济、循环经济和低碳经济的区别

一是研究的角度不同。绿色经济针对的是生态环境危机，强调的是整个经济发展模式的转变。绿色经济是以促进生态修复、环境改善为前提的发展模式，强调经济发展与生态系统的协调，注重两大系统的有机结合，突出以科技进步为手段实现绿色生产、绿色流通、绿色分配，循环经济针对的是资源危机，是以各种资源的减量化、再使用、再循环为基本特征的发展模式。它侧重于整个社会物质的循环应用，提倡在生产、流通、消费全过程尽可能地节约资源，使各种自然资源都能够物尽其用，减少废物的排放和对环境的污染。低碳经济针对的是气候危机，主要针对能源领域和应对全球气候变暖问题，重点是从建立低碳经济结构、减少碳能源消费入手，降低温室气体排放，形成经济发展水平较高而碳排放量却比较低的经济发展模式。

二是实施控制的环节不同。从经济系统和自然系统相互作用的过程来看，绿色经济更多关注的是经济活动的整个过程，重点在于环境保护，改善生态环境质量。循环经济分别从资源的输入端和废弃物的输出端来研究经济活动与自然系统的相互作用，同时循环经济还关注资源特别是不可再生资源的枯竭对经济发展的影响。低碳经济强调的是经济活动的能源输入端，通过减少碳排放量，使得地球大气层中的温室气体浓度不再发生剧烈的变化，保护人类生存的自然生态系统和气候条件。

三是核心内容不同。绿色经济强调以人为本，以发展经济、全面提高人民生活福利水平为核心，保障人与自然、人与环境的和谐共存，促使社会系统公平运行。循环经济的核心是物质的循环，使各种物质循环利用起来，以提高资源效率和环境效率。低碳经济是

一种以低耗能、低污染、低排放为特征的可持续发展模式，其核心是能源技术创新和人类能源消费观念的根本性转变。

总之，绿色经济、低碳经济和循环经济将引起现代经济发展的深刻变革。正确理解绿色经济、低碳经济和循环经济之间的关系，有利于我们统一认识，加大实施力度，形成整体优势，走出一条具有中国特色的生态文明建设之路。

第二节　盐田发展循环经济的基本思路

深圳特区成立之后，从 1980 年到 2004 年短短的 25 年间，其 GDP 年平均增长达到 28%，人均 GDP 超过 7100 美元，居全国首位，成为一座现代化滨海城市。但是，当时的深圳也面临着政策优势的风光不再以及土地和能源紧缺、环境容量透支、人口压力的不堪重负四个"难以为继"的难题。

深圳的突破在哪里？作为一个资源紧缺型城市，深圳决心把发展循环经济作为转变经济增长方式的突破口。2006 年 4 月，下发了《中共深圳市委深圳市人民政府关于全面推进循环经济发展的决定》，该《决定》提出："发展循环经济是深圳实现新时期城市发展目标的战略选择。深圳地域狭小，自然资源匮乏，随着经济总量和城市规模的迅速扩张，面临着土地、资源、人口、环境'四个难以为继'的制约。发展循环经济，有利于保障区域生态安全、促进产业布局优化、培育新的经济增长点，是以发展的办法解决各种制约，在紧约束条件下建设和谐深圳、效益深圳的有力保障，是深圳提高区域经济竞争力，建设国际化城市、国家创新型城市的客观要求，是功在当代、利在千秋的伟大事业。"正是在这一目标的引导下，盐田开展了卓有成效的大力发展循环经济的工作。

一　建设资源节约型城区

2006 年 4 月，盐田区公布了"十一五"规划，其中提到未来五年盐田区经济社会发展的四项重点任务，第三项就是关于"资源节约型、环境友好型城区建设"的问题。

《规划》认为，加大资源和环境保护力度，综合治理水环境，发展循环经济，推进能源、资源的节约和合理高效利用，加快实现"三个创建"，促进经济发展与资源和环境相协调，实现节约发展、清洁发展和可持续发展，这是决定未来五年盐田区经济发展的重大决策。为此，《规划》提出要创建两个示范区：

一是要强化水污染治理，创建水环境综合治理示范区。具体说就是要完成"两河一湾"（盐田河、沙头角河、沙头角湾）的整治工程，沙头角河和盐田河达到"不黑不臭"的要求，营造适宜散步、运动、休闲的绿带水廊；在沙头湾实施海滨栈道景观改造和海底清淤工程。完成全区污水管网改造工程。到2010年，全区污水处理率保持在95%以上，饮用水源水质达标率、城市河流水质达标率和自来水水质国际标准达标率优于全市平均水平。水环境治理形成各司其职、齐抓共管的局面，建立长效管理工作机制。

二是要提高资源利用效率，创建节能环保示范区。其指导思想就是要清醒认识盐田区经济社会发展所面临的资源约束，坚持开发与节约并重，把节约放在首位，全面树立节约意识，促进资源可持续利用。在土地利用方面要特别珍惜土地资源，科学规划、合理利用每一寸土地，积极发展节地产业，提高土地集约开发力度，形成土地节约和集约利用的长效机制。在资源利用方面，要把资源综合利用与发展循环经济作为突破口，加快结构调整，推进技术进步。在具体实施方法上，要坚持两个结合，即坚持政府推动与社会参与相结合，建设节约型机关和节约型社区；坚持依法管理与政策激励相结合，建立新型资源节约型考核体系和监督管理体系，形成建设节能环保示范区的政策体系和社会氛围。

这两个示范区建设战略构想的提出，既是对盐田过去实行的"蓝天、碧海、绿地"工程所取得成果的充分肯定，又对盐田未来发展提出了更高的目标和期望，为建设美好盐田开辟了新的路径。

二 制定发展循环经济的中长期规划

在深圳市委、深圳市人民政府关于全面推进循环经济发展的

《决定》颁布之后，盐田根据自身的发展优势和资源特点，率先在全市提出了循环经济中长期发展规划。这一规划的提出，标志着盐田在发展循环经济方面锐意走在全市的先进行列。

2006年7月28日，盐田区召开了全区循环经济工作会议暨循环经济发展白皮书新闻发布会，正式出台《盐田区循环经济发展白皮书》。作为盐田区促进循环经济发展的一部重要政策性文件，《盐田区循环经济发展白皮书》明确了未来五年盐田循环经济发展的奋斗目标和具体措施：到2010年，初步建立起循环经济的生态产业体系、新能源开发使用体系、土地集约节约利用体系、水资源保护和循环利用系统和废弃物等可再生资源的综合利用"五个系统"，全面实现国家生态区、水环境治理达标区和节能环保示范区"三个创建"目标。

在会上，盐田区委领导指出：盐田区循环经济工作起步还是比较早的，区委、区政府制定出台发展循环经济一系列政策措施。我们要清醒地看到盐田发展面临的严峻形势，充分认识发展循环经济的重要性和紧迫性，以高度的责任感和使命感，紧紧抓住发展循环经济的有利时机，充分发挥自身优势，明确思路大力推进，力争在循环经济发展中走在前面；发展循环经济，也是一项全新的工作，一次新的实践，我们要大胆探索，不断创新工作方法，建立创新机制，努力形成盐田特色的循环经济发展模式。

盐田区政府领导也在会上介绍了盐田区发展循环经济取得的初步成效：一是以"三个创建"为核心的生态环境建设走在全市前列。生态环境是盐田核心竞争力的重要部分，是盐田旅游等主导产业发展的命脉，对此盐田区政府提出了创建国家生态区、水环境治理达标区和节能环保示范区的目标，这些工作均进展顺利，成果喜人。二是调整优化空间布局集约利用土地资源取得了显著成效。土地是盐田最紧缺的资源，集约利用土地资源，是盐田发展循环经济，调整产业结构，根本改变城区面貌的重头戏。2005年，盐田区的万元GDP建设用地仅为10.6平方米，在全市处于领先水平。三是符合循环经济理念的产业体系逐步推进。近年来，盐田区利用行政、法律和市场调节手段，累计淘汰转移高能耗、高污染、低效益的传统制造业企业 110 多家，同时采取有力措施支持港口物流业、旅游业、高新技术产业和总部经济等产业发展，初步构建了循环经济产业体系。四是循环经济产业化初具规模。以区科创中心为载体，累计投入扶持资金 1720 万元用于循环经济产业化项目，初步形成了汉邦生物多糖、兴隆源太阳能、恒阳通光电、超美燃油润滑油添加剂等一批具有自主知识产权的循环经济产业化项目。五是初步形成了全社会参与发展循环经济的良好氛围。绿色企业建设稳步推进，绿色学校和绿色社区创建工作走在前列，85% 的学校被评为市级绿色学校，全区 18 个社区全部通过了市级绿色社区考评。

时任深圳市委常委、副市长吕锐锋出席了这次会议，在会上，吕锐锋充分肯定了盐田区在发展循环经济工作上取得的各项成绩，高度赞扬盐田区在贯彻落实市委、市政府决策上体现的责任感和主动性，认为盐田的许多做法走在前面，为全市发展循环经济探索了经验，有着良好的示范作用。他指出：

> 盐田区在发展循环经济方面，一是行动快、起步早，市委、市政府提出深圳要落实科学发展观，以发展循环经济为抓手和载体，盐田区委、区政府高度重视，统一认识，迅速反应，早在去年即开始研究如何推进循环经济，根据辖区实际提出了创建国家生态区、水环境治理达标区和节能环保示范区。这是盐田根据辖区实际，推进循环经济的重大举措，对盐田发挥资源和生态优势，创建一流生态环境具有重要的意义。此外，及时出台了《盐田区关于建设节约型社会的意见》等一系列政策和措施，提出在全市率先建设以资源消耗低、经济效益好为基本特征的资源节约型社会的目标，有力地推动辖区发展向符合循环经济理念的方向迈进。
>
> 二是标准高，力度大。盐田在发展循环经济中，提出了一流的标准和目标，体现出区委、区政府的决心和力度。"三个创建"中，国家生态区是国家生态最高目标，盐田在深圳第一个提出，有望第一批通过验收；污水处理率达 95% 是发达国家的水平；河流治理走在前面，盐田河目前已经基本实现不黑不臭；

构建和完善符合循环经济理念的产业体系，盐田的经济增长方式将得到根本性转变。从盐田的基础和工作推进来看，这些目标的提出符合盐田实际，三年计划的推出，目标是完全可以实现的。达到这些目标，盐田的生态环境和资源的无害化、再利用将上一个新的台阶，盐田将成为全市发展模式最优、生态环境最佳的区域之一。

三是办法多、效果好。《盐田区循环经济发展白皮书》的推出在全市是首例，盐田提出了明确具体的循环经济近中期发展规划，建立五大系统、实现三个下降、确保三个达到，推进资源节约型和环境友好型社会建设，促进经济、社会、环境的协调发展。工作任务和具体措施可操作性强、责任明确，七大任务、43项措施层层分解，落实责任，取得的成绩显著，亮点纷呈，许多经验值得在全市推广。①

第三节　创建水环境综合治理示范区

发展循环经济作为盐田建设生态文明的重要举措，是和其他生态方面的建设紧密地结合在一起的。如果单纯从循环经济的角度讲，盐田在污水处理、利用和垃圾分类回收这两个方面取得可喜成绩。

在《盐田区循环经济发展白皮书》之前，2006年3月，盐田区二届人大五次会议就提出了创建资源节约型、环境友好型城区的目标，其基本思路就是加大资源和环境保护力度，综合治理水环境，发展循环经济，推进能源、资源的节约和合理高效利用，促进经济发展与资源和环境相协调，实现节约发展、清洁发展和可持续发展。为此，盐田区提出了三个创建的目标，一是加大环境保护力度，维护山海资源生态价值，创建国家生态区。二是强化水污染治理，创建水环境综合治理示范区。三是提高资源利用效率，创建节能环保示范区。2006年4月27日，盐田区委、区政府又专门召开会议，

---

① 《盐田区出台循环经济发展白皮书》，《深圳商报》2006年7月29日。

研究部署进一步加快自主创新、全面推进循环经济发展的目标和措施。会议强调要按照深圳市委市政府的要求，高度重视在盐田区加快自主创新、发展循环经济，要坚持政府主导、企业主体、社会参与的原则，充分发挥盐田的生态环境和产业结构优势，率先建成水环境综合治理示范区、国家生态区和节能环保示范区。为此，区委、区政府领导在会议上提出，盐田发展循环经济一定要有盐田特色，要充分发挥两大优势，一是要切实保护生态环境，二是要进一步调整优化产业结构。要积极推进污水处理率达到 95% 以上，建成水环境综合治理示范区；力争 2007 年年底通过国家生态区验收；力争 2007 年年底建成节能环保示范区。为了早日建成水环境综合治理示范区，盐田舍得投入，花大力气狠抓了河流治污和生活污水治理工作。

一　大力开展河流治理和排水管网改造工作

1998 年盐田建区初期，由于基础设施落后，污水收集处理率不足 10%，绝大部分生活污水未经处理就直接排入了河流和海域。从建区开始，盐田区领导就清醒地意识到，要把盐田建设成现代化旅游海港城区，就必须下决心彻底解决水污染的问题。正因为如此，盐田区委、区政府一直以来都高度重视这项工作，投入了大量的人力、物力、财力，不到 10 年时间便陆续投入数亿元，实施了污水管网整治和截污工程、盐田河和沙头角河综合治理工程、沙头角湾环境治理工程三大水环境治理工程。

河流治污曾是盐田市民最关心的热点问题之一。长期以来，随着港口、物流等产业的高速发展，全长 6.4 公里、主干河道 3.3 公里的盐田河污染严重，河水黑得发臭，排洪抗洪能力弱，两岸环境脏乱差，不仅与盐田建设现代化旅游海港城区的目标不相匹配，也直接影响到两岸群众的生活，一些居民想出租的房子甚至因此长期无人问津，盐田河成了一条使人避之不及的"臭水沟"。为此，盐田河被深圳市政府于 2003 年确定为要实现"不黑不臭"的四条河流之一，盐田区人大代表和政协委员也多次提出议案提案要求政府有关部门加快整治。

　　对盐田河综合整治工程于 2004 年 12 月 21 日开工，盐田区委区政府将其作为三大"民心工程"之一，投资近亿元进行全面的综合整治。作为一项重大的"民心工程"，盐田河治理主要包括治污、景观工程和防洪三大部分。工程一开始，区委区政府就提出了高标准设计、科学施工、打造生态景观河的目标，设计了"零能耗"的运行模式。在治污过程中，盐田河克服了多座桥梁横跨河道的困难，大胆采用河床埋管方式，绕过桥梁，利用地势落差进行截污，使得原来每天排入河道的污水由 2 万多立方米减少到 500 立方米以下，截污率达到 95％以上，并改变了传统截污模式每段需要设置一个污水泵站的历史，实现了全河段只设一个泵站的节能目标。

　　为了强化污水治理效果，到 2007 年，盐田区决定全力推进排水管网清源行动，对水污染治理由局部改为全面覆盖、重点投入，以彻底截断污染源头，实现"两河一湾"（盐田河、沙头角河、沙头角湾）水环境的根本好转。该项行动是一场地下"梳理"工作，任务十分艰巨。为了摸清全区雨水、污水管道现状，盐田专门委托专业勘查公司进行了认真、详细的勘查。经过细致的排查，有效地掌握了全区排水管网所存在的雨污混流、排水堵塞和部分生产生活污水通过雨水管道直排而造成污染等问题。在取得大量一手资料的基础上，盐田区制作了雨水、污水管道现状图，制定了详细的管道改造施工图，形成了一份高质量的项目建议书和可行性研究报告。按照雨污分流、正本清源的设计原则，盐田决定分三个环节对管网系统实施全面改造。一是对市政道路污水管至污水处理厂的市政管网进行改造完善，将污水全部引至污水处理厂进行处理；二是对直接排入河流、海域的污染源进行截流，沿盐田河、沙头角河两岸及沙头角湾域实施截污工程，共完成 47 个截污点建设，将污水送至污水泵站或污水处理厂，同时结合片区污水系统的改造，完善区域污水管网系统；三是对小区地下管网进行改造和完善，包括建筑物排水出户管（阳台立管）至小区道路污水管，再到市政道路污水管的污水系统的完善和改造，从源头实现彻底的雨污分流。

　　此时的盐田不仅把开展排水管网清源行动、完善排水管网系统、加强排水管理作为彻底解决水环境问题、改善城市环境的重大举措，更作为盐田区发展循环经济、总部经济，建设良好的人居环境和投资环境，提升辖区人民群众生活质量的重要手段。为此，盐田特地把该项工作纳入到全区 2007 年重点工作和重大建设项目，并安排了专项工作经费。区委、区政府主要领导也多次做出批示，要求坚定目标，坚定信心，全力推进。全区排水管网清源工作，基本形成了"党委政府领导、人大政协监督、职能部门负责、专门机构协调、全社会共同参与"的齐抓共管的良好局面。

　　为了加强对该项改造的组织领导，盐田区专门成立了领导小组，由主要区领导同志担任组长，下设清源行动办公室，以强化责任意识，层层抓好落实，推动了清源行动的深入开展。同时，盐田还注意抓好宣传培训工作，提高工作人员专业水平，联合水务集团盐田管理所上门对各排水单位（小区）进行指导、培训、答疑解惑，在全区逐步树立了"雨污分流，合法排水，争先达标"的良好氛围。此外，针对工作中遇到的不少复杂问题，盐田区政府还进一步增强服务意识，解决基层单位的实际困难。区清源办主动到基层单位上门服务，了解问题，想办法、找路子，既全程跟踪服务达标小区创建工作，确保创建质量和进度，又从经费方面给予大力扶持，根据实际情况给予适当的经费支持。对整顿情况表现较好的 21 家洗车场，区里给予了一定经费补贴，引起了良好的社会反响，有力推动了全区工作的开展。对于一些责任划分不清、多个单位推诿扯皮的历史遗留问题，则由区政府主要领导亲自出面协调，快速、合理地解决了问题，大大地加快了清源工作进度。

　　盐田全区共有 216 个排水单位（小区），在这些排水单位（小区）中，一些新建的住宅区、工业区基本符合雨污分流要求，但部分旧村、旧楼，排水设施落后，未做好雨、污分流处理工作。特别是有些宾馆、酒楼、餐饮店、洗浴场所、洗车场、肉菜市场及住户，擅自穿凿、挪动、堵塞排水设施，改动内部排水管道而导致雨污混流。针对上述存在的不同情况，盐田区本着尊重历史、分清责任、因事制宜、分类指导、区别对待的原则逐一研究解决。为摸索出排水单位（小区）从整改到创建的一套科学快捷实用的方法，盐田先选择了几个代表性较强的综合排水小区作为试点单位，从制定创建方案、开展自查整改到申领排水许可证，最后到申报达标验收，区里有关部门实行全程跟踪、贴身指导，为全面开展创建工作奠定了良好基础。

为了使达标小区的创建与排水管网改造完善进度相配套，基本上实现管网建设到哪里、达标小区就创建到哪里的目标，盐田还坚持先易后难，稳步推进原则，计划在 2007 年完成 70 个排水达标小区创建，到 2009 年上半年全部完成 216 个排水单位（小区）创建任务。同时，为防止已完成排水达标小区创建工作出现反复，盐田还加强了后续管理工作，要求各达标单位严格按照《深圳市排水条例》的各项规定，对排水设施进行管理维护，确保制度得到坚持执行。并加大检查执法力度，建立定期复查制度和联合检查制度，区清源办、水务局联合水务集团盐田分公司、各街道办等单位，定期对排水状况进行复查、检查，并在全区范围内通报检查情况，表扬先进，鞭策后进，发现有违章排水的，按照《深圳市排水条例》严格查处。此外，还充分发挥好物业管理单位的作用，要求各物业管理单位设立排水专员，加强对排水设施的维护保养和对住户排水状况的检查监督。区清源办、水务局定期组织宣传、培训和座谈，以加强沟通、了解情况，协助解决创建中的问题和困难。

2008 年 11 月 18 日下午，盐田区组织区人大代表对全区"民生十件实事"之一的住宅小区污水系统改造完善工程进行了视察。在视察中，据负责盐田区污水系统改造工程的区建筑工程事务局有关负责同志向代表们介绍了有关情况：盐田区污水系统改造工程，按照"雨污分流、正本清源"的原则，对盐田辖区的雨水、污水管网进行了总体的规划、设计和施工。截至视察期间，累计完成达标小区 63 个，完成率 97%，工程共完成投资约 3910 万元。盐田区的污水系统改造工程，西起梧桐山隧道口，东至背仔角，南临大鹏湾，北抵梧桐山，项目分为应急截污和完善改造两个阶段，其中应急截污已经完成，完善改造工程于 2008 年年初开工，共 28 个片区，总投资 5969 万元。随同视察的记者在海涛花园看到，由于许多居民把阳台改作厨房或放上洗衣机，原来阳台的雨水管道实际上流入了很多污水。在改造中，把阳台管道接入污水管，而重新从楼顶开辟了一条新的雨水管道，实现雨、污分流。区建筑工程事务局有关负责同志向记者介绍："由于改造涉及千家万户，需拆除住户的防盗网、封闭阳台等，住户意见很大，我们在施工中，积极协调改造区域的居民，多次和街道办、居委会、物业管理处等部门到各住户进行解释，全力争取居民的配合。同时，在施工中，要求施工单位文明施工。"① 正是由于有了地下管网的成功清源，才出现盐田河沿途岸美水清的优美景观。如今，盐田河治污工程已完成，不仅实现了河水不黑不臭，再现清波，更在河岸形成了长达 2.8 公里的滨河公园，成为辖区居民休闲娱乐的好去处。事实上，不单单是盐田河告别黑臭，重泛清波，整饬一新的沙头角河、沙头角湾如今也是景色宜人，让人流连忘返。沙头角湾新建成的海滨栈道空气清新、景色秀美，成为市民观光休闲的好去处。乐水、亲水、爱水的水景观正在盐田逐步形成。

二　加大对污水处理、利用的力度

为了加快污水处理的步伐，使全区的污水处理率提高到95%以上，从而超过发达国家的污水处理水平，盐田区曾经在盐田港西港区北面兴建了污水处理厂，作为盐田区污水处理和环境保护的重要工程。该项目占地面积 11.8 万平方米，工程分两期建设，一期按 12 万立方米/天实施，远期总规模为 20 万立方米/天；建设总投资 5.2 亿元，其中一期工程投资额为 4 亿元。该项目的一期工程于 2001 年年底建成并投入运行后，便极大地提高了盐田区的污水处理率。2006 年盐田区日供水量约 9 万吨，而盐田污水处理厂每天的污水处理量已接近 7 万吨，一期工程 12 万吨的设计能力为盐田区今后发展预留了足够空间。

盐田污水处理厂的污水处理工艺共有五个单元：污水提升及预处理、生物处理、污泥处理、消毒及化学处理、中水处理。一般来说，居民家中、商铺、学校、工厂等排放的废水流入下水道后，经过污水管收集进入污水提升泵站，提升后的污水会被送到污水处理

---

① 《63 个小区污水管网达标》，《深圳商报》2008 年 11 月 26 日。

厂。在预处理单元去除污水中的垃圾、杂物及沙砾后，污水流入生物处理单元。生物处理单元处理过后的出水经过紫外线消毒、纤维球过滤，再用二氧化氯消毒后回收利用，这些水叫中水。中水可以用于绿化、冲厕、洗道路等对水质要求不是很高的地方。

盐田污水处理厂引进了美国一家公司的专利技术及成套设备，采用改进型连续流序批式反应池处理工艺。该工艺能使污水处理投资减少近1/3，而处理效果要优于传统的处理工艺，能为各种微生物生长繁殖创造最佳的环境条件和水利条件，使有机物的降解、氨氮的硝化、磷的释放和吸收等生化过程一直处于高效反应状态，提高降解效率。整个污水处理系统采用组合式联体结构，不需设置初沉池和二沉池，减少了占地面积，降低了运行费用，并彻底实现了污水的无害化处理，保护了大鹏海域的水环境。盐田污水处理厂自2002年6月正式运行以来，污水处理量逐年增加，到2006年全年处理污水即达到1888万立方米，实现了盐田全区的污水处理率达到95%以上的目标。

在水资源日趋紧张的情况下，中水的利用已成为城市节水发展的主要方向。作为深圳市首个大规模中水回收项目，"盐田中水回用系统"于2007年6月12日正式投入使用。该项目每年可节约自来水约22万吨，不仅创造客观的经济效益，而且在水资源循环利用方面具有深远的社会效益。目前，盐田污水处理厂建起了完善的中水处理系统，每天有上千吨污水处理厂的中水可用于消防及绿化浇灌。盐田污水处理厂的中水用量也在短短三年里实现了三级跳：从2006年的5万多吨，增长到2009年的16万余吨。随着这一系统的不断完善，盐田区还将积极建设中水管网，在城市绿化及居民卫生间用水等方面积极推广使用中水，实现水资源的循环利用和节约利用。

在盐田治理水污染的过程中，深圳水务集团充分履行了自身的经济、社会、环境的三重责任，把企业发展和环境保护结合起来，积极发展污水处理事业，努力改善城区水环境，发展循环经济，促进水资源可持续利用，盐田区污水处理厂就是一个样本。2014年5月，盐田污水处理厂喜获由广东省环境保护厅命名的"广东省环境教育基地"称号，与深圳华侨城（湿地）公园并列，为深圳市仅有的两家省级环境教育基地。为普及环保教育，厂内还专门设置了环境教育基地展示厅和中水回用取水点，每年举办污水厂"开放日"等环境教育活动，将污水处理、中水回用、循环经济、节能减排、节约用水及环境友好等理念向社会大范围推广，提高市民的环保意识，进而形成低碳的生活方式，达到减排减废的效果。

第四节　积极开展垃圾回收处理工作

随着我国城市化进程的加快，城市人口的增加以及居民生活水平的提高，城市垃圾的产生量也急剧增加。据统计，现今我国城镇垃圾的人均日产量为 1.2—1.4 公斤；人均年产量为 440—500 公斤；如果以 39% 的城市化人。测算，当前我国城市垃圾的年产量已超过了 2.2 亿吨，如果加上历年来堆存在城市周边尚未处理的 60 亿吨陈腐垃圾，在我国现有的 688 座大、中城市中，已有 200 多座处于垃圾山的包围之中，而且这些垃圾的产量还在以 7%—9% 的速度逐年增长。[①]

城市垃圾是指城市区域内人们日常生活和活动中产生的固体废弃物。城市垃圾的大量产生，不仅污染环境、破坏景观，而且占用土地、传播疾病，甚至威胁着人类的健康，严重破坏了城市生态环境系统。因此，如何有效地处理好城市的垃圾，已经成为影响着城市生态建设的大问题。盐田是深圳的重要旅游区域，随着游客的急剧增加，生活垃圾数量年均增幅也高于全市平均水平，"垃圾围城"的问题逐步凸显，盐田区则以积极有力的举措来应付这种挑战。

一　抓好垃圾处理的基础设施建设

对垃圾进行焚烧处理，这是一种将固体废物进行高温热化学处理的技术，从循环经济的角度讲，也是将固体废物实施热能利用的

---

① 卢徐节、陈季华、奚旦立：《中国城市垃圾处理方法及其利弊分析》，环卫科技网（http://www.cn-hw.net/html/32/200710/4495.html）。

资源化的一种形式。将垃圾进行焚烧处理，虽然投资较大，但是可使垃圾量减少90%，大大减少占地，并可利用余热发电实现资源化。因此，垃圾焚烧发电是所有垃圾处理方法中，减量化、无害化最彻底的方式。据美国和日本等国的测定表明，城市垃圾的热值与褐煤、油页岩相似，大约2吨垃圾的热能相当于1吨煤。

为了解决"垃圾围城"的问题，实现对垃圾的无害化处理，建于盐田街道青磷坑的垃圾焚烧发电厂在2003年年底建成并投入运营。该垃圾焚烧发电厂能够对盐田区每天约300吨的城市生活垃圾完全实现无害化、减量化和资源化处理，不但处理了周边区域的垃圾，而且每年能发电3000多万度，可满足一万多户普通家庭的用电需要。

此后，为提高城市垃圾的清运能力，盐田区率先推行了环卫管理体制改革，对环卫实现市场化运作。从2006年5月1日开始，盐田区的垃圾收运服务及公厕管理正式由专业服务公司接管，全区39个城中村也全部实现了保洁专业化。从清扫保洁、绿化养护到垃圾清运、公厕管理，盐田环卫作业所有环节，均实现"一条龙"的市场化运作，使环卫专业管理覆盖每一寸土地，全区所有内街小巷、城中村、沿街门店清扫保洁质量基本达到市政主、次干道和重点场所的水平。通过发包引进专业保洁公司，进而提供高标准的清洁卫生服务，盐田区城管部门的工作则主要转向了监督管理。通过完善质量考核体系和监管手段，成立环卫质量监督队并深入基层巡查，对"城中村"卫生承包单位的服务质量进行严格考评，将考评成绩直接和承包费用挂钩等一系列手段，形成了专业公司之间的竞争，大大促进了城市环境面貌的改善。

二　对垃圾实行分类化处理

（一）垃圾分类收集的现实意义及推进过程

在现实生活中，一方面是城市生活垃圾激增，另一方面则是垃圾处理能力相对滞后，"垃圾围城"带来了日益严峻的环境问题。因此，在源头、中转、运输等环节对垃圾进行分类收集，将不同类型的垃圾分离出来，那些可回收利用的垃圾重新进入到物质的循环过程当中，有毒有害垃圾则纳入危险废物收运处理系统，其他垃圾根据末端处理流向进行分类处理。这样一来，垃圾分流后进入环卫系统的垃圾就会相应减少，可以大大减少垃圾的处理量和处理设备，降低处理成本，减少土地资源的消耗，具有社会、经济、生态等多方面的效益。同时，还可将更多的城市作为"二次资源"进入新的产品再生循环，避免垃圾之间的相互污染，为卫生填埋、堆肥、焚烧发电、资源综合利用等垃圾处理方式的应用奠定基础。

事实上，深圳早已承担了垃圾减量分类的国家试点任务，从2012年起便在全市选择了500个单位进行试点。深圳市委、市政府将其视作重点民生实事，时任市委书记王荣多次强调"要加大垃圾减量分类推进力度"，市长许勤更明确要求盐田"带头摸索出一条扎实可行的路子"。按照市里的有关部署，盐田区委、区政府通过对区内垃圾现状的深入调研，明确了因地制宜的工作思路。为顺利推进此项工作，成立由时任区长杜玲担任组长的领导小组，并建立工作联席会议制度，研究制定了《垃圾减量分类创建工作实施方案》。同时，委托华中科技大学编制《盐田区餐厨垃圾一体化处理工程项目建议书》和《盐田区生活垃圾分类与减量化技术方案》，制定了垃圾减量分类工作的总体目标、阶段步骤和实施办法，实行层层发动、层层抓落实的工作机制，明确分工、全面推进。

到2012年年底，按照"政府主导、公众参与、企业运作、科技支撑"的原则，通过公开招标，盐田区政府授权区城管局与深圳瑞赛尔环保股份有限公司签订特许经营协议，共同推进"垃圾减量分类及餐厨垃圾处理一体化"工作。简要来说，就是通过前端源头分类，终端固液分离、高温降解，后期提炼生物柴油、有机肥料、生物燃料棒等，形成减量分类、资源化利用的闭合产业链条，并通过物联网技术，与数字化城管无缝对接。从实际效果来看，1吨餐厨垃圾经过处理后，最终只剩下约150公斤的残渣，垃圾减量率高达85%，剩余15%的残渣通过添加绿化垃圾制成燃烧棒，予以资源化利用。

2013年，盐田区又将做好城市垃圾处理作为辖区的十件民生实事之一，加强领导，统筹推进，成立了盐田区城市生活垃圾减量分类工作领导小组，各成员单位落实专人负责，并指定日常工作联络员。联合各街道办、教育局、民政局等部门，先后在中英街片区、元墩头村、广北肉菜市场等地方和单位开展了垃圾减量分类工作。

（二）积极发动群众，齐心协力做好垃圾分类收集工作

垃圾的分类收集涉及千家万户，为了做好垃圾分类工作，盐田区注意发挥各方面的积极性，广泛动员，首先就在全区形成了大家动手、人人出力的良好局面。

例如在盐田区外国语学校，为了积极开展垃圾减量分类、创绿色校园的活动，学校就专门成立了由校领导任组长的垃圾减量分类创绿色低碳校园领导小组，并制定了工作方案，积极做好宣传教育活动，开展绿色低碳办公、教学、学习行动，开展绿色低碳就餐行动，实施垃圾分类投放四大行动，把垃圾分类收集和厉行节约、反对浪费有机地结合起来。为了落实这项工作，学校还特意安排了以"崇尚节约，摈弃浪费"为主题的国旗下讲话活动。在活动中，由学生处做动员、学生代表做主题发言。此次国旗下讲话从名言"夫君者，俭以养性，静以修身""历览前贤国与家，成由勤俭败由奢""要大力弘扬中华民族勤俭节约的优秀传统，大力宣传节约光荣、浪费可耻的思想观念，努力使厉行节约、反对浪费在全社会蔚然成风"讲起，指出个别同学中存在以铺张浪费为荣，艰苦朴素为耻的思想是错误的。最后提出倡议，作为当代中学生，应当自觉地肩负起"崇尚节约，摈弃浪费"的社会责任，树立勤俭节约意识，从日常生活的一点一滴做起，携手共建节约型校园。紧接着，学校环保社还布置了"垃圾减量分类"的主题班会，在各班进行认真准备的基础上，然后召开全校性的以"垃圾减量分类"为主题的班会，组织各班学生积极参与，畅所欲言。这次主题班会内容丰富精彩：有关于垃圾如何分类的视频观看，有知识竞赛和头脑大比拼，有认真的小组讨论，有垃圾分类金点子创想等内容。各班教室不时传来欢声笑语和激烈的争辩声，整个校园弥漫着浓郁的环保氛围。

2013年5月23日下午，沙头角街道在田心社区文体广场开展垃圾减量分类启动仪式。启动仪式通过开展丰富多彩、形式多样的宣传教育活动，普及垃圾减量分类知识和餐厨垃圾管理办法，倡导可

再生资源循环利用，以提高市民生态文明意识，逐步形成人人关心、人人参与、人人动手共建生态文明城区的良好社会氛围。当时的天气虽然炎热，但市民参与活动的热情不减。在一段精彩的腰鼓表演之后，盐田沙头角街道垃圾减量分类启动仪式随之拉开序幕。现场邀请了垃圾减量分类专家给在座的居民朋友普及贴切生活的环保知识，如倡导居民在生活中如何做到垃圾减量分类，如何做到 3R 原则，即 Reduce（减量）、Reuse（复用）、Recycle（再生）。随后，启动仪式还举行垃圾减量分类知识抢答比赛，现场派发宣传资料，号召街道的居民朋友积极参与到这项利国利民的环保行动中来，力争在年内实现辖区垃圾减量分类小区达到 50% 的覆盖率，社会餐饮企业、机关、事业单位食堂餐厨垃圾"减量化、资源化、无害化"处理率达 100%，中英街社区垃圾减量分类小区全覆盖，争当盐田区垃圾减量分类处理工作的"排头兵"，打造生态、文明、和谐、持续发展的宜居城区。

不仅如此，垃圾分类工作还深入到了军营。为营造一个浓厚的环保氛围，2013 年 12 月 12 日上午，盐田区在广东省公安边防总队第六支队十三中队营区内举行"垃圾分类，从我做起"——盐田区创建"绿色军营"活动启动仪式。这次活动的目的就是希望通过"绿色军营"的启动，使部队官兵认识垃圾分类的知识和意义，提高部队官兵的环保意识，并能在日后的工作生活中将垃圾分类逐渐变为自觉行为。这次活动探索出军地协作推进生活垃圾分类减量工作的新模式，拓展了双拥工作内涵，对创建绿色军营具有积极的意义。

三 餐厨垃圾一体化运作处理的"盐田模式"

从 2012 年开始，为解决垃圾泛滥"围城"的问题，盐田积极探索垃圾减量化、资源化的处理途径，取得了显著成效，保持了整个城区干净整洁。在垃圾产生量年均递增 7.7% 的基础上，历史性地实现了垃圾焚烧的"零增量"。盐田的成功经验，被业界誉为"盐田模式"，有数据表明，在我国城市生活垃圾中，餐厨垃圾占 1/3 以上。而盐田，日均产生垃圾约 260 吨，其中餐厨垃圾（含厨余垃圾）约 88 吨。餐厨垃圾是含水、含油很高的"湿垃圾"，极易腐烂发臭，处理难度高，对环境的破坏性影响最大。这种垃圾由于含水、含油高的特点，难以通过填埋、焚烧等常规方式处理。而处理不当的餐厨垃圾，通过庞大的隐形利益链条，以"地沟油""泔水猪"等形式回流至餐桌，给食品安全和民众健康带来严重威胁。但是，如果处理得当，餐厨垃圾仍然具有较大的资源化利用价值。通过不同的技术路线，人们可以从其中提炼出生物柴油和获得沼气、有机肥、高蛋白饲料、混凝土制品脱模剂等产品，生物柴油可以勾兑石化柴油作为货车燃油。因此，在垃圾分类处理的实践过程中，盐田区选择餐厨垃圾处理这个突破口，正是抓住了问题的关键。

在解决餐厨垃圾处理这个难题上，"盐田模式"之所以能获得成功，在《深圳特区报》的记者们看来，主要是得益于五个方面的创新：

第一，筑牢基础，以点带面实现生活垃圾前端分类。

在城市生活垃圾减量分类处理中，最根本的问题是要解决生活垃圾源头混合投放。在以往的垃圾收运处理模式中，大杂烩式的混合收运占据了主导地位。垃圾的资源属性被忽略，同时在垃圾的处理过程中也很容易产生二次污染。在探索生活垃圾前端分类的过程中，盐田区按照"整体规划、科学实施，以点带面、逐步推广"的工作原则，采取了分期分批、先易后难、形式多样的办法不断推进，通过激励与约束举措并举，使前端分类与前端处理紧密衔接，实现了垃圾减量分类的源头化处理。

盐田区结合辖区的实际情况，制定了《盐田区城市生活垃圾减量和分类收集处理工作（2012—2015年）实施方案》，并在此框架下先后编制盐田区垃圾分类《设施配置标准》和《垃圾类别划分标准》，并分别制定居民小区、机关事业单位、学校、公园等区域《垃圾减量分类实操指引》，统一垃圾分类标准。

在具体实施过程中，盐田区选取了机关企事业单位作为生活垃圾前端分类的启动点，并以此在全社会产生示范效应。工作人员在机关企事业单位张贴分类标识，合理设置可回收和其他垃圾"两分类"垃圾桶，引导大家分类投放。同时，盐田区城管部门强制要求机关企事业单位食堂率先与特许经营企业签订餐厨垃圾收运协议，为社会餐饮企业树立榜样。

家庭生活垃圾的前端分类是国内外开展垃圾减量分类的重点，也是最大的难点之所在。为了解决这一问题，盐田区采取直接经费补贴的方式，开展社区工作站（居委会）、股份公司、物管单位、社区居民等多元化主体参与的示范创建工作模式。盐田各小区在业委会或80%业主同意下，可以向所在街道办申请创建示范小区，然后由街道城管部门负责指导、检查和验收，区城管局再定期检查各街道工作成效。根据盐田区制定的示范小区运营经费补贴标准，原则上对通过创建申请的小区按每1000户18万元的标准，对现有示范小区按每1000户10万元的标准，每增减100户相应调整6%至8%。

为提高居民参与垃圾前端分类的积极性，盐田区专门制定了相关的奖励制度。每月每户居民按登记的参与次数，分1至20次、21至40次、41至60次三个等级，给予一定的物质奖励，助其逐步形成自觉分类投放垃圾的良好习惯。盐田区城管局负责人表示，实现生活垃圾的前端分类，是非常漫长的一个习惯养成过程。因此，即使就是要求每家每户把家里产生的垃圾，按照厨余垃圾、可回收垃圾、其他垃圾、有害垃圾分成四类，并且自觉对应投放到设置于小区中的分类收集箱中，也不是一件容易的事情。但是，盐田当时的垃圾前端分类试点工作已在全区铺开，开展各类型垃圾减量分类的小区（单位）共有223个，开展率达65%，其中机关企事业单位93个、小区（城中村）78个、学校40个、市场9个、市政公园3个。

第二，重点突破，建立完备的餐厨垃圾收运体系。

由于中国人的饮食习惯所致，在我国城市生活垃圾中，餐厨垃圾所占的比例居高不下。因此，以油水含量高的餐厨垃圾为突破口，是推进垃圾减量分类工作的必然选择。2012年，盐田区通过公开招标引入深圳瑞赛尔环保股份有限公司，开展餐厨垃圾统一收运和无害化处理工作。在政企双方的合作努力下，盐田区建立起了统一的餐厨垃圾处理系统。系统由五大部分组成，分别为：餐厨垃圾源头分类收集及密闭环保运输、中端节点高温生物减量、餐厨废弃固形物资源化利用、废弃油脂收运处理及物联网管理。

餐厨垃圾收运体系的建设是非常关键的环节。在推进签约工作时，盐田区通过对机关事业单位食堂的强制性要求带动社会餐饮企业的参与，对餐饮企业多次上门开展宣传教育工作，呼吁企业重视社会责任。在处理过程中，提取出的油脂中还特地加入微量剧毒的蓖麻油，彻底防止地沟油回流餐桌。

为加快签约的进度，盐田区严厉打击非法收运潲水的外地车辆，规范餐厨垃圾收运秩序。盐田区城管局工作人员表示：将以往非法处理餐厨垃圾的渠道彻底堵死，同时又对主动签约的行为予以奖励，社会餐饮企业就只剩下与特许经营企业签约这一条路了。因此，在各街道办的配合下，当时盐田区已签订餐厨垃圾收运处理合同的达到了610多家，签订率达99.5%。

第三，科技引领，技术创新支撑市场化运营。

在餐厨垃圾无害化处理的实践中，盐田区坚定不移地推行"政府主导、企业运作"的市场化模式。但是，如果在招标过程中未能选择具有足够技术积累和运营经验的企业，项目启动后长期在成本线以下徘徊，企业失去市场兴趣后只会越来越糟。即便政府加大补贴的力度，没有合适的商业模式，结果只会陷入不可持续的恶性循环。因此，要让餐厨垃圾处理成为一件能让政府和企业双赢的事情，关键就在于科技创新对运营成本的拉低和对商业模式的改造。盐田区不是唯一一家以市场化方式做餐厨垃圾处理的，相比其他地区盐田却成功得多。运营企业对处理技术的研发和应用在这中间至关重要。

餐厨垃圾的资源化利用结果有很多，通过不同的技术路线，可以获得沼气、生物柴油、有机肥、高蛋白饲料、燃烧棒、混凝土制品脱模剂等产品。但从盐田的实际来看，由于政府补贴金额的相对固定，并不是每一项技术都能够圆满地实现经济效益和社会效益的统一。盐田区的特许经营企业深圳瑞赛尔采用的是独创的"油水分离与高温生物降解"技术。收集到的餐厨垃圾首先进行"固液分离"，得到餐厨固形物和油污水。分离出来的固形物在60摄氏度的温度下，利用特殊生物菌种进行高温降解，经过18—23个小时处理后，1吨的餐厨垃圾只剩下100—150公斤的降解料，其余均按环保要求降解挥发，可实现垃圾减量85%，剩余15%的残渣经过末端工厂精加工，可以制成生物质燃烧棒或有机肥。废弃油污水经油水分离机处理后，萃取制成粗油，并进一步提炼生产出符合国家标准的生物柴油，从源头上杜绝了"潲水猪""地沟油"，真正实现了"减量化、资源化、无害化"。

从经济成本上核算，生物燃料棒每根可以卖3到5元，生物柴油每吨售价达六七千元，加上餐厨垃圾200元/吨的政府补贴，深圳瑞赛尔可以做到盈利。在前期，区财政还拨付了1600万元用于开展垃圾减量分类及餐厨垃圾处理基础设施建设，更进一步减少了企业在固定资产上的投资支出。

第四，因地制宜，分区处理打造生态产业示范点。

盐田依山傍海，可用土地面积狭小。在空间资源极度紧张的情况下，盐田区经过科学论证，果断放弃了传统的"集中处理"方式，采取了前端的"分区处理"，开展餐厨垃圾无害化处理工作。

所谓"分区处理"，就是不将分散各地的餐厨垃圾统一收集运送到同一地点集中处理，而是依托现有的城区生活垃圾转运站、环卫工具房、边缘绿化带等市政基础设施，建设可以辐射周边一定范围的小型化餐厨垃圾前端处理站，以此为节点就近处理周边大型酒楼、食街、工业区饭堂的餐厨垃圾及附近小区的厨余垃圾。这样设置的餐厨垃圾处理站具有不错的适应性和灵活性：一是所有餐厨垃圾都实现了最大限度的就近处理，杜绝了转运造成的二次污染；二是由于每个餐厨垃圾一体化处理站占地都很小，完全可以利用各种边角地块解决用地难题；三是小规模的处理站避免了"集中处理"可能出现的"吃不饱"现象，不会造成处理能力的浪费。

时任盐田区区长杜玲曾对记者表示，"处理设施建设在先，前端分类推广在后，也是我们垃圾减量分类的一个重要经验。处理能力首先有了，才不会发生前端分类后端照样大锅烩这样的悲剧。就近处理的模式对于居民来说更是一次贴近身边的宣传，有助于提升垃圾减量分类工作的深度和广度"。事实上，盐田区政府食堂、盐田海鲜食街、鹏湾社区、工业东街等几个餐厨垃圾一体化处理站，不仅面积有大有小，占地形状也很不规则，能够较好地适应当地场地的要求。同时，针对餐厨垃圾收运处理过程中一度产生的异味，深圳瑞赛尔公司专门就设备的密闭性进行了改进，已较好地解决这一问题。这也大大减少了辖区居民对餐厨垃圾处理站选址的抗拒心理。

分散设置的餐厨垃圾处理站，还能进一步成为盐田区生态理念宣传教育的特色平台。盐田区计划把餐厨处理站纳入产业深化及景观提升行动范畴，积极培育资源综合利用示范作用，在突出餐厨无害化处理及资源化利用主题上，结合盐田本土及港口经济特色，增加园林绿化垃圾循环利用、低价值可回收物利用、中水回用、雨洪利用等循环经济项目，充分体现和深化"废物利用、资源循环、零排放"等理念，将基地建设成为融餐厨废弃物处理及循环利用、生态宣传、环保教育为一体的产业示范园区。

第五，长效管理，构建全过程物联网监管体系。

开展垃圾减量分类是一项长期工作，最忌急功近利，没有长远规划。盐田区从一开始就着眼于常态化管理，通过不断完善垃圾减量分类工作的相关建设机制，实现精细的责任分解和标准量化。

首先，是将相关责任单位的垃圾减量分类成效作为生态文明考核重要指标，以彰显推行垃圾减量分类的决心。盐田制定了《盐田区住宅小区（城中村）垃圾减量分类日常运营管理服务质量检查考评办法》，明确区直部门、各街道社区工作站（居委会）、物管单位与股份公司的职责分工，细化分解考评内容，量化评分标准，定期组织考评，及时通报整改存在的问题，强化各级责任落实。盐田区还完善了《盐田区机关事业单位垃圾减量分类综合考核标准》，促进机关事业单位带头抓好工作落实，不断提高参与率，充分发挥示范引领作用。

其次，在对垃圾减量分类工作的监督管理方面，盐田区研究制定了《盐田区垃圾减量分类及餐厨垃圾无害化处理工作监理服务暂行办法》，通过购买公司服务的方式，对示范小区（城中村）运营情况及餐厨垃圾收运处理工作情况进行监理，强化责任意识，不断提高分类成效。此外，盐田区还建立了餐厨垃圾收运处理全过程物联网监管体系，所有环节涉及的人员、设施、设备、车辆等都被赋予数字信息。系统采用视频摄像、RFID 射频识别、GPS 定位、3G 无线传输、GIS 地理信息系统及互联网等技术手段，实现对收运处理体系的全过程监控和记录，实现随机统计查询和动态监管。

再次，盐田区建立了餐厨垃圾收运专项执法联动机制，由城管监察大队、环卫科、各街道执法队、特许经营公司，联合开展打击非法收运处理餐厨（含厨余）垃圾和"地沟油"行动，涉及严重违法或暴力抗法的，协调公安部门联合行动，彻底斩断"泔水猪"的食物链，坚决杜绝"地沟油"的生产。①

四　喜获"中国人居环境范例奖"

得益于餐厨垃圾的成功处理，2013 年盐田区垃圾焚烧处理量首次实现"零增长"，餐厨垃圾前端分类、就地处理、精细利用的"盐田模式"，吸引了北京、天津、广州等城市考察团队纷纷前来学习"取经"。由于成效显著，这一年垃圾分类减量工作还获得了"广东省宜居环境范例奖"。该奖项设立于 2010 年，每年评选一次，重点表彰各地政府在居民住房改善、住宅科技研究及成果转化、社区公共管理与服务、空气污染治理、环境综合整治、历史文化遗产保护、城市交通状况改善、生态保护与城市绿化建设、建筑节能推广应用等宜居环境建设方面的优秀项目。"广东省宜居环境范例奖"还与"中国人居环境范例奖"接轨，广东省住房城乡建设厅将从每年获得广东省宜居环境范例奖的项目中择优推荐申报中国人居环境范例奖。

2014 年 8 月，盐田区被确定为广东省城市餐厨垃圾无害化处理首批唯一试点单位，这是继 2013 年获得"广东省宜居环境范例奖"后，盐田区生态文明建设获得的又一成果。2014 年 11 月 18 日，《经济日报》以《盐田全面开展垃圾减量分类工作将实现垃圾分类全覆盖》为题报道了盐田在这方面的成功经验。2014 年 11 月 28 日上午，全国人大环资委副主任委员罗清泉率全国人大环资委调研组，赶赴盐田对垃圾减量分类工作进行现场视察，并就土壤污染防治立法和循环经济促进法情况进行专题调研。

---

① 《促进生态文明建设盐田荣获"中国人居环境范例奖"》，《深圳特区报》2015 年 2 月 5 日。

2015 年，盐田区获得 2014 年度"中国人居环境范例奖"，这是全国唯一因处理垃圾而获奖的项目。"中国人居环境范例奖"是由建设部（现住房和城乡建设部）于 2001 年设立的一个奖项，主要是表彰在改善城乡环境质量，提高城镇总体功能，创造良好的人居环境方面做出突出成绩并取得显著效果的城市、村镇和单位，积极推广各地在坚持可持续发展，加强环境综合整治，改善人居环境方面创造的有效经验和做法。"中国人居环境范例奖"是我国参照联合国人居环境奖新设立的一个政府奖项，旨在鼓励和推动城市高度重视人居环境的改造与建设，在环保、生态、大气、水质、绿化、交通多方面为居民提供良好的生活和工作环境，以适应我国城市居民由小康向更高层面迈进的客观需要，并借此提升城市乃至国家的现代形象。盐田区荣获"中国人居环境范例奖"，这表明其在处理垃圾方面的成功经验获得了广泛的关注和充分的肯定，是盐田坚持绿色发展、建设美好城区所取得的可喜成果。

第六章

坚持不懈地发展循环经济、
低碳经济（下）

在中国经济持续高速发展的过程中，始终存在着经济不断发展与资源环境日益受到破坏的矛盾与冲突，特别是在人均水资源和土地资源不断减少的同时，能源的消费量却迅速增长。根据《中国统计年鉴（2013）》提供的资料，我国的万元 GDP 能耗已呈现逐年下降的趋势，2013 年全国能耗强度为 0.659 吨标准煤/万元，但能源消费总量从 1978 年的 57144 万吨标准煤上升至 2012 年的 361732 万吨标准煤，增长了 6 倍多。在这期间，我国的能源结构没有得到显著改善，2012 年 90.8% 的一次能源消费来源于化石燃料，这样的能源结构带来了高强度的二氧化碳排放。根据国际能源署（IEA）的统计数据，中国的二氧化碳排放量从 1990 年间的 2244.1 兆吨迅速增长到 2010 年的 7258.5 兆吨，增长幅度达到了 223.5%。在全球应对气候变暖的情况下，我国发展低碳经济以减少二氧化碳排放量的任务就显得异常艰巨。

自 2010 年以来，我国先后确定了两批低碳试点省、区和试点城市，列入试点范围的 10 个省（直辖市）在 2012 年的碳强度比 2010 年平均下降约 9.2%，显著高于全国平均下降 6.6% 的水平。这年 1 月，国家住建部与深圳市人民政府共同签署了我国首个低碳生态示范市框架协议。作为住建部首个批准的国家低碳生态示范市，深圳将以"部市共建"的模式和全新的面貌进行低碳生态城市的建设。深圳市在规划建设低碳产业、公共交通、绿色建筑、资源利用等方面不断探索，对建筑业采取渐进式的"低碳化"调整，先行先试，其建设低碳生态示范城市的突破口是"绿色建筑"。目前，深圳也是国内绿色建筑建设规模、建设密度最大和获绿色建筑评价标识项目、绿色建筑创新奖数量最多的城市之一，先后被国家授予"五个城市级"和"四个区域级"试点示范。① 正是在这样的历史背景下，盐田区发挥敢为人先的精神，采取多种行之有效的举措发展低碳产业，并在一些重要方面取得显著进展。

第一节　积极推进盐田低碳生态城区建设

一　"新品质新盐田"目标的提出

2011 年 12 月 19 日，中国共产党深圳市盐田区第四届代表大会第一次会议开幕，时任区委书记郭永航代表第三届委员会向大会做了题为《全面打造"新品质新盐田"，加快建设现代化国际化先进滨海城区》的报告，提出了今后五年盐田的总体规划和发展目标。报告回顾了过去 5 年的工作，认为 5 年来盐田区认真贯彻落实中央、省、市各项决策部署，团结带领全区广大党员和干部群众，大力实施精品战略和特色提升战略，有效应对国际金融危机和各种复杂局面，成功举办深圳大运会盐田赛区各项赛事，顺利完成区第三次党代会确定的各项目标任务，基本建成现代化旅游海港城区。报告指出，今后五年，是盐田发展的重要时期，盐田区要全面打造"新品质新盐田"，率先成为科学发展、和谐发展示范区，努力建设现代化国际化先进滨海城区。为此，报告要求将盐田区的经济社会发展品质跃升至国内先进城区行列，"全面造就经济实力更强、生活质量更高、生态环境更美、社会形态更优的新盐田"。

二　坚持低碳发展是打造新品质新盐田的关键

努力提高经济发展的质量和效益，是打造"新品质新盐田"的根本途径，这就要求盐田必须大力促进经济结构的调整和优化，推

① 深圳国际低碳城建设领导小组主编：《低碳发展，中国在行动——深圳国家低碳城发展年度报告（2014）》，海天出版社 2014 年版，第 11 页。

动经济发展由要素驱动向创新驱动、由外延式增长向内涵式增长的转型。而要如期实现这一目标，就必须采取行之有效的果断措施。为此，盐田区委区政府为全区经济在新的五年的发展定下了新思路：一是推动自主创新，重点发展生物医药、新能源、互联网等高新技术产业和低碳产业，努力把战略性新兴产业加快培育成为先导产业和支柱产业；二是推动转型升级，推进保税区、保税物流园区向更高开放层次转型，探索建立综合性航运物流服务平台，促进旅游业由"观光型"向"度假型"转变，促进总部经济关联发展、集群发展、扎根发展；三是推动扩大内需，加快培育临港消费、旅游购物等特色消费，扩大进口商品保税交易，有效促进外来消费，努力打造深圳东部沿海时尚消费中心。

从上述这三条发展思路来看，发展高新技术产业、促进低碳发展是打造新品质新盐田的关键之所在。根据深圳市政府的统一部署和盐田党代会的决议要求，2012 年 3 月，盐田区人民政府发布了《盐田区低碳生态城区建设第十二个五年规划》，该《规划》提出，在"十二五"期间，盐田区将大力开展低碳产业、低碳能源、碳汇资源、宜居环境、低碳交通和低碳生活六大体系建设。这六大体系分别是：

——建设宜居环境体系。在全区 18 个生活垃圾转运站安装喷雾降尘、垃圾除臭系统和空气除臭系统等设备；推动餐厨垃圾回收处理系统建设。

——建设低碳产业体系。一方面积极引进和扶持生物科技产业、文化创意产业等低碳新兴产业，每年扶持低碳产业发展支出比例达到 30% 以上；另一方面，将盐田保税港区建设成为全球领先的低碳生态综合物流港区。

——建设碳汇资源体系。进一步建设梧桐山风景名胜区和三洲田郊野公园。到 2015 年，辖区公园数达到 60 个，人均公共绿地面积达到 17.2 平方米。

——建设低碳能源体系。到 2015 年，全区清洁能源占能源比重超过 50%，天然气使用率达到 90%；辖区公园和安全文明小区使用太阳能照明、政府投资新建建筑采用太阳能节能产品、公共建筑执行国家绿色建筑标准等，均实现 100%。

——建设低碳生活体系。逐步在商场、酒店、机场、车站、码头、公园和旅游景点取消一次性产品的使用；选取 5 家酒店、3 所学校作为低碳试点，选取 3 家政府机构建成"低碳政府"，辖区旅游景区 100%建成低碳旅游景区。

——构建低碳交通体系。建设"有吸引力的快捷公共交通系统、滨海特色的绿色慢行系统、零换乘智能交通系统和低碳交通工具系统"四大核心工程。推动建设盐田与香港间海上巴士线路、盐田水上巴士线路及换乘码头，着力打造由区域绿道、城市绿道、社区绿道、海滨栈道与公共交通、自行车交通、步行交通相互贯通、无缝连接的绿色交通出行链。

建立六大低碳体系目标的提出，既是对盐田过去坚持走绿色发展、循环发展、低碳发展道路的充分肯定，又为盐田的未来发展展示出更加美好的前景。

第二节　改造传统产业与发展高科技产业

建设低碳产业体系是实现低碳发展的关键。多年来，盐田坚持把改善生态环境放在极为重要的位置上，为此在经济发展战略选择上，一方面加大对传统产业的力度，另一方面则大力发展高科技产业，为建设低碳产业体系奠定了良好的基础。

一　加大对传统产业升级改造的力度

盐田原先的工业基础比较薄弱，而且结构不合理，特别是一些传统加工制造企业生产工艺落后，对环境造成较大的污染和破坏。建区以后，盐田加大了对传统产业的升级改造力度。在短短的几年时间里，综合利用行政、法律和市场调节等手段，逐步淘汰转移不符合环保要求，高消耗、高污染、低效益的传统制造业企业 110 多家，同时采取有力措施支持港口物流业、旅游业、高新技术产业和总部经济等符合循环经济理念的"无烟"产业发展，产业结构得到了进一步优化。到 2005 年，盐田的一般制造业就只占到全区工业产值的 31.5%，三次产业比率由 2001 年的 0.3∶49.3∶50.4 调整为 2005 年的 0∶32.0∶68.0，逐步形成符合绿色发展、循环发展、低碳发展理念的产业体系。

盐田的珠宝产业是从 1988 年开始起步的，盐田建区之后其发展势头更为迅猛。盐田的黄金珠宝行业涵盖了黄金首饰设计与生产、铂（钯）金首饰设计与生产、宝石加工生产、K 金镶嵌首饰设计与生产、银首饰设计与生产、珠宝设计、珠宝销售等领域，具有相对完整的产业链条。但是，从保护生态环境角度来讲，珠宝产业所带来的废气污染却是一个经常扰民而且颇为头疼的问题。为了破解这一老大难问题，盐田区曾印发了《盐田区黄金珠宝加工业废气整治专项行动方案》和《盐田区黄金珠宝加工业废气治理技术升级补贴实施办法》，单独从产业发展资金切出 1000 万元，对采用新技术升级改造废气防治设施并且通过验收的黄金珠宝加工企业给予 50% 的补贴，从而推动有关企业探索出"鼓泡"等先进的治理废气技术，并获得国家专利。该项目通过淘汰升级现有废气处理设施，更换成高效的"冷凝—鼓泡—热风"废气处理设施，达到无色无味无噪排放标准。盐田区全部废气处理设备完成改造升级后，还成功获评 2013 年度深圳市治污保洁优秀项目。

因为珠宝产业具有耗能少的特点，与发展低碳产业并无冲突，因此盐田建区之后就着力加以扶持，使珠宝产业成为了全区的一个支柱性产业。到 2013 年，中国黄金珠宝消费额近 7800 万元，黄金交易量为 1176 吨，其中 80% 是从深圳出去的，而民间则有"黄金珠宝设计销售在罗湖，生产制造大多在盐田"的说法，可见盐田的珠宝产业在全国已经具有相当的影响。为了进一步发挥盐田珠宝产业的优势，2014 年盐田区又将黄金珠宝产业的转型升级列为了该年的两项重点工作之一。这年年初，盐田区委、区政府出台了《关于加快黄金珠宝产业转型升级的决定》（以下简称《决定》），明确将黄金珠宝产业转型升级作为推动辖区产业转型的主攻方向，提出："到 2014 年底，初步建成一个现代化大型先进制造园区，到 2016 年底，全区形成约 700 亿元的黄金珠宝加工业产值"；"2014 年出台黄金珠宝人才专项发展计划，引进和培育专业人才，提供相应的培训服务，探索建立黄金珠宝加工企业评价体系"。就是说要利用三年时间，力争把盐田初步打造成为在国内享有一定知名度的黄金珠宝总部企业集聚地、高端绿色制造基地、珠宝文化创意设计高地和时尚消费引领地。《决定》还要求全区各相关部门要按照区委区政府的决策部署，加大力度、狠抓落实。为了落实这一决策，盐田还专门成立了区黄金珠宝产业转型升级工作领导小组，由时任区长杜玲担任领导小组组长，以加强对黄金珠宝产业转型升级工作的组织领导和统筹协调工作。

根据《决定》的工作部署，区里相关部门还细化任务、量化考核，制订《关于加快黄金珠宝产业转型升级（2014—2016年）三年行动计划》和《盐田区黄金珠宝产业转型升级2014年度重点工作责任分工一览表》。在制定了目标、明确了总体部署之后，盐田区委、区政府又对黄金珠宝转型升级中的企业和个人，采取了有力的支持和扶助措施。其中，有关部门印发出台了《盐田区促进黄金珠宝产业发展扶持暂行办法》。扶持办法主要涉及总部企业引进、高端绿色制造和盐田珠宝品牌打造及高技能人才培养等。

一个产业要得到快速发展，一个至关重要的问题就是如何吸引和留住人才。为此，盐田一方面举办了辖区黄金珠宝企业专场招聘会，积极帮助企业做好黄金珠宝方面人才的引进工作，同时还组织政府主管部门及企业相关人员赴中国地质大学（武汉）珠宝学院，参加盐田区黄金珠宝产业发展培训班，提高人员的素质；另一方面又全面落实人才保障政策，努力解决辖区企业人才的住房问题，为企业的优秀人才尽可能地提供保障性住房。

为在更高起点上谋划盐田发展的新思路，打造新品质新盐田，2014年8月27日，由盐田区人民政府、周大福珠宝金行（深圳）有限公司联合主办，盐田区发改局、经促局共同承办的第三届新品质新盐田论坛在周大福集团大厦隆重举行。论坛主题是"高端、低碳、创新，黄金珠宝产业转型发展"。论坛吸引了加拿大驻深圳商务代表处、澳大利亚贸委会深圳代表处等国际代表和国内黄金珠宝领域权威专业人士及区内外众多优秀黄金珠宝企业代表参加。论坛以

"高端、低碳、创新，黄金珠宝产业转型发展"为主题，重点围绕黄金珠宝产业转型发展的突出问题和行业趋势展开深入研讨，旨在为盐田建设现代化国际化先进滨海城区建言献策。

时任盐田区委书记郭永航在论坛上发表了讲话，他认为：要推动盐田区的黄金珠宝产业转型升级，一是必须坚持集聚发展，在与企业比数量的同时，应更注重企业的质量和规模，要"打造总部企业集聚地"，吸引一批在业内具有行业号召力、品牌影响力和高市场占有率的总部型企业在盐田扎根发展，让"集聚效应"带来数量级的效益增长。二是必须坚持高端发展，避免"重制造、轻设计"的发展方式，不要一味地同质化、低端化竞争，要注重品牌培育和产品创新，要认真研究、充分吸纳嘉宾提出的建议，大力支持辖区企业提升品牌价值，积极搭建产业公共服务和创意设计"两个平台"，实现从"盐田制造"向"盐田创意"的蜕变。三是必须坚持低碳发展，黄金珠宝产业在节能减排方面不会降低标准，将会实施更加严格的产业准入政策，将生态影响、污染排放、环境风险、节能降耗、公众评价作为新设施、新项目的刚性指标，支持鼓励企业的设备改造和技术革新，坚决淘汰一批落后产能和落后工艺，开创产业发展与生态环境"双赢"的新局面。四是必须坚持创新发展，在鼓励企业实施品牌化和网络化经营，大力拓展国内销售网络和电子商务销售渠道的同时，还要将盐田的旅游时尚元素与打造"盐田珠宝"整体品牌相结合，支持一批珠宝时尚和旅游购物元素紧密结合的特色消费项目，让这一传统产业在深度融合发展中焕发新的活力。

时任盐田区长杜玲在论坛上致开幕辞，对出席论坛的各位来宾和社会各界朋友表示了热烈的欢迎和诚挚的感谢。她指出，此次论坛以高端、低碳、创新为关键词，把目光聚焦在黄金珠宝产业转型发展上，很荣幸地邀请到诸位行业领军人物、知名专家学者，期望借助大家的智慧和力量，进一步明晰未来黄金珠宝产业发展的方向和路径，帮助盐田更好地谋划推动辖区产业转型升级和"新品质新盐田"建设。杜玲强调，盐田黄金珠宝产业经过20余年的厚积薄发，亟须打响品牌、增创品质、做大做强。盐田区委、区政府将坚持差异化、高端化发展的产业定位及发展目标，以务实的态度、创新的思路，有决心有信心推动辖区黄金珠宝产业实现脱胎换骨的转型，在高起点上形成新的产业增长极，力争利用 3 到 5 年时间，将盐田这条优美的"黄金海岸"打造成为享誉海内外的"黄金走廊"。她真诚希望各位专家学者和业内精英，立足"新品质新盐田"论坛这个高层次、开放性的平台，为盐田黄金珠宝产业发展集思广益、汇集智慧；也欢迎大家多到盐田走走看看，多到辖区的黄金珠宝企业调研指导。并预祝第三届"新品质新盐田"论坛取得圆满成功。

出席会议的嘉宾围绕高端、低碳、创新，黄金珠宝产业转型发展这一主题从不同角度进行了主旨发言。中国地质大学（武汉）珠宝学院院长杨明星从学者角度看行业发展态势，对盐田区在创意设计、吸引专业人才方面提出建议。他提出，要以技术创新推动盐田珠宝产业的发展。"建立一个珠宝产业联盟，吸纳科研院所、工艺大师参与，产业的发展就是要把这些活跃的要素都吸纳进产业里，才能汲取不竭动力，保持珠宝产业历久弥新。"杨明星认为，对于一个企业来说，仅仅能面向生产、面向市场，但是在产品研发、技术开发、技术的原始积累这些方面来讲，还是需要有一些科研院所以及相关机构的参与，这样才能够让盐田区的珠宝产业更有竞争力。

中国黄金报社党委书记崔建国一连抛出了三个问题：盐田区要扬帆远航，我们应该借鉴什么？注重什么？突出什么？他认为，盐田区就是一个环保、低碳的"代名词"。发展黄金珠宝产业，很重要的一点就是要把研发和人员的培训、教育放在领先的地位。"比如我们的研发基地，将来理所当然会成为全国最高端、最具规模，甚至包括个性化定做等方面中心基地。在员工培训特别是高技术人才引进方面，我认为盐田区在这方面处于领先地位，可以保证珠宝黄金产业人才源源不断的供给，从而保持后续有力的生机。"崔建国表示。

深圳市百泰珠宝首饰有限公司总裁曹阳介绍了企业低碳生产的先进做法，以及对中小企业如何迈向高端、做大做强提出了建议。中国民生银行深圳分行副行长莫小锋介绍银行在支持行业转型发展中的新型业态，金融创新等相关问题。国家珠宝玉石质量监督检验中心主任毕立君针对珠宝行业产品质量管理及监控，向政府提出了营造规范、有序的市场环境的意见和建议。

　　嘉宾们各自发言后，还就盐田区黄金珠宝产业转型升级、做精做强等问题进行了现场交流，一些黄金珠宝产业从业人员也就自己关心的问题对嘉宾进行提问，嘉宾们一一做了精彩解答，将论坛的气氛推向了新一轮的高潮。① 事实表明，这次论坛的成功举行，对盐田珠宝产业的转型升级和低碳经济发展起到了较大的推动作用。

二　腾笼换鸟，推动产业转型升级

　　盐田土地面积极为有限，一些落后的传统产业不但资源、能源耗费大，而且对环境造成严重污染，同时还制约了高新技术产业的发展空间。因此，要大力发展低碳经济，就必须采取断然措施对传统产业进行改造升级。正是基于这样一种考虑，2012 年 9 月，盐田区委区政府出台了《关于加快产业转型升级的实施方案》，提出：要腾笼换鸟，盘活存量；因地制宜，培育增量；打造品牌，提升质量；着眼长远，把握变量；强化服务，汇聚力量等，为盐田未来的产业发展寻找新的突破。

　　所谓腾笼换鸟，盘活存量。就是要推动老工业区转型升级、实施土地整备腾挪发展空间、推动仓储企业转型升级、推动国有经济和集体经济转型升级、引导产业有序转移、逐步淘汰低端企业和落后产能。具体说来就是分期分批推进田心工业区、太平洋工业区、金斗岭工业区、积美工业区等传统老工业区转型升级工作，要有步骤地对原村集体股份公司所属的低效益工业区实施整合改造和功能置换，引进符合辖区发展要求的战略性新兴产业和高成长性中小微企业，推动辖区产业和人才配置高端化发展。

　　所谓因地制宜，培育增量。就是指推动东部沿海时尚消费中心建设、推动东部生产性服务中心建设、推动金融服务业发展、推动文化创意和电子商务产业融合发展、培育企业改制上市、加大自主创新型企业培育引进力度。要充分利用盐田港保税物流园区政策和区位优势，支持物流企业产业链升级，大力发展消费品进口增值业

---

① 《开创产业发展与生态环境双赢新局面》，《深圳特区报》2014 年 8 月 28 日。

务，拓展内需市场。加快完善旅游消费设施，发展新型商贸消费业态，培育海滨休闲文化氛围，完善旅游购物和康体娱乐配套设施，改造并形成若干特色休闲购物街和主题各异的休闲文化广场，营造良好的消费氛围，繁荣盐田商贸服务业。

所谓打造品牌，提升质量，包括加快推进国际贸易示范区建设、推动旅游业高端化发展、推动生物医药产业集聚式发展、打造黄金珠宝创意设计集聚区、推动加工贸易型企业转型发展。加快推进盐田港现代物流中心建设，推动盐田港物流与阿里巴巴合作打造"全球物流商贸城"。引进一批具有较强市场影响力的国际贸易企业，具有世界性经营网络、强大供应链管理能力的第三方物流企业，以及跨国公司的采购和分拨配送机构，打造辐射深圳和华南地区的进口商品综合物流商贸平台。特别是要注重扶持华大基因做大做强，并以此来作为提升辖区自主创新能力和发展特色战略性新兴产业的重大举措。

着眼长远，把握变量。包括加快推进盐田综合保税区申报和建设、合理规划科学开发东港区空间资源、推动中英街振兴发展、加快推动盐田旧墟镇更新改造、加快推动小梅沙整体改造、积极推动梅沙口岸恢复使用。要巩固、提升盐田海鲜街现有优势，重点利用海鲜街与海零距离和作为传统老渔港的优势，注入海洋主题餐饮文化元素，形成特色餐饮服务区。建设和完善为海员及其他商务游客提供旅游休闲、文化娱乐等方面的服务设施，打造独具特色的"渔人码头"。把推进梅沙口岸恢复使用作为完善辖区绿色交通体系、提升城区功能和发展高端旅游业的战略举措。推动盐田区成为深圳东部地区交通和旅游枢纽。

所谓强化服务，汇聚力量。就是建立"区产业转型升级工作联席会议"制度、创新服务企业机制、加大政策扶持力度、加强人才引进和服务、明确街道和职能部门工作要求。要及时了解企业发展态势，解决重点突出问题，为企业提供专业细致的服务。加大对人才创业的扶持力度，解决引进人才在保障性住房、子女就学、家属安置、科研启动资金等方面的问题。

正是在这样的指导思想下，盐田区委、区政府加快了田心老工业区的改造步伐，决心将其转变为低碳经济的发展模式，通过引资改造的方式，将其打造成为一个国际创意港。2012 年 7 月 23 日，在来自全国电子商务行业和创意文化产业众多企业代表的共同见证下，灵狮文化产业投资有限公司与盐田区政府及第一批 30 家意向入驻企业举行了签约仪式，宣布正式启动盐田田心国际创意港项目。时任盐田区委书记郭永航、区长杜玲等区领导出席签约仪式。郭永航在签约仪式上表示：田心国际创意港项目，既是产业发展项目，又是社会民生项目、城区建设项目；既有利于改善产业结构，又有利于改善人口结构和城区功能结构。该项目的正式签约，为全面打造"新品质新盐田"，加快建设现代化国际化先进滨海城区注入了新的强劲动力，必将成为盐田区产业发展史上的一座里程碑。

盐田田心国际创意港是一种双复合的商业模式，即以设计创新整合制造、科技、销售的新模式和以创意文化为内容、以电子商务为新市场平台的电子商务创意化两者的结合，形成"文化创意+电子商务"的双轨驱动模式。该创意港拟建成深圳首个体验式创意文化+电子商务产业园，形成以电子商务和创意文化为核心产业，具备创意设计、研发、交易、展览等综合功能，以及配套展示中心、酒店、主题餐馆、书吧等，成为融办公、休闲、购物、旅游为一体的复合型、体验式的综合产业园。盐田田心国际创意港将给盐田区植入全新的"两区一模式（平台）三中心"产业发展模式，形成总部型、创新型文化电商企业集聚区；形成深港文化电商产业合作先行区；建立市场化全产业链运营（赢利）模式和全产业链模式下服务"文化+电商"为特色的基础与增值服务公共平台；形成区域性文化电商产品创新（研发）中心；形成区域性文化电商产业对接推广（专利）中心，形成区域性文化电商产品市场集散中心。

盐田田心国际创意港是盐田区政府在推进"新品质新盐田"的战略目标中，根据盐田社会经济发展实际情况和未来产业结构发展趋势而进行的改造升级典型案例。作为盐田区政府主导的重大改造项目，盐田田心国际创意港的创建，为盐田区战略性新兴产业发展腾出宝贵空间，成为推动盐田区产业转型升级的战略突破口。①

三　促成新型科技企业的快速崛起

盐田在促进黄金珠宝产业发展和对传统产业升级改造的同时，特别值得一提的是，一批新型的科技企业在盐田区也得到了蓬勃发展。

积极发展高新技术产业，努力吸引符合低碳经济发展理念的高新技术产业项目落户盐田，这是盐田区经济工作中的一个重点。进入 21 世纪以来，盐田引进了华大基因研究院、中兴通讯研发培训基地等一批重大高新技术产业项目，同时加大对拥有自主创新能力企业的扶持力度，成功培育了一批成长性好、有技术含量和自主知识产权的民营科技企业，初步建立了以企业为主体的研发、孵化基地，构建起区域技术创新体系。到 2005 年，全区已认定的高新技术企业共 16 家，其中计算机设备、基础元器件、新材料等行业形成了较强的竞争力。逐步形成了具有盐田特色的高新技术产业群落。用当时媒体的话来表述，那就是"盐田区委、区政府克服土地资源匮乏、经济基础相对薄弱等不利因素，以优美的环境吸引人、美好的前景留住人、切实的激励机制鼓舞人、优质的政府服务帮助人，吸引大批科技人员和归国留学人员来盐田创业，民营科技企业发展形势喜人，成为辖区自主创新和科技产业发展的主要载体"。盐田区正是靠"优美环境吸引人、优质服务帮助人"，从而成为了"科技创新沃土"。②

2011 年 11 月 16 日，《深圳特区报》再次以《盐田强力推进精品和特色提升战略》为题，详细报道了盐田高新技术产业发展的概貌。

报道以"华大基因在即将拉开第十三届中国国际高新技术成果交易会帷幕的深圳会展中心，一连召开两场新闻发布会——中国农业科学院深圳生物育种创新研究院揭牌暨与国际水稻所合作签约、

---

① 《盐田田心工业区将变身产值 500 亿国际创意港》，《深圳商报》2012 年 7 月 24 日。

② 《深圳盐田成科技创新沃土》，《深圳特区报》2006 年 10 月 17 日。

重大科研项目启动仪式新闻发布会和深圳基因产学研资联盟新闻发布会，以此展示参展高交会的优美姿态和丰收期待。同时，这也是盐田区近年来高新技术产业发展规模和前景的缩影"为开头，指出：盐田区委、区政府全面落实科学发展观，带领全区人民创新思路、开拓进取，坚持在紧约束条件下求发展，强力推进精品战略和特色提升战略，推动产业转型升级，促进科技产业向高端化、特色化、融合化方向发展，呈现出喜人的态势。

报道认为，盐田区的高新技术产业已初具规模，从总体上看，全区近年来生物科技、平板显示、新能源、物流信息等特色产业正在蓬勃发展，形成了四大特色：一是以华大基因为代表的生物科技企业继续保持迅猛发展势头。2011 年 1 至 9 月，华大基因签约额达 7.94 亿元，同比增长 75%，实现收入 4.77 亿元，同比增长 104%，纳税 1797.9 万元，同比增长 113%。至此，华大基因的测序业务已占国内市场份额的 80%。与此同时，国际市场也进一步拓展。继美洲、欧洲全面布局之后，2011 年又在澳洲、韩国、日本、印度、新西兰等亚太地区开展了科技合作项目，使华大在全球的合作伙伴超过 1 万家，与世界排名前 20 位的制药厂中的 15 家建立了业务联系。其他企业表现也十分亮眼，如安多福消毒高科技有限公司，已打造成我国人体消毒、养殖消毒和防疫消毒的首选品牌；海滨制药公司的主打产品美罗培南原料药，占据全球市场份额第一的优势，其影响力正在进一步扩大。2011 年以来，该公司产值 8.01 亿元，同比增长 39.8%，销售额达 3.83 亿元。

二是以深圳市兴隆源科技发展有限公司为代表的新能源产业崭露头角。兴隆源公司是在盐田区扎根和快速成长的高科技企业，专业从事太阳能和"风洞"型高效微风发电应用产品的研发、生产与销售，其产品 2009 年被市政府认定为自主创新产品，并入围政府节能采购目录。2011 年 1 至 9 月实现销售收入 4913 万元，同比增长 151%。与此同时，该企业正积极参与盐田区科技创业园太阳能光伏屋顶项目建设，对全区推广低碳节能项目起到一定示范和带动作用。

三是以中显微为代表的先进制造业蓬勃发展。在盐田区以制造业为基础的工业发展进程中，制衣制鞋等低端加工业所占比例逐年减小，具有自主知识产权和科技含量的先进制造业蓬勃发展，涌现了中显微、先进微和安科讯等一批科技产品制造企业，发展势头良好。2011 年 1—9 月份实现产值 39.93 亿元，同比增长 8.2%。其中，中显微公司实现销售收入 1.7 亿元，产值同比增长 64%。安科讯公司则依靠多年积累的行业技术经验和自身强大的研发、创新能力，在移动多媒体及彩色平板显示领域不断取得新突破，从过去的单一加工型企业成功转型为融研发、生产、加工、销售为一体的中大型民营企业，2011 年 1—9 月实现销售收入 1.5 亿元。

四是物流信息产业优势凸显。2011 年 10 月 11 日，盐田港国际物流信息平台正式启用。该平台建设和运营集中体现三"新"特点：其一是运营模式新，平台采用"政府引导、企业经营、市场运作"的全新运营模式，政府通过给予一定的资金支持，确保平台运作的公益性方向；企业通过商业模式做大做强，实现"以商业运营支撑公益平台发展"的目标，有效地解决了当前国内其他港口物流信息平台所遇问题；其二是服务模式新，平台很好地解决了"信息孤岛"问题，实现海关监管部门、船代、货代、码头、堆场及拖车等各个环节间的信息互通和资源共享，凭借网上招投标、国际采购、电子支付、信用体系查证等功能，对现代物流业国际供应链环节进行整合，提供从交易到结算、从物流服务到口岸通关、从信息共享到供应链电子商务一体化服务的新模式；其三是信息技术新，平台采用云计算、GPS/GIS、3G 等新兴信息技术，为辖区物流业正常运作提供了全天候的保障体系。

同时，该报道还认为盐田区的区域科技创新体系正在逐步完善，其突出表现就是盐田区委、区政府一方面努力克服土地资源匮乏、经济基础相对薄弱等不利因素，在辖区可利用土地十分缺乏的情况下，正在大力实施服务科技型中小企业的"绿色通道"和"蓝色通道"计划，培育和发展区域特色的高新技术产业，建立和完善扶持科技创新，构筑科技创业公共平台。北山科技创业园已投入运行，盐田区科技创业中心、投资服务中心等服务机构健全，政府各有关部门和服务机构为企业排忧解难，帮助科技企业获得相应的政策优惠。另一方面为了大力培育和发展具有辖区特色的高新技术产业，盐田区委、区政府在预算安排上大幅度增加科技经费。1998年，盐田区政府科技经费为150万元，到2011年即达到5000万元，占区本级财政一般预算支出的2.3%。在2011年，盐田区又进一步调整和完善了产业发展资金政策体系。首先，将原"科技和企业发展资金"更名为"产业发展资金"，实现了资金对辖区产业发展全覆盖。其次是丰富资金的管理体系，增设《盐田区总部企业扶持办法（暂行）》，加大对总部经济的支持力度；出台了《盐田区企业贷款担保风险补偿金管理办法（暂行）》，为解决在实际运作中面临的新情况、新问题提供了政策依据。再次，进一步完善资金管理的现有框架，重新梳理使用范围，新增了标准化战略资助、搭建融资平台和公共服务平台资助等内容，拓宽了资金的惠及面，并将"奖励"和"搭建融资平台"纳入资金使用方式，规范资金的使用渠道。最后，对《企业研发投入资助计划操作规程》《企业无息借款计划操作规程》等四个操作规程进行修订，准确对接新的管理办法和要求。此次调整，不但将资金的目标和方向升级为"推动产业转型发展，创新发展，低碳发展"，而且通过增设资助范围、拓宽使用渠道等方式，丰富了资金的内涵。

四　硕果累累的深圳华大基因研究院

在谈到盐田高新技术企业发展情况时，便不能不特别提到科研成果极为突出的、坐落于盐田北山道的深圳华大基因研究院。

华大基因是一个以学、研、用为主的专门从事生命科学的科技前沿机构，其研究领域涉及人类、医学、农业、畜牧、濒危动物保护等分子遗传层面，主要是为消除人类病痛、加强濒危动物保护、缩小贫富差距等方面提供分子遗传层面的技术支持。1999年9月9日，随着"国际人类基因组计划1%项目"的正式启动，北京华大基因研究中心在北京正式成立。进入21世纪之后，为了更好地抓住新技术突破的机遇，华大基因主力于2007年南下深圳盐田，成立了致力于公益性研究的事业单位深圳华大基因研究院。2009年12月，华大基因又与国家农业部和深圳市人民政府共建了"基因组学农业部重点实验室"。在国际合作方面，华大基因已启动了"中丹合作糖尿病项目""中国欧盟合作肠道微生物项目"，并与丹麦科学家成立了"中丹癌症研究中心"。

华大基因自 1999 年成立以来，坚持"以任务带学科、带产业、带人才"，先后高效率、高质量地完成了人类基因组计划"中国部分"（1%）、国际人类单体型图计划（10%）、水稻基因组计划、家蚕基因组计划、家鸡基因组计划、抗 SARS 研究、炎黄一号等多项具有国际先进水平的科研工作，为中国和世界基因组科学的发展做出了突出贡献，奠定了中国基因组科学在国际上的领先地位，在 Nature 和 Science 等国际一流的杂志上发表多篇论文；同时建立了大规模测序、生物信息、克隆、健康、农业基因组等技术平台，其测序能力及基因组分析能力位居亚洲第一、世界第三。

2009 年 12 月 7 日，国际著名科学期刊《自然》在其生物技术分刊 Nature Biotechnology 上发表了由深圳华大基因研究院和华南理工大学合作研究撰写的《构建人类泛基因组序列图谱》。据介绍，目前国际人类基因计划基于欧洲人 DNA 完成的参考基因组序列，是绝大多数人类基因组学研究的数据基础。多年来，大多数科学研究都认为每个个体的基因组均与该参考基因组相似，仅有替换或重排性质的变化。而华大此次发表的基因组学研究成果，作为全球第一个通过新全基因组组装方法对多个人类个体基因组进行拼接，对人类参考基因组序列进行补充，以充分的分析指出了人类基因组中存在"有或无"型的基因变异，从而首次提出了"人类泛基因组"的概念，即人类群体基因序列的总和。该论文树立了新的人类基因组测序标准，并指出了未来医学研究的方向，反映了我国基因组学在世界的领先地位。

2010 年 12 月，Science 杂志公布了"2010 年十大科学突破"，分别为量子机械、合成生物学、尼安德特人基因组、下一世代的基因组学、RNA 的重新编程、外显子组测序/罕见疾病基因、量子模拟器、分子动力学模拟、大鼠的回归与 HIV 预防，深圳华大基因研究院在"下一世代的基因组学"及"外显子组测序/罕见疾病基因"中获得 6 项科研成果。另外，Science 杂志同时还编辑了十项自 2000 年以来改变科学的见解，华大基因对"人体内微生物群落"的研究发现也有突出贡献。而就在 2010 年这一年中，华大基因已在 Nature、Science 等国际一流科学期刊发表论文 12 篇，充分证明了中国基因组科学已在国际上居领先地位。此时的华大基因测序业务已占到国内市场份额的 80%。与此同时，国际市场也进一步拓展，目前，华大在全球的合作伙伴已超过 1 万家，世界排名前 20 位的制药厂有 15 家与华大基因建立了业务关联。华大基因还正式启动了"3M"大型项目（即百万人重测序计划、千种动植物和百万物种重测序计划及百万微生态测序计划），以占据生命科学的资源制高点。

2013 年 2 月 20 日，全球权威科技商业杂志——麻省理工《科技创业》杂志（MIT Technology Review）评选出 2013 年全球最具创新力技术企业。华大基因以其在生物医学领域的突出贡献，成功入选 50 强。麻省理工《科技创业》杂志创刊于 1899 年，是麻省理工学院旗下杂志，也是全球历史最悠久的科技商业杂志，2013 年全球最具创新力的 50 强企业是由该杂志的编辑提名，这些企业在过去的一年中证明了技术的原创和价值，将技术大规模地引入市场，并且对竞争对手有明显的影响。上榜的企业涉及能源和材料、互联网和数字媒体、计算和通信、生物医学、交通等多个领域，它们代表了颠覆性的创新并最有可能改变我们的生活。

麻省理工《科技创业》杂志发行人及总编 Jason Pontin 表示："技术变化的速度是惊人的。这些最前沿的企业，体现了颠覆性创新，将超越竞争，改变一个行业并改变我们的生活。华大基因就是一家这样的企业，它完成了全球数量最多的基因组测序并正在成为全球基因服务的提供商。"[1]

2013 年 6 月 20 日，自然出版集团发布首份全球自然出版指数：《2012 全球自然出版指数》（Nature Publishing Index 2012 Global）。华大基因在"全球 200 强"科研机构榜单中名列第 119 名。该报告首次根据自然出版指数对全球各个国家及科研机构进行排名。凭借303 篇研究论文及 151.83 个贡献点数，中国在"全球 100 强"国家

---

[1]《华大基因入选麻省理工〈科技创业〉杂志 2013 全球最具创新力 50 强企业》，测序中国网（http：//www.seq.cn/portal.php？aid＝203&mod＝view）。

榜单中排名第六。中国的突出贡献来源于生命科学、化学、物理、地球及环境科学四个领域。报告指出，自 2011 年以来，中国对自然出版指数贡献的增加，表明中国迅速提升的高质量科研产出。

在 2012"全球 200 强"科研机构榜单中，中国机构占据了 9 席，而 2011 年中国只占据 3 席。登上榜单的中国科研机构有：中国科学院（第 12 位）、中国科技大学（第 72 位）、清华大学（第 88 位）、北京大学（第 93 位）、上海交通大学（第 116 位）、华大基因（第 119 位）、浙江大学（第 163 位）、华中科技大学（第 179 位）、复旦大学（第 199 位）。①

2015 年 8 月 14 日，《深圳特区报》又一次以《华大：在深圳建起"世界基因工厂"》为题，报道了华大基因在将科研成果转化为生产力方面的突出贡献。文章简要回顾了华大基因的成长过程，并指出：2007 年，从中科院体制内"出逃"的华大基因来到深圳，在盐田开始了基因事业。在汪建看来，华大真正高速成长，正是 2007 年到深圳以后。8 年来，华大不仅主导或参与完成国际顶尖"千人基因组计划""国际大熊猫基因组计划"等，还在世界顶级科学杂志上发表了大量高质量论文。华大的角色也实现了从人类基因组计划时的"参与者"到"引领者"的跨越。华大还通过"走出去"战略，利用境外资源，实现了快速发展。美国前副总统戈尔在新书《未来：改变全球的六大驱动力》中，多次提及深圳华大基因，将其誉为中国崛起的代表。比尔·盖茨在给汪建的信中，称"华大成立以来，在基因测序、基因组学和生物信息学方面取得的成绩，让我印象深刻"。同时，基因科学相关领域多位诺贝尔奖得主先后到访华大基因。文章特别提到，进驻深圳后，华大另一个变化是科学研究和产业化两条腿走路。2007 年、2008 年，华大基因的收入分别是 4000 万元、1.2 亿元。到 2009 年，华大基因的科技服务年度销售额就有 3.43 亿元，2010 年猛增至 10.37 亿元，2011 年达到 12.63 亿元。

---

① 《首份全球自然出版指数出炉——华大基因名列"全球 200 强"科研机构》，《深圳特区报》2013 年 6 月 23 日。

2016 年 2 月 23 日，新华社播发了题为《华大基因：解读生命奥妙谱写产业华章领跑全球同行》的通讯，该文认为，作为解读"生命密码"的技术，基因测序是世界各国竞相发展的未来产业。在全球基因测序的竞技场上，以华大基因为代表的中国力量正释放出越来越强大的能量。文章还指出：

> 2015 年，英国自然出版集团首次发布科研合作分值以及全球科研合作情况，华大基因超越 IBM、罗氏、三星、诺华制药、葛兰素史克等世界一流企业，位列全球产业机构合作排名首位。
>
> 这不是华大基因第一次问鼎全球基因相关领域。华大基因自 1999 年成立以来，参与了人类基因组计划，并承担其中的 1%工作。2007 年，华大基因南迁深圳，开始以一家民营基因测序中心的身份，在科研和产业两个领域向全球领跑者地位发起冲刺。
>
> 位于深圳盐田区总部的 7 楼展厅里，华大基因在世界各个顶尖科研期刊上发表的论文集结于此，形成一面巨大的"论文墙"。华大基因迄今发表论文 1355 篇，有 1258 篇被 SCI（美国《科学引文索引》）收录，其中 213 篇发表于《自然》《科学》《细胞》《新英格兰医学》。这些论文的平均引用率达到 61 次/篇，而全国是 6.51 次/篇，全球是 9.8 次/篇。
>
> "中国的科学研究，很长一段时间一直扮演追赶者的角色。但在基因研究的马拉松比赛中，华大基因处于第一梯队，时不时还能领跑。"华大基因董事长汪建说。
>
> ……
>
> 记者了解到，在包括无创产前基因检测等领域，华大基因正走在行业前列。数据显示，截至 2016 年 2 月，华大无创产前基因检测覆盖全球 62 个国家的 2000 多家医疗机构，共检测 92 万多例，准确率达 99.9%。
>
> "解读生命奥妙，谱写产业华章，体验精彩人生。"这是华大基因在实践中形成的价值观，他们希望通过科学到技术的无缝转化、普及应用，最终造福人类，并由此向世界展示中国科

学家的追求和情怀。①

的确，深圳华大基因正以自己的杰出成就，展现了中国高新技术产业发展的强劲势头，也为盐田区低碳产业发展做出了独特的贡献。

第三节　着力打造绿色港口

港口是促进世界经济增长的动力，也是重要的耗能单位和污染源头。在全球气候、环境不断恶化的形势下，随着"绿色经济"理念在世界范围内推广，越来越多的国家开始意识到航运业与全球生态环境保护的紧密联系，港口界也提出了努力发展绿色港口的目标和期望。

一　绿色港口是"新品质新盐田"的象征

国家的"十二五"综合交通运输体系规划中，提出了强化节约资源、保护环境的指导思想，强调要坚持绿色发展、切实推进绿色交通系统建设。具体来讲，就是要加大节能减排力度，努力控制交通运输领域温室气体排放，全面提高综合交通运输体系可持续发展能力。党的十八大报告更是把大力推进生态文明建设提升到战略高度，正是在这样的历史背景下，打造绿色港口就显得十分迫切。

在2011年12月召开的盐田区第四次党代会一次会议，时任区委书记郭永航代表第三届委员会向大会报告，报告提出盐田区要提高经济发展的质量和效益，打造"新品质新盐田"，加快建设现代化、国际化的先进滨海城区。港口物流、山海旅游是盐田最具特色的产业形态，因此打造绿色生态港区，对于建设"新品质新盐田"就具有强烈的象征意义。

---

① 新华网（http：//news. xinhuanet. com/2016－02/23/c＿ 1118131648. htm？from＝singlemessage&isappinstalled＝0）。

　　盐田港有着可与当今世界任何国际大港相媲美的天然地理条件——大鹏湾海域达 250 平方公里，水深达 14 至 21 米，无泥沙淤积，无深海潜流，具有良好的避风条件。港区拥有可供兴建深水泊位的海岸线 6.7 公里，可供开发建设港口配套设施的后方陆域和港区面积 17.96 平方公里，是发展集装箱码头的理想地方。自开港以来，盐田港的集装箱吞吐量持续增长，已发展成为全国集装箱吞吐量最大的单一港区，也是目前中国大陆远洋集装箱班轮密度最高的单个集装箱码头。作为中国四大国际中转深水港之一，盐田港单港集装箱吞吐量全国第一，拥有世界最先进的操作系统和最现代化的装卸设备，平均岸吊操作效率稳定保持在 35 吊次/小时以上，达到业界领先水平。盐田港后方陆域是全国最大的临港仓储基地，集装箱堆场 23 个，堆场面积 74.1 万平方米。作为中国南方的港口明珠，盐田港从建设之日起就高度重视生态建设，大量采用新技术新方法保护地区的生态环境，将港口发展和资源利用、环境保护有机地结合起来，把环保理念纳入到企业发展和运营当中，实施港口资源科学布局和合理利用，走出一条资源消耗低、环境污染少、增长方式优、规模效应强的可持续发展之路。

二　通过技术革新来实现节能环保

　　盐田国际作为集装箱港口企业，生产设备主要是岸吊和龙门吊，刚建立之初，主要采用柴油机发电，油耗高、能效低、废气噪声大、成本高。为了保护盐田的生态环境，盐田国际自 2007 年起就积极推动"建设绿色环保港口"行动，先后开展了油改气、龙门吊"油改电"、岸吊线路节能调整、堆场泛光照明技术、太阳能路灯和热水器、中央空调变频等节能项目改造，将环保措施应用于日常生产，同时致力于应用和推动新兴环保科技。

　　一是实行油改电项目。2006 年起，盐田国际就开始对龙门吊进行"油改电"改造，使原来由柴油发动的生产机械改为电力发动。据统计，全球的货运港口中采用柴油发动的龙门吊将近 70%。这种柴油发电的龙门吊，由于柴油燃烧不充分，不仅耗能严重，而且废气排放多，噪声污染大，运营成本很高。龙门吊"油改电"项目是深圳市当时的一项大型节能减排示范项目，该项目的核心技术之一是把电网上的电能安全输送到移动的吊机上，使吊机以电为动力工作。这项技术的难点首先是要保证堆场吊机的灵活机动性，以完成港口繁忙的集装箱操作；其次是要保证输电后工作的吊机的安全性，以保护现场工作人员。经过反复测试和比较，盐田国际采用"低架式滑触线供电系统"，即通过架设两条 T 型双侧对称的支架对龙门吊进行双侧供电，使吊机通过支架上的滑触线提供的电流行走和操作。这样既能保证系统的运行稳定，同时也达到了国际安全标准和 IEC 国际电工标准。结合港口设备需在户外工作的特点，项目中还使用了大量安全联锁保护功能和安全防护设计，保证改造后的设备可以全天候工作，甚至可以抵抗 10 级以上的台风。龙门吊滑触线供电改造项目可克服柴油机械损耗及发电机功能损耗大、能效低的特点，在大幅节省能源的同时，有效消除废气污染及噪声污染。"低架式滑触线供电系统"已在港口 114 台设备上进行了改造和测试。改造后的龙门吊每台每吊次可节约燃油成本 80%，噪声从 110 分贝减少至 60 分贝；减少废气排放更达 95%，年减少二氧化碳排放 5 万余吨。现在，盐田国际已是国内"油改电"设备规模化应用程度最高、技术方案最为成熟的码头之一，项目实现的碳减排成果等于一年减少了 1 万台排量为 2.0 升汽车向空气中排放废气。

二是实行油改气项目。因港口所需拖车马力大、技术要求高、气源要求稳定，长期难以使用 LNG（液化天然气）。盐田国际携手其他厂商成功突破了这一技术难题。2009 年年底，国内首批以 LNG 为动力的 9 辆集装箱拖车在盐田国际集装箱码头正式投入运营。盐田国际是国内第一个使用天然气拖车的码头，使用天然气和使用普通的燃油相比，其最大的优势在于其排放的清洁性。经过测算，与同等马力的柴油拖车相比，液化天然气拖车的环保效果明显。其中，一氧化碳下降 99%，碳氢化合物减少 83.3%，颗粒悬浮物减少 80%—90%，天然气拖车可综合降低废气污染排放量 82%。可以说，LNG 拖车的使用大大改善了港区及港区周边的空气质量。

三是实行岸电项目。所谓"岸电"，是指靠泊港口的船只关闭船舶自备辅助发电机，转而使用港口方提供的清洁能源向主要船载系统供电。2015 年，盐田区"大手笔"投入，推进一个大项目建设——岸电项目。大船自己的发电机是要烧油的，并且烧的是重油，污染很大，使用清洁能源岸电，就避免了这一大污染。这是一个试探性的过程，考虑到成本、效率，做成可移动的端口，哪个码头、哪个泊位要用就移到哪儿去。

四是实行整体节能。为了提高节能的效率，盐田国际制定了港口整体节能方案，一方面积极推动太阳能等绿色技术的应用。如，将港区所有的路灯都改成了新颖的太阳能路灯，实现了零电耗；在工程维修中心、机修车间、消防楼等多处，安装了 70 台太阳能热水器，每年可节电 12 万千瓦时；盐田国际现有的岸吊全部采用新型 LED 灯，这种灯以耐用和低能耗为优点，使用寿命可达 5 万小时，是荧光灯的 17 倍，而耗能只有 10 瓦，不及荧光灯的四分之一；办公照明采用新型节能灯具与原使用的电感式灯具比较，可节省电能 15%—20%。另一方面又注重细节节能。堆场照明则根据夜间拖车流量的变化，设置为半夜灯泛光照明，即午夜 12 点后亮灯数量自动减半。空闲时间达 15 分钟后，岸吊自动关控制电源，步道灯开灯 15 分钟后自动关灯。岸吊的节能解决方案全部实施后，可节省电能约 20 万千瓦时/月；堆场全部泛光照明安装智能路灯节电器后，一年可节电约 90 万千瓦时。在工程维修中心、机修车间、消防楼等多处均安装了太阳能热水器，以实现零电耗。另外，还积极推进降频节能。2009 年 11 月 19 日，交通运输部科技司、水运局在盐田国际召开科研项目成果鉴定会。对"龙门吊降频改造"等港口科研项目进行鉴定。"龙门吊降频改造"是交通运输部 2009 年设置的 20 个联合科技攻关项目中的一项，该技术通过降低柴油机组转速，达到节能减排的目的。盐田国际工程人员通过技术攻关，实施了调整柴油机发电机参数、改变转速和电压、更换部分电气元件如液压推杆等方法，成功将 132 台龙门吊柴油机转速由每分钟 1800 转降低到 1500 转，使龙门吊每台每月减少燃油 2400 升，减少 16% 的尾气排放，全年节油更达数百万升。空调经过改造，目前已采用变频技术，自动调节冷却/冷冻泵机组，可节省 15%—20% 的能耗。

五是实行绿色建筑节能。盐田国际行政楼外墙主体为玻璃结构，热量会通过玻璃窗户散失，在夏季和冬季对空调造成的能耗尤为明显。盐田国际对大楼外墙玻璃进行了隔热贴膜处理，经现场测试，贴膜玻璃比没贴膜玻璃表面太阳能隔热率高 50% 以上。截至 2013 年年底，累计节约用电量 705 万千瓦时，共减少 6689 吨二氧化碳排放。而大厦中央空调用电量占大厦总用电量也从 2008 年的 60.2% 降到了 2013 年的 40.6%。2013 年年底，深圳市住房建设局委托的第三方机构——深圳市建筑科学研究院股份有限公司完成了盐田国际大厦的碳核查及碳清单编制工作。按照商业办公用电配额计算，盐田国际大厦配额总电量为 567.8 万千瓦时，核查结果显示盐田国际大厦 2012 年实际用电量为 564.9 万千瓦时，符合深圳市经济特区碳排放管理要求。

据测算，仅仅从 2006 年到 2009 年，盐田国际通过技术革新累计减少碳排放达 2.3 万吨，相当于种植了 100 万棵树木。2010 年 7 月，盐田国际因"节能减排"成绩优异，被授予"鹏城减废行动先进企业"称号，这是盐田国际第四次获得此项荣誉，也表明了社会各界对盐田国际在绿色环保方面的认同与赞许。

三　清洁生产、保护海洋

如果说节能降耗、大力发展循环经济是建设绿色港口的关键所在，那么清洁生产就是实现绿色港口的奠基石。作为国际大港，盐田港每天处理污水超过 800 立方米，年污水处理量达到近 30 万立方米，稍有不慎，就会对周边海水造成污染。然而，由于这里有一套完备的污水处理配套设施，使得机修车间、码头设备、集装箱、加油设施等产生的清洗污水及各类生活污水，都在经过油水分离等工艺处理后，达标排放。

伴随航运贸易量的增长，靠港盐田的船舶也持续增多。盐田国际将保护近港海域、减少靠港船舶对环境造成负面的影响也列入生产过程进行控制。以一艘行走亚欧线的集装箱远洋巨轮为例，它必须先向检验检疫局预申报，经审批合格后方可排放压舱水（船舶在航行过程中为稳定重心而注入的水体）；如果要排放生活污水，也要经特殊的水处理设备处理后，达到国家规定《船舶污染物排放标准》

后才可以排放入海。

为了净化港区的空气，盐田国际对所有港口机械都安装了空气过滤装置，防止排气超标。远洋船舶常常在海上航行达数十天，会产生大量的生活垃圾，港区认真细致地做好垃圾的处理工作，对回收的垃圾进行分类，普通垃圾由专业清理公司按不同类型进行打包或消毒。如果船舶经过疫区，就需要经过消毒或将垃圾进行焚烧后再处理。由于管理严格，近年来未发生任何垃圾污染事故。此外，废旧物资的回收工作也成效显著，仅2006年，盐田国际就回收港口作业中产生的废旧金属660吨，废旧轮胎1800条，有效地防止了以往垃圾乱扔影响港口环境的问题。为了加强对水质的检验，盐田国际每年还邀请独立第三方对码头出水水质进行检验，并与环境监测单位合作，共同在港区周围设立环境监测点，随时记录大气、水、声环境发生的变化等。为防止海面被不慎泄漏的船舶油污污染。码头前沿安装有4台溢油报警装置，24小时监测、感应海面是否有油污及扩散情况。监测结果将实时显示到计算机的地理信息系统中，为应急响应及清理提供指引。

四 大力培育绿色环保理念

盐田国际还十分注重在广大员工中大力培育绿色环保理念，并成立了环保工作小组，负责制定公司环保政策和实施绿色办公措施，对港区的生产流程实施环保监控，将环保措施和理念融入日常管理中，推动港口不断接近"绿色环保港口"的目标。同时，盐田国际在公司内部也成立了环保委员会，成员由相关管理层人员组成。他们需认真审核公司的环保现状，根据调查结果制订详细的环保攻坚计划，并持续跟进监督实施效果。根据环保委员会的规划，要让环保意识普及到码头的每一位员工、环保工作落实到每一个角落，并影响带动相关企业也参与进来。2006年，盐田国际被深圳市"鹏城减废"行动指导委员会评为先进企业，并授予"鹏城减废"证书。

盐田国际还积极鼓励员工踊跃参与社会上的各项环保活动。在美丽的园博园里、秀丽的笔架山上、绿色的城市中心公园中，栽种着许多来自盐田的"爱心树""枫叶杉"，这是多年来盐田国际员工为城市绿化做出的努力。2014 年 7 月 22 日上午，盐田港集团、盐田港股份、盐田国际集装箱码头公司于大鹏湾海域联合举行了大鹏湾海洋生态修复工程人工增殖放流活动，深圳市海洋局专家莅临现场指导，盐田港集团党委负责同志带领 20 余员工共同参与了放流活动。这是盐田港集团连续第六年举行海洋生态修复放流活动。这次活动共放流价值 20 万元的鱼苗 57 万尾，其中黑鲷鱼苗 50 万尾，紫红笛鲷鱼苗 7 万余尾。放流活动对补充和恢复生物资源的群体，改善生物的种群结构，维护生物的多样性起到积极的推动作用。同时，也会净化和改善水质，保护水域的生态环境。

五　制定严格环保制度，积极推进国际合作

要保护和改善好环境，需要有严格的制度保障。为此，盐田国际一方面认真执行国家的相关环保政策、法规，同时自身也相应地制定了严格的环境监测制度和环保措施。此外，盐田国际每年还会邀请独立第三方，对码头出水水质进行检验，并与环境监测单位合作，共同在港区周围设立环境监测点，以随时记录大气、水、声环境发生的变化等。

全世界一半以上的人口，生活在临近海岸的地带，这些地方创造着全球 60% 以上的物质财富。随着全球环境问题的日益严峻，港口作为人类经济活动的重要场所，面对的环境压力越来越大。为此，欧美一些发达国家的港口率先行动起来应对挑战，如长滩港实施的"绿色港口政策"、洛杉矶的"绿色码头"项目、鹿特丹 2020 年"清洁、环保港口"发展规划、东京港"恢复海边自然生态"的努力、纽约新泽西港建立"港口环境管理体系"、休斯敦港务局把环保理念注入整个组织，等等。这表明，发达国家在推行港口环保工作方面，已取得了长足的进展、积累了一定的经验。在这种情况下，盐田国际将合作的目光投向了太平洋彼岸的长滩港。美国长滩港不仅是全美第二大集装箱港口，而且也是全球绿色港口建设的楷模。双方在接触后，都对对方的环保经验与做法产生了浓厚的兴趣。2007 年 6 月 12 日，盐田国际与长滩港首次在环保上"强强联手"，正式签署《关于环境保护倡议协议备忘录》，双方期望通过签订

《协议备忘录》，使得双方可在与环境有关的问题上，包括野生动物保护、空气、土壤、水质量和可持续的实践等方面，进行合作。专家称，这体现了国内外港口对承担社会责任的共识，也显示国内港口以广阔的国际视野，积极开展国际交流，借鉴国际经验来促进环保事业发展的决心和信心。

总之，盐田港开港至今，始终坚持不懈地关注环境的可持续性发展，把环保理念纳入到企业发展和运营当中。特别是近几年，盐田国际在致力节能减排、打造绿色港口方面取得了骄人业绩，实现了企业效益和社会责任的双赢，为建设"新品质新盐田"做出了积极的贡献。

第四节　精心开拓低碳生态旅游

作为一个新型的海滨城区，由于独特的地理环境，旅游业已经成为盐田的支柱性产业。在创建国家生态区和建设新品质新盐田的过程中，盐田注重发挥自身的生态优势，把环境保护与旅游资源的开发有机地结合起来，精心打造能将两者紧密结合的精品工程，积极发展盐田的生态旅游。

所谓"生态旅游"就是指在绿色发展、循环发展、低碳发展理念的指引下，以保护生态环境为前提，以统筹人与自然和谐为准则，并依托良好的自然生态环境和独特的人文生态系统，采取生态友好方式而开展的生态体验、生态教育、生态认知并获得身心愉悦的这样一种旅游方式。这种旅游方式，必须以独特的自然生态、自然景观和与之共生的人文生态为依托，并且要将促进旅游者对自然、生态的理解与学习作为重要的内容，从而提高旅游者对生态环境与社区发展的责任感，最终形成可持续发展的旅游区域。因此，生态旅游方式对保护生态环境具有十分重要的意义。虽然生态旅游不能简单地等同于低碳经济，但其重视保护环境、提倡节约资源等诸多特点，实际上完全符合低碳发展的理念。

一　三洲田生态旅游项目的规划

盐田具有较为丰富的旅游资源，到 21 世纪初，除已经开发的大、小梅沙等景点之外，当时还有一处待开发的风景区——三洲田。三洲田位于盐田区大小梅沙及龙岗区坪山镇之间，这里曾以三洲田水库、茶园、瀑布、风景秀丽闻名深圳。三洲田虽然离喧嚣的市区近在咫尺，但这里却山青水碧、鸟鸣谷幽、云遮雾绕，幽静清妙，还拥有深圳最大的瀑布群——马峦瀑布。三洲田水库岸线随山盘曲，水面烟波浩渺，翠冈掩映。库区空气清新，水库的东北侧有五级瀑布，落差达百米，石壁凌空，飞花溅玉。三洲田茶园所产绿茶，历来为深圳名产，远销海内外。三洲田一带还保存了大量的原始次森林，环境幽静清新，因此被称为深圳的世外桃源，成为深圳人假日休闲的好去处。

三洲田作为一个自然生态保护良好的地方，如何做到开发与环境保护的有机结合，一开始便受到社会各界的高度关注。当时，华侨城集团已经拥有知名的旅游品牌和主题公园开发经验。经过实地考察之后，华侨城集团拟在这一带开发大型生态度假区。该项目在规划设计上坚持"生态保护大于天"的指导思想，继续秉承华侨城集团"规划就是财富、环境就是优势"的开发理念，在集华侨城十多年主题公园开发建设、经营管理成功经验的基础上，努力吸收和借鉴世界最新的设计理念，争取使其成为中国乃至世界的一个生态环保项目的典范。

为此，华侨城集团和盐田区从项目开始论证时起，就对项目的文化品位提出了很高的要求。该项目创意提出后，在一年多的时间里聘请了国内外知名的环境保护、景观设计方面的专家和机构，共同参与项目的规划设计和环保工程。在此期间，规划设计人员为了广泛吸取国外旅游同业在景观设计、环境保护等方面的先进经验，曾多次与国内外专家进行交流，举办了"茶文化专题讨论会""盐田项目加拿大专家咨询会"等各项专题会议，并邀请专家、学者到三洲田项目现场实地勘探，或组织专业人员赴奥地利、瑞士等国进行生态旅游项目考察。这样做的目的，就是要在打造高水平旅游精品的同时，切实保护和改善三洲田地区的自然生态环境，使即将建立起来的东部华侨城既具有高品位的度假设施、浓厚的文化气息和丰富多彩的休闲度假活动，又保存好天然的自然生态环境，让三洲田综合旅游项目成为深圳、广东乃至全国的大型旅游精品项目。

2003年8月6日，盐田区政府与华侨城集团正式签署备忘录，成立合资公司合作开发三洲田茶园项目，当时预计总投资达25亿元人民币，规划占地面积7.2平方公里。2003年11月，华侨城集团与深圳市规划与国土资源局、盐田区政府签署土地出让合同、三洲田茶园土地租赁合同，标志着东部华侨城（盐田）综合旅游项目全面启动。这一项目计划在5至8年内投资30亿元，在东部再造一个生态华侨城。规划中的东部华侨城项目占地面积6.9平方公里，是深圳市2003年的重点建设项目，也是深圳市面积最大、投资额最大的综合旅游项目，以生态旅游、休闲度假、体育娱乐为主题，建设世界茶艺博览园、高尔夫运动区和综合生态旅游区三大园区及度假酒店、公寓、山地观光缆车等配套设施。其中一期项目预计投资11.8亿元，将于2006年建成开放。根据项目投资市场分析和效益预测，该项目全部竣工后，深圳市可增加综合收益275亿—315亿元，增加税收40亿—45亿元。

二　为生态旅游开发项目提供贴身服务

三洲田旅游综合开发项目是发展盐田生态旅游的重要举措，盐田区委、区政府对于这一项目，不仅看重当下，更看重长远。因为这不仅是引进一个普通的旅游项目，而且要引进高品位的文化理念和先进的管理模式，对盐田的绿色发展具有重要意义。因此，在给予最优惠政策支持的同时，盐田区委、区政府也要求全区各有关部门都要想方设法为企业提供直通车便利服务。正因为盐田区政府急项目所急，想项目所想，处处为企业排忧解难，华侨城集团还专门给盐田区政府写来感谢信，表示盐田区这种真抓实干的精神和作风使企业深受感动。

三洲田旅游项目实际上是从2002年8月3日开始启动的，当时的规划是林海云天项目。作为一个盐田前所未有的大型旅游项目，光是其前期的政策、技术问题就是一个巨大的系统工程。为了保证该项目的顺利进行，盐田区曾专门成立三洲田项目领导小组办公室，并且要求政府各部门的工作任务必须围绕企业开发进度来制定，也就是说企业每个月提出项目的进展计划，区政府部门就要根据项目进展计划把需要政府协调解决的具体工作分解细化，由各有关部门"认领"，明确责任，分头实施，各部门必须做到"是你管的，赶紧办；不是你管的，你找对口上级部门"。实际上，作为一项投资巨大、工程浩大、占地面积包括十多个山头和数个水库的大型开发项目，仅"提供项目用地红线图"这一个工作任务，规划国土部门就要爬悬崖、穿丛林、走遍三洲田沿线的山山水水。而"旧村拆迁和补偿"这件工作更是涉及家家户户，其任务十分繁重复杂。在盐田区委、区政府领导看来，这样的项目没有困难是不可能的，有些问题在项目进度的要求下对区政府部门来说其困难甚至是前所未有的，但他们坚持无论如何也要克服一切困难，决不能影响项目进度。

2003年7月8日，华侨城属下的盐田前期项目小组正式"落户"大梅沙。落户之后，该项目组从集团老总到工作人员都是夜以继日地开展工作。与此同时，时任盐田区委书记王京生也要求全区个有关部门实行"全天候贴身服务"。所谓"全天候"，就是无论晚上和节假日，只要项目组有事，区领导和有关部门负责人都是随叫随到；所谓"贴身服务"，就是政府部门要主动上门，不能站在边上看，要"贴上去"。华侨城项目小组在大梅沙找办公地点时，开始对场地情况了解不够，一度遇到不少困难。区领导和街道办事处负责人就陪同一家一家看、一家一家谈，终于在大梅沙社区服务中心选出条件和租金价格满意的两层楼。可是在入驻后，正值夏季旅游旺季，大梅沙用电负荷突增，项目小组的办公楼也出现了频频跳闸的现象，办公楼里的空调等电器不能正常使用，项目组于是便向区里反映了这一情况。此时正好是星期六，但是梅沙街道办事处一位领导得知后，马上派电工前往改装线路，现场办公研究解决供电问题。区领导听了这一情况的汇报后，为了保障项目组用电，也马上拍板把原区政府大楼里的备用发电机拆下来，无偿提供给项目组使用。在"贴身"服务中，盐田区有关部门对项目小组的每一点要求都及时了解，并尽快加以解决。项目组需要安装电话等通信设施，希望办公电话号码能够连号好记，区有关部门立即与电话公司联系，替项目组办了这件事。当项目小组提出因为没有厨房，只能每天吃盒饭，街道办事处能不能帮助解决时，梅沙街道办事处负责人当即说"行"，他表示虽然街道办食堂太小，无法容纳项目组人员同时进餐，但无论如何都要想出办法来——"对你们提的要求，我们没有'不行'两个字！"①

这些具体问题的及时解决，给华侨城项目组的工作人员留下了很深的印象，这不仅为他们节省了精力和时间，也使他们感到无微不至的关心。盐田区就是通过这样一种高效一流的服务，同华侨城集团共同努力，着力打造深圳东部旅游的精品工程。而这一工程的最终实现，则较好地实现了经济发展和环境保护的完美结合。

三　东部华侨城顺利建成

2004年12月30日，以"东部华侨城"命名的盐田三角洲旅游开发项目正式开工建设，到2007年7月28日华侨城项目第一期即对外开放。在短短938天的时间里，该项目工程在山海间打造了包含生态景区、主题酒店、健康水疗、郊野球场、大型演艺等内容的一系列生态旅游精品。截至2008年年底，项目一期接待游客达300万人次，实现税收5.08亿元，各项指标均创全国旅游景区之先河，成为了粤港澳地区一张流光溢彩的城市名片。

东部华侨城是国内首个集休闲度假、观光旅游、户外运动、科普教育、生态探险等主题于一身的大型综合性国家生态旅游示范区，主要包括大侠谷生态公园、茶溪谷休闲公园、大华兴寺、主题酒店群落、云海谷体育公园、天麓大宅六大板块，体现了人与自然的和谐共处。华侨城以"规划科学，功能配套齐全，城区环境优美，风尚高尚文明，管理规范先进"为指引，以"让都市人回归自然"为宗旨，在较好地保护了三角洲地区天然的自然生态景观的前提下，着力打造成多个主题融为一体的综合性、都市型的主题休闲度假区。

---

① 《企业"开单"政府"跑腿"》，《深圳特区报》2003年8月10日。

大侠谷生态乐园以"人与自然"为主题，集山地郊野公园和都市主题公园于一身，实现了自然景观、生态理念与娱乐体验、科普教育的有机结合。该乐园主要包括水公园、峡湾森林、海菲德小镇、生态峡谷和云海高地五大主题区，自然奇幻的主题乐园为游客带来不一样的欢乐体验。海菲德小镇是以葡萄酒文化为主题的美洲风情小镇，原木与砖石相结合的建筑温馨质朴，系列铜雕展示了从葡萄采摘到红酒酿造的全过程，演绎了19世纪美国加州纳帕山谷的红酒小镇风情。主要包括天幕、海布伦宫、红酒体验馆、自酿啤酒屋、湖畔美食廊、小镇客栈等特色项目，为游客精心打造了一处与红酒约会的陶醉之乡。

茶溪谷度假公园呈现了一个绿的世界、花的世界、中西文化交融和休闲度假的世界，主要包括茵特拉根、湿地花园、三洲茶园、茶翁古镇以及水上高尔夫练习场、屋顶可开合式网球馆、东部华侨城大剧院等。另外，茶溪谷还将建造一个滑雪场，为游客打造一个南国浪漫雪世界。茵特拉根小镇撷取欧洲瑞士阿尔卑斯山麓茵特拉根的建筑、赛马特的花卉、谢菲尔德的彩绘等多种题材和元素，实现了中欧山地建筑风格与优美自然景观的完美结合，温馨的主题街区、古老的森林小火车、典雅的度假酒店、茵特拉根温泉、东部华侨城大剧院、水上高尔夫、网球馆等，在山谷间创造出一个美得像童话世界的山地小镇。茶翁古镇是茶文化的鉴赏区和中心服务区，也是环境幽雅的游客休憩区。游客可以品茶餐、尝茶点、吃土菜、观茶戏、饮茶酒，深入了解茶禅文化；还可以在茶艺坊、茶酒坊、陶艺坊亲身体验采茶、制茶、做陶的乐趣。

东部华侨城还拥有四家主题酒店，是国内首个主题酒店群，拥有600余间客房。茵特拉根酒店将中欧山地建筑风格与南中国壮美的山海景观完美结合，打造成为一个童话般的世界。其中包括308间豪华客房、池畔别墅、连排别墅、商业街公寓以及总统堡，在优雅、尊贵中呈现出山海之间的浪漫情怀。大华兴寺菩提宾舍将"禅宗"理念纳入酒店的设计构思，创造出空灵、简朴的禅意空间，其22间禅意客房包括4间禅意套房，16间静谧大床房和2间典雅双床房。东部华侨城房车酒店位于2.5万平方公里郊野体育公园，拥有

159 间写意客房及 4 辆豪华房车，收尽东部华侨城独有的湖光山色、云海奇观，将概念客房与豪华房车、静与动完美结合，最好地诠释了"自由"或"肆意"。东部华侨城瀑布酒店隐藏在大瀑布和巨岩之间。94 间客房、啤酒工厂、主题餐厅、宴会演绎厅……设计师以水为元素进行创作，艺术与奇思妙想渗入每一个角落。客人可将壮观的大侠谷瀑布收入眼帘，也可沉醉于红酒小镇，集太空、海洋于一身的主题公园为其增添了无尽的梦幻色彩。

大华兴寺坐落在东部华侨城的观音座莲山，体现佛教旅游文化，拥有目前世界上唯一一座融四尊不同观音像为一体的户外贴金佛像；还拥有国内首家佛文化主题酒店——大华兴寺菩提宾舍，和国内首台以佛文化为主题的多媒体编钟诗乐《天音》等精品。

云海谷体育公园拥有 18 洞的云海谷公众球场和 18 洞的云海谷会员球场，以休闲健身、生态探险、时尚运动、休闲娱乐、奥运军体运动为主线，体现户外运动旅游文化。

东部华侨城的主题地产"天麓大宅"，则依托于东部华侨城 9 平方公里壮阔的山海，发挥独特的湖山自然景观优势，在景区里建住宅，在住宅里造景点，融建筑于自然山体之中，体现了人与自然的和谐相处，实现了优质的人居生活环境。2008 年，该住宅区荣膺联合国"全球人居环境最佳社区"。

除此之外，东部华侨城还精心打造了《天禅》《天机》《天音》《天籁》等多台文化演艺项目。每年的春夏秋冬还会分别推出"山地采茶节""山海放歌节""国际茶艺节""山地祈福节"等主题活动，深受广大游客的喜爱。其中《天禅》是一部融合了多种艺术手段，以禅茶文化为主题的大型多媒体交响音画晚会，其多维表演空间组合成令人震撼的视听效果和精美绝伦的艺术画面。晚会长达 60分钟，高潮迭起，让人仿佛走进天人合一、梦幻神秘的天禅之境。

四　获得中国首个"生态旅游示范区"称号

"国家生态旅游示范区"是 2001 年由当时的国家旅游局、国家计委、国家环保总局共同提出并共同制定认定标准，经相关程序共同评定的一个全国性的荣誉称号。所谓"国家生态旅游示范区"，就是指在生态旅游区中管理规范、具有示范效应的典型。凡通过相关标准确定的评定程序后，可以获得国家生态旅游示范区的称号。该区域具有明确的地域界限，同时也是全国生态示范区的类型或组成部分之一。

从目前的划分标准来看，生态旅游区主要分为七种类型，分别为：一是山地型，即以山地环境为主而建设的生态旅游区。二是森林型，即以森林植被及其生境（指生物生活空间和其中全部生态因子的总和）为主而建设的生态旅游区，也包括大面积竹林（竹海）等区域。三是草原型，即以草原植被及其生境为主而建设的生态旅游区，也包括草甸类型。四是湿地型，即以水生和陆栖生物及其生境共同形成的湿地为主而建设的生态旅游区，主要指内陆湿地和水域生态系统，也包括江河出海口。五是海洋型，即以海洋、海岸生物及其生境为主而建设的生态旅游区，包括海滨、海岛。六是沙漠戈壁型，以沙漠或戈壁或其生物及其生境为主而建设的生态旅游区。七是人文生态型，即以突出的历史文化等特色形成的人文生态及其生境为主建设的生态旅游区。这类区域主要适于历史、文化、社会学、人类学等学科的综合研究，以及适当的特种旅游项目及活动。

东部华侨城是一个以山地型为主的生态旅游区，经过严格的考核和评定，国家旅游局、国家环境保护总局于 2007 年 7 月共同授予东部华侨城以"国家生态旅游示范区"的荣誉称号，东部华侨城也因此成为中国首个获得此项殊荣的旅游区。"国家生态旅游示范区"荣誉称号的获得，也标志着东部华侨城的生态保护工作提升到了一个新的水平。

东部华侨城和中英街、大梅沙、小梅沙、明斯克航母世界等旅游项目的相继开发和成功运营，大大提升了盐田的旅游接待能力和接待水平。2012 年 11 月 26 日，在北京举行的第十八届亚洲旅游业金旅奖盛典暨 2012 大中华区旅游文化榜颁奖仪式上，深圳市盐田区荣膺 2012 亚洲金旅奖"最负盛名旅游区"。"亚洲旅游业金旅奖"评选，是亚洲旅游业界的一项重要活动。由亚洲旅游文化联合会、亚洲旅游业 CSR 研究中心、亚洲旅游业品牌研究会主办，中国城市发展促进会、中国品牌建设与管理协会协办。参加那次评选活动的共有 120 家知名旅游品牌，活动围绕区位环境、特色文化、休闲风尚、自然风情、绿色环保、管理创新、配套服务、品牌引领、责任凝聚、人才管理十个方面的评审标准进行网络投票和媒体测评。这一奖项的获得，对于全面提升盐田区旅游产业和整体形象，并最终实现"国际高端旅游度假胜地"的战略构想，具有良好的促进作用。

第五节　建立碳币交易体系与全方位发展低碳经济

在实施发展循环经济、低碳经济和节能减排示范工程的过程中，盐田除了着力调整产业结构，大力支持盐田港的绿色港口建设和东部华侨城的生态旅游开发之外，还积极发展再生能源、绿色建筑和碳币交易。

一　大力发展再生能源

再生能源包括太阳能、水力、风力、生物质能、波浪能、潮汐能、海洋温差能等。它们在自然界可以循环再生。积极发展再生能源，对于减少碳排放具有十分重要的意义。

开发利用太阳能是发展再生能源的重要途径，盐田在河流整治方面一开始便进行了成功的尝试。盐田河是辖区的主要河流，全长约 7 公里长，通过综合治理，盐田河成为深圳市第一条实现了"无污无臭"的河流。在整治过程中，还将整个河流从山角到入海口两岸全部采用太阳能照明，装起了一盏盏太阳能庭院灯、LED 灯、风光互补路灯。这些路灯白天是盐田河景观中的一道亮丽风景线，到了晚上，这些灯发出明亮的光芒，驱除了黑暗，为周边居民到河岸公园休闲提供了便利和安全的保证，也装点了盐田河妩媚的夜色。通过建起太阳能照明工程，整条河流的照明便不再需要供电、不需要拉线，也不用人工操控，白天通过日光发电蓄电，晚上则自动开启，这一照明工程成为盐田区落实"三个创建"的循环经济示范项目，也是全国在河流整治方面太阳能成功应用的典型案例。

与此同时，盐田区还积极开展了社区太阳能的开发利用工作。

海景花园二期包括 7 栋 15 层以上高层住宅，占地面积 60000 多平方米，园林面积 24000 多平方米，居住人口 1800 人左右，是盐田区创建的深圳市循环太阳能工程经济示范社区。海景花园内的太阳能示范项目，共安装了 30 盏庭院灯、30 盏草坪灯，还建设了一个 5100WP 的小型太阳能光伏发电站，为道路上原来安装的路灯提供电力。同时，每个庭院灯和草坪灯上面都有一个单晶硅太阳能光伏板，用它来吸收储存太阳能，平常只要有阳光，就能提供照明，如果遇到阴雨天，可连续三个阴雨天每天亮 7 个小时。由于采用了光控技术，天空达到一定暗度时，太阳能灯会自动照明。小区还建设了太阳能宣传栏，将原有的广告宣传栏全部改用太阳能发电。据盐田区循环经济办公室有关人士测算，海景花园内的太阳能示范项目投入使用后，每年可节约 21 万多度电，节约能源费用 16.3 万元，并且还省去了许多管理成本，具有较好的资源节约效益和生态效益，海景花园也因此被评为了循环经济示范社区。

海山公园是深圳市第一个公园设施改造应用太阳能和风能节能的项目。改造前，公园部分设施、设备陈旧，照明设施的线路老化，耗能较大，年耗电约 10 万度，而且后期运营成本高。经过改造后，利用太阳能和风力发电形成风、光互补，减少固定设备重复投资约 13 万元，并且每年可以节约电力 8 万度电，节约费用约 8 万元，为深圳市现有公园应用太阳能实行节能改造提供了有益的借鉴。

东部华侨城在项目建设之初就引入低碳、环保、节能理念，并因时、因地制宜开展节能降耗活动，这种做法不但得到了深圳市旅游行政部门的赞赏，也为全市旅游企业提供了可资借鉴的经验。其中的云中风车，由 8 台风力机组组成，总装机容量 2000 千瓦，是国内首座近万平方米的旅游景观风力发电站群，不仅有效利用了得天独厚的风力资源补充景区用电，也成为东部华侨城的独特景观；其依托水利资源建成的水力发电站，实现了水库蓄水与水能发电的结合；其太阳能与空气热泵互补智能热水系统，建成后将节电 50%—60%。此外，东部华侨城利用太阳热能为景区监控系统每天 24 小时不间断供电，白天产生的多余电能可以输入到电网，晚上可利用电网作为补充，从而使能源得到合理的安排和使用。东部华侨城还充分利用空调余热制热、空气热源泵等节能环保制热技术或设施，经系统高效集热处理后用于酒店、水疗等项目的热水热源，提高了系统的节能环保水平和集热效率。①

二　扎实开展建筑节能工作

建筑是耗能的大户。据统计，在全社会能耗中，建筑能耗占到近一半，为 46.7%，远超其他行业。我国现有建筑总面积 400 多亿平方米，随着城镇化的发展，预计到 2020 年将新增建筑面积约 300 亿平方米。届时我国建筑能耗将达到 10.9 亿吨标准煤，相当于北京五大电厂煤炭合理库存的 400 倍。据专家估算，每吨标准煤按照中国的发电成本折合大约等于 2700 度电。那么，2020 年，我国的建筑能耗将达到 29430 亿度电，比三峡电站 34 年的发电量总和还要多。② 因此，为减少能源消耗和碳排放量，世界不少国家都在竞相推出"绿色建筑"来保护地球生态环境。

所谓"绿色建筑"，就是指在建筑的全寿命周期内，最大限度节约资源、节能、节地、节水、节材、保护环境和减少污染，提供健康适用、高效使用，与自然和谐共生的建筑。2013 年 1 月 1 日，国务院办公厅下发了《关于转发发展改革委住房城乡建设部绿色建筑行动方案的通知》（国办发〔2013〕1 号），通知指出："开展绿色建筑行动，以绿色、循环、低碳理念指导城乡建设，严格执行建筑节能强制性标准，扎实推进既有建筑节能改造，集约节约利用资源，提高建筑的安全性、舒适性和健康性，对转变城乡建设模式，破解能源资源瓶颈约束，改善群众生产生活条件，培育节能环保、新能源等战略性新兴产业，具有十分重要的意义和作用。要把开展绿色建筑行动作为贯彻落实科学发展观、大力推进生态文明建设的重要内容，把握我国城镇化和新农村建设加快发展的历史机遇，切实推动城乡建设走上绿色、循环、低碳的科学发展轨道，促进经济社会全面、协调、可持续发展。"通知还要求："各地区、各有关部门要

① 《华侨城景区夜间蓄冰　风力发电　雨天洗地》，深圳新闻网（http://www.sznews.com/zhuanti/content/2006-09/05/content_327483.htm）。

② 《建筑业作为耗能大户须加速"绿色行动"》，《经济参考报》2015 年 3 月 10 日。

尽快制定相应的绿色建筑行动实施方案，加强指导，明确责任，狠抓落实，推动城乡建设模式和建筑业发展方式加快转变，促进资源节约型、环境友好型社会建设。"

事实上，在发展绿色建筑方面，深圳一直走在全国的前列。江苏省和广东省绿色建筑发展较为迅速，其获评的国家绿色建筑项目总数分别位居全国第一、第二位。深圳市为全国拥有绿色建筑项目总数最多的城市（截至2014年4月25日），为广东省贡献了60%以上的绿色建筑项目。2010年，深圳市发挥先行先试的作用，在国内率先强制推行按绿色建筑标准建设的保障房；在2014年，深圳率先改造政府办公及公共建筑，当时还计划于2015年前后完成所有政府办公及公共机构既有建筑节能改造等。[①] 在积极推进低碳经济发展的过程中，盐田也十分重视推广绿色建筑。首先是在推进公共机构节能方面，盐田工作扎实、成效显著。2009年7月中旬，由国家发改委、国务院机关事务管理局和国务院法制办联合组成的检查组来到深圳，对深圳全市贯彻实施《公共机构节能条例》工作情况进行了专项检查。在三天时间里，检查组一行先后重点检查了罗湖区、龙岗区、盐田区以及宝安区的节能改造项目。其中盐田区行政文化中心通过中央空调智能调控系统节能改造，年均节电率达到22%，年节约电费60万元，其地下停车场采用了LED新光源技术，节电率达68%，年节电20万度。检查组对深圳市公共机构节能工作进展情况感到满意，认为深圳的节能工作已经走在全国前列，并对深圳不断应用高科技手段节能降耗予以肯定，表示将认真总结深圳的好经验、好做法，在全国范围内推广，促进全国公共机构节能工作的有效开展。[②]

而在民用建筑节能方面，盐田也有一些突出的典型事例。比如位于大梅沙湾度假区核心位置的万科中心，该项目由美国著名设计师设计，是世界上一个新的建筑结构形式，总建筑面积13.7万平方米，地面上是18万平方米，由万科总部、国际会议中心、星级酒店

---

① 深圳国际低碳城建设领导小组主编：《低碳发展，中国在行动——深圳国家低碳城发展年度报告》（2014），海天出版社2014年版，第9、11页。

② 《深圳节能居全国前列 盐田行政中心节电22%》，《深圳特区报》2009年7月16日。

组成，该中心曾获得美国绿色建筑委员会授予的 LEED 铂金认证，成为中国第一个获得世界先进的绿色建筑认证体系认证的办公建筑项目。

作为民用办公建筑，该项目设计采用了大面积玻璃以获得充足的日照阳光。同时，为了避免这种设计会产生过多的太阳辐射热，以及减少冬季里的眩光现象，在采用通常使用的低辐射、高透光玻璃的同时，亦配以创新式的、能够自动调节的外遮阳系统。该系统能根据太阳高度角以及室内的照度，自动调节水平遮阳板，其开启的范围为 0—90 度之间，能达到理想的遮阳效果，这是在深圳乃至全国首次在大型办公楼使用自动调节的外遮阳系统。所以人们能够在万科中心外面看到很多条状的遮阳板，这些遮阳板都像是"会呼吸"的穿孔透光铝板，每个方向的墙面都经过年度太阳能采集量计算，控制百叶的开关和角度，保证采光和温度。这种遮阳百叶的设计灵感，来自设计师在梅沙街头散步时，看到地上的一片落叶，上面有镂空的样子，于是就按照这种树叶的形状进行了设计。这些遮阳百叶的使用寿命为 30 年，抗台风级数达 12 级。万科中心的幕墙系统开窗率高达 30%，保证自然通风，形成对流。

在采用新型围护结构系统减少能耗的同时，万科中心还采用了一些高效的节能系统。如蓄冰空调技术就是让制冷机组在夜间电力负荷及电费低谷期进行制冰，在白天负荷高峰时候释放出来，以达到峰谷负荷的转移，节省能源成本的同时，也对减轻国家电力系统负荷做贡献。万科中心利用峰谷电价差节省运行费用，每年省电可达 34 万元。再比如，中心所采用的地板送风系统，就是利用地板下低压风管把冷风送到风口，送风温度较常规送风温度高 2—4 摄氏度，在提高通风效率、增加室内空气素质的同时，还可实现节电三成以上。而该中心内部在不同区域均采用灵活的照明方式，每一盏灯都可随环境光线变化而独立调节，配合节能型光源及灯具的使用，万科总部照明能耗比同等规模建筑减少 30% 左右。此外，还采用了新风热回收技术，把排风中的热量用于预热新风，同时配合二氧化碳监测系统，控制新风机组的开启，减少不必要的浪费。

万科中心的屋顶上，都种满了杂草，这样一方面起到绿化作用，另一方面，也能阻隔太阳照射房顶后的热量。在万科中心室外，大量采用了渗水铺装路面，小土丘上种植的都是适宜本地生长的草种、树种，主要是利用这些植被来保持水土。万科中心整个项目中采用了全面的雨水回收系统，蓄积在约 600 立方米大的景观池中，会用于绿化和补充景观水池水量的损失，地面雨水全部渗透，一年可节约 54700 吨水。在万科中心与大梅沙内湖之间，有几片长着茂密芦苇等植物的湿地。这里主要是将万科中心排放出来的中水，通过人工湿地进行生物降解处理，以用作本地灌溉及清洗等其他用途，每日的水处理量达到 100 吨，保证 100% 不使用饮用水来作为景观用水，大大减轻了对市政用水的负担。

在万科中心的屋顶，还安装了一排排的太阳能光电板，总面积达 1997 平方米，每年转化的电能约 28 万度，占万科总部用电总量的 14%。按照这样的发电量，通过利用太阳能，万科中心每年可节约标准煤 110.82 吨，减排二氧化碳 268.39 吨。这种太阳能发电通过与市政电网的并网，还可以在周末、节假日等时段将剩余电能对外输出。

万科中心的成功实践，为城市绿色建筑的发展提供了宝贵的经验，也为盐田发展低碳经济、促进建筑节能树立了新的标杆。

三　率先建设生态文明碳币体系

随着低碳经济的积极推进，给盐田带来了可喜的效益。2015 年，盐田区万元 GDP 能耗、水耗分别下降了 4.4% 和 8.4%，年节约电量高达 60%，并获得了国家第二批节约型公共机构示范单位称号。

2016 年年初，盐田区委、区政府以 1 号文形式出台了《关于加快建设国家生态文明先行示范区的决定》，并配套制订了实施方案和全民行动计划，决定深入推进绿色发展、循环发展、低碳发展，积极探索生态文明建设的新途径。为此，盐田区开始着手建设生态文明"碳币"体系，从物质、精神两个层面激励生态文明行为，构建多层次、多形式、多渠道的生态文明全民行动机制，推动社区、家庭、学校和企业全面参与生态文明建设，提升绿色生产方式和消费方式，树立绿色生活典范，全面提高全社会生态文明价值理念，形成生态文明"人人参与、人人行动、人人享有"的新格局。

碳币交易是为了应对气候变化,国内外都在积极探索的一种低碳发展新模式。党的十八届三中全会强调加快生态文明制度建设,使市场在资源配置中起决定性作用。碳排放权交易是利用市场化手段应对气候变化、实现节能减排和更好地发挥政府作用的有效举措。在碳市场机制下,碳排放权通过交易,产生不断变化的价格,引导经济主体将碳排放成本作为投资决策的重要因素,实现环境成本的内部化和最小化。但是,以往的碳币(碳排放权)的交易主要是对企业而言,广大民众还鲜有参与。

为改变碳交易实施范围主要集中在生产领域的局限性,2015 年7 月,广东省发改委印发《广东省碳普惠制试点工作实施方案》,决定在全省组织开展碳普惠试点建设。这是全国首个促进小微企业、家庭和个人碳减排的创新性制度举措。试点建成后,市民可通过选择公共交通出行获取"碳币",凭"碳币"换取产品服务优惠等商业激励,以及如公交费减免、"碳币"换乘车卡等政策激励。碳普惠制的创新之处,就是把碳交易的核心理念应用于民众的日常生活,遵循节能减排"人人有责、人人有利、人人有权"的原则,建立一套"碳币"信用体系,将公众的低碳行为以碳积分的形式量化并予以激励。

在低碳经济模式下,人们的生活可以逐渐远离因能源不合理利用而带来的负面效应,享受以经济能源和绿色能源为主题的新生活。碳普惠制通过量化居民低碳行为减碳量,比如节水、节电、节气行为的减碳量量化,减少私家车出行减碳量量化,垃圾分类减碳量量化等,以获取低碳行为相关数据,从而衡量评价个人节能减排的行为,最终实现低碳行为的价值化。而目前,对于个人的碳消耗行为仍多采取行政命令、行政处罚的手段,以正向激励手段带动鼓励低碳理念的形成还缺乏实践经验。

正是在这样的背景下,盐田决定尝试建立新的碳币体系。为此,盐田区的全民行动计划提出,将借鉴碳排放交易的理念,探索制定盐田区"碳币"体系及实施细则,并引入第三方机构进行社会化运营管理,对社区、家庭、学校和企业组织开展的具体生态文明建设行为进行"碳币"结算。这种"碳币"体系将和盐田现有的"环保达人""文明达人"等活动相结合，市民凡是参加了生态文明活动、制止不文明行为等，只要为盐田的绿色发展和生态文明建设做出了贡献，都可以通过微信随手拍晒出图片，同时获得相应的"碳币"。所获得的"碳币"可以用来兑换环保产品，根据不同群体的需求，老人可以用"碳币"兑换环保洗衣粉、环保袋等生活用品，年轻人则可以用"碳币"兑换生态旅游景点的门票。盐田区还将以"碳币"作为考核依据，制定社区、学校、家庭等主题的生态文明建设评级标准，对各主体的生态文明建设情况进行评比，形成具有盐田特色的生态文明建设模式。为了保证碳币体系的建立和正常运作，盐田还将成立生态文明基金会，由区政府先期投入300万元启动资金，并采用众筹的方式吸引社会参与，逐步扩大基金的规模。

2016年6月15日上午，在全国第四个低碳周宣传活动，盐田区联合深圳排放权交易所在大梅沙海滨公园举行"低碳有回报，绿色生活炫起来"主题活动，并与深圳排放权交易所签订合作协议，创新开辟了碳交易盐田板块。市政府有关方面负责同志和盐田区有关领导一起参加了活动。活动开展前，盐田区还组织了历届环保达人、志愿者、社区居民共300多人开展"绿道低碳行"公益步行活动，从小梅沙海滨浴场一直徒步到大梅沙太阳广场。在这次活动中，盐田区人民政府与深圳排放权交易所签署了生态文明建设低碳合作备忘录，创新开辟了碳交易盐田板块。同时，为鼓励盐田辖区企业深入开展节能减排改造，盐田区动员了辖区300多家中小企业作为生态联盟商家自愿参与到盐田板块的碳排交易。通过节能减排行动，企业可获得相应的碳币，而碳币一方面可以兑换成物质奖励，另一方面可以通过碳交易盐田板块，将碳币兑换成"CCER"参与到碳交易所进行市场交易。此外，企业还可以享受到政府资金补助、项目奖励、优化行政许可等系列政策扶持。

深圳排放权交易所总裁葛兴安在启动仪式上表示，深圳新型的城市规划理念、绿色建筑、绿色交通以及碳交易各项工作都在有序开展，绿色低碳理念以前所未有的速度在传播。"盐田区是我们志同道合的合作伙伴，双方签署生态文明建设的合作协议，填补了绿色低碳交易活动的一个重要板块。"葛兴安表示，绿色低碳交易活动，其中一个重要的板块就是全民参与，全民参与对于城市整个绿色低碳全面转型非常重要，盐田区在这方面的探索尤为重要。

深圳市政府副秘书长李干明在启动仪式上表示，推进生态文明，建设美丽深圳，是贯彻中央决策部署的重要举措，推动深圳可持续发展的内在要求，是增进民生福祉的重要途径，也是增强城市综合竞争力的必然抉择。近年来，盐田区在生态文明城市建设上，一直走在全市前列，盐田生态文明碳币体系的探索更是盐田在生态文明建设的一项创新之举。盐田与交易所生态文明碳币体系的合作，打破了常规的绿色低碳宣传方式，创新性地将碳交易融入低碳公益活动，探索出"政府引导、市场主导、企业参与"相结合的生态文明建设"盐田模式"①。虽然盐田的碳币体系刚刚处于起步阶段，但可以深信，这一创新举措必将对盐田区的绿色发展发挥越来越重要的作用。

---

① 深圳盐田政府在线（http://www.yantian.gov.cn/cn/a/2016/f16/a206967_ 655305.shtml）。

第七章

创新城市 GEP，为绿色发展
提供制度保障

党的十八届三中、四中全会明确提出要深化生态文明体制改革，完善发展成果考核评价体系，纠正单纯以经济增长速度来评定政绩的偏向，这就明确告诉我们，必须从制度层面为坚持绿色发展、建设美丽中国提供可靠的保障。

正是在这样的时代背景下，盐田区从 2013 年开始，便在干部的勤政考核中引入严格的生态文明考核机制，制定了《盐田区生态文明建设考核制度（试行）》，将生态建设方面的考核得分作为评定干部年度考核等次和提拔重用的重要依据之一。2014 年，盐田区《生态文明考核办法》登上了"深圳改革英雄榜"。2015 年，盐田又在全国率先开展了城市生态系统生产总值（简称城市 GEP）核算体系的探索，拟通过建立 GDP 和 GEP 双核算、双运行、双提升的机制，为建设美好新盐田寻找量化的新标准、新路径。

第一节　GEP 核算体系与绿色发展

一　传统 GDP 核算体系的弊端

长期以来，人们一直是单纯以 GDP 增长的多少来衡量一个国家和地区的进步程度。但许多事实早已表明，传统的 GDP 指标体系存在着明显的缺陷。例如在过去的 20 多年的时间里，中国创造了 GDP 年均增长超过 8% 的世界奇迹，然而在另一方面却面临着十分尴尬的局面：2003 年，我国 GDP 总值虽不足世界的 1/30，但原油消耗却达 2.5 亿吨，消耗量居世界第二位；煤消耗 15.8 亿吨，占世界消耗量的 1/3；钢材消耗 2.7 亿吨，占世界消耗量的 1/4，比美、日、英、法等国家总和还多；水泥消耗 8.4 亿吨，占世界消耗量的 55%。也就是说我国的 GDP 的增长是靠大量消耗资源所取得的，而且在资源消耗的过程中，是环境的普遍污染和生态的不断遭到破坏。但是，人们从 GDP 中只能看出经济产出总量或经济总收入的情况，而资源消耗和环境破坏的情况却无法从 GDP 指标体系中直接反映出来。由于没有考虑到环境和生态的因素，甚至会出现环境污染和生态破坏也能增加 GDP 的荒谬现象，所以传统的 GDP 核算法并不能真实地反映出国家全面的经济现状。

正因为如此，对传统的 GDP 指标体系进行反思和改进，已经成为了一个世界性的潮流。据人民网报道，到 2014 年，中国已经有超过 70 个县、市取消 GDP 考核，改为考核环境民生。已经取消 GDP 考核的 70 多个县市，在数量上只占全国 2000 多个县市很小的比例。这些县市主要可以划分为三类，一是经济贫困县，比如山西的 36 个县。二是在生态环境或者农业方面具有特殊价值，比如福建省的 34 个县。三是属于生态脆弱区域，需要限制开发，比如贵州省的一些县市。在现实中，除了上述 70 多个县市明确取消 GDP 考核之外，对于政绩考核评价体系的改革，应该说主要还处于起步和探索阶段。在各地开展的探索中，普遍降低了 GDP 考核的权重，增加了环境保护的权重，比如陕西省、沈阳市等。该报道还指出：2013 年 12 月 9 日，中共中央组织部向全国发出《关于改进地方党政领导班子和领导干部政绩考核工作的通知》，其中 8 个要点中就有 6 点提到了生态或环境问题。近年来，不少研究机构和学者相继提出了生态 GDP、GEP 和绿色 GDP 三个新的指标体系，这三个指标都有一个共同点，就是将经济发展与生态代价联系起来进行考核。人民网的这篇报道同时还列举了一些国外的事例加以说明：

法国前总统萨科齐 2008 年提出应用新的社会发展衡量指标取代 GDP，以更广泛地反映社会和环境改善情况。

英国首相卡梅伦在 2010 年一次会议上表示，"我们不能只盯着 GDP，而不顾国民是否幸福"。他甚至责令国家统计局局长制定一套衡量"国民总幸福"的方法，以了解国民的心理状况和对生活环境的满意程度。

在美国，2012 年，时任美联储主席伯南克提出，GDP 等一些政府经济数据并不能完整地反映许多民众正面临的艰难时刻，"我们应寻找更好和更直接的指标来衡量民众的幸福度"。

在经济理论界，1972 年，威廉诺德豪斯和詹姆斯托宾发明了"经济福利尺度"；1989 年赫尔曼达利和小约翰柯布、克利福德柯布父子又研究出"可持续经济福利指数"，到 1995 年，克利福德柯布研究出"真实发展指数"。

这些新型指数的特点包括：扣除国防开支因素、把对环境的破坏因素考虑进来，有的还增加了志愿者服务、犯罪率、休闲时间、公共设施年限等，有的在政府和行业统计数据中加入了社会调查。①

很显然，对传统 GDP 局限性的反思已经成为一种世界潮流，这应该引起我们的高度重视。

二　"GEP"核算体系的提出

环境和生态是一个国家综合经济的一部分，如果不将环境和生态因素纳入其中，GDP 核算法就不能全面反映国家的真实经济情况。由于传统的 GDP 核算体系并没有纳入环境资源的耗减核算、环境资源的恢复成本及再生成本和保护成本的核算，因此迫切需要一种全新的核算体系来解决这些问题。正是在这样的背景下，GEP 核算体系便应运而生了。

GEP（Gross Ecosystem Product），即"生态系统生产总值"，是由世界自然保护联盟（IUCN）提出并倡导的，目的是建立一套与国内生产总值（GDP）相对应的、能够衡量生态良好的统计与核算体系，其主要指标是生态供给价值、生态调节价值、生态文化价值和生态支持价值。它和 GDP 核算体系的主要区别是：GEP 关注的是区域自然生态系统的运行状况，侧重于自然生态生产价值；GDP 关注的是区域经济系统运行情况，反映的是经济发展的实力。这一指标体系由世界自然

---

① 《中国超 70 个县市已取消 GDP 考核　改为考核环境民生》，人民网（http://env. people. com. cn/n/2014/0826/c1010-25538332. html）。

保护联盟驻华代表朱春全和中国科学院生态环境研究中心党委书记、副主任欧阳志云共同研究，并于 2012 年正式提出。

按照欧阳志云等专家的观点，生态系统生产总值就是指一定区域在一定时间内生态系统的生产和服务及其价值总和，是生态系统为人类福祉提供的最终产品和服务及其经济价值总量，一般以一年为核算时间单位。同时结合 GDP 的概念，将生态系统的理论研究和经济结合进行了探索和思考。生态资产就是指能提供生态产品与服务的生态系统，就比如说生产汽车需要一个车间，这个车间就是一种资产，而能够为人们提供氧气需要的就属于生态资产的范畴。生态系统包括自然生态系统如森林、草原、湿地、淡水、海洋等生态体统；还有以自然生态过程为基础的人工生态系统，如农田、操场、养殖场、城市，也提供生态服务。生态系统生产总值的特征包括四个方面：一是与人类关系密切，与人类福祉和人的经济社会活动密切相关，为人类发展和社会经济活动提供支撑；二是具有可测性，生态系统提供的生态产品的功能量和经济价值是可测算的，其中不少指标都是可以测定的，像水涵养、污染物净化等；三是不均衡，生态系统产品与服务空间不均衡，有的地方提供、有的地方利用，像一般的经济生产一样；四是可应用，如 GEP 的变化可以反映出生态系统状况的变化趋势，GEP 本身也可以体现出区域发展的可持续性，同时 GEP 的盈余或亏损可反映该区域的生态支撑能力，而 GEP 的转移方向则可反映该区域的生态关联性。经济关联性是通过投资、产品的流向来实现的，而生态关联是通过生态产品和服务的流向来实现。进行 GEP 核算的目的，就是要描绘出生态系统运行的总体状况，科学评估生态保护的成效，努力把握区域之间的生态关联、生态依赖关系，真正认清生态系统对人类福祉的贡献、对经济社会发展的支撑作用。①

---

① 关于 GDP 和 GEP 的关系，应该把握好它们的均衡点：GEP 是生态系统提供的最终产品与服务，GDP 是经济系统提供的最终产品与服务，绿色 GDP 实际上本身就是 GDP，是在 GDP 的内容上扣除资源与环境成本。经济系统提供的农业产品，它也属于 GDP 范畴，但是生态系统的调节与文化服务价值则是 GEP，因此 GEP 必须远远大于 GDP，才能支撑我们整个社会的发展和人类的生存。

三　"GEP"核算体系的最早实践

党的十八大明确提出，要把资源、环境、生态纳入经济社会发展评价体系。为此，2013 年 2 月 25 日，由世界自然保护联盟、生态文明贵阳国际论坛（EFG）、亿利公益基金会（EF）、亚太森林组织（APFNET）及北京师范大学（BNU）共同主办的"生态文明建设指标框架体系国际研讨会暨中国首个生态系统生产总值（GEP）项目启动会"于 2013 年 2 月 25 日在北京召开。

在会上，IUCN 主席章新胜表示，中共十八大提出大力推进生态文明建设，在全球范围内都引起震动。如何找到一个科学的核算体系来反映生态文明建设的进展，是当务之急。GEP 核算的首个项目启动，将有助于检验衡量生态良好核算体系的科学性和可行性，并为下一步与国民经济统计和核算体系接轨，并获得国际社会接受做准备。与会的国内外专家也普遍认为，非常有必要在当前唯一的 GDP 核算体系之外，找出更适合建设生态社会的指标体系。欧阳志云认为，GEP 的提出填补了目前国内外对自然生态资产核算指标的空白。北京大学环境学院黄艺教授指出，如仅用 GDP 单一的核算体系会造成不计生态环境赤字，经济虚假繁荣的局面，对那些需要长周期的生态建设和环境恢复项目特别不利。她还表示她的团队在库布齐沙漠治理区调研发现，如果沿用 GDP 核算体系的话，亿利资源企业 20 多年累计在库布齐沙漠 5000 多平方公里的绿化投入了上百亿元，只能算是不划算的投资。但如果从"生态供给价值、生态调节价值、生态文化价值、生态支持价值"等方面对库布齐沙漠治理区进行科学系统量化评估，库布齐沙漠的生态系统服务价值由 20 多年前的负数增长到目前的 300 多亿元（不含大规模土地改良、碳汇等价值）。

亿利资源集团董事会主席、亿利公益基金会发起人王文彪表示，呼吸干净空气，享受天蓝地绿成为每个人的热切渴望。用 GEP 来量化评估生态系统价值和绿色发展，是迫切改善当前生态环境、助推生态文明的一条现实路径。用 GDP 和 GEP 的方式给亿利资源企业二十多年治理库布齐沙漠的绿色发展计算的话，亿利资源用了二十五年的时间，投入了 100 多亿元进行沙漠生态修复绿化和沙漠经济的发展，投资大、周期长、见效慢，很多人认为不划算。但从 GEP（生态系统生产总值）的角度来算库布齐沙漠事业绿色发展账，则是绿化了 5000 多平方公里的沙漠，遏制了刮向北京的沙尘暴，创造了几百亿福祉人类的生态价值。而且库布齐沙漠的生物多样性得到了明显恢复，惊奇地出现了大量的野生动物，特别是出现了"大面积厘米级"的土壤迹象。① 而有关专家针对这一现象指出，如果单纯靠自然恢复增加一厘米的土壤，大约需要 1 万年左右的时间。

四 专家对 GEP 核算体系的解析

2013 年 12 月 8 日，由中国农工民主党中央委员会主办的、以"生态健康与生态文明制度建设"为主题的第八届中国生态健康论坛在北京召开，欧阳志云在会上做主旨报告。在报告中，欧阳志云将生态系统概括为森林、湿地、草地、荒漠、海洋、农田、城市七个类型，而生态系统的产品与服务则是指生态系统与生态过程为人类生存、生产与生活所提供的条件与物质资源。比如生态系统的产品，就包括生态系统提供的可为人类直接利用的食物、木材、纤维、淡水资源、遗传物质等；生态系统的服务则包括形成与维持人类赖以生存和发展的各种自然条件，如调节气候、调节水文、保持土壤、调蓄洪水、降解污染物、固碳、产氧、植物花粉的传播、有害生物的控制、减轻自然灾害等生态调节功能，以及源于生态系统的文学艺术灵感、知识、教育和景观美学等生态文化功能。因此，他认为：核算生态系统生产总值，就是分析与评价生态系统为人类生存与福祉提供的产品与服务的经济价值。生态系统生产总值是生态系统产品价值、调节服务价值和文化服务价值之总和。在生态系统服务功能价值评估中，通常将生态系统产品价值称为直接使用价值，将调节服务价值和文化服务价值称为间接使用价值。同时，他也指出生态系统生产总值核算通常应不包括生态支持服务功能，如有机质生

---

① 《我国首个生态系统生产总值机制在库布齐沙漠实施》，新华网（http://www.nmg.xinhuanet.com/xwzx/2013-02/27/c_114825121.htm）。

产、土壤及其肥力的形成、营养物质循环、生物多样性维持等功能，原因是这些功能支撑了产品提供功能与生态调节功能，而不是直接为人类的福祉做出贡献，这些功能的作用已经体现在产品功能与调节功能之中。而生态系统生产总值可以从生态功能量和生态经济价值量两个角度核算。为什么要将生态功能量转化为生态经济价值量，也就是为什么要进行生态系统生产总值的核算，他解释说：虽然生态功能量可以用生态产品与生态服务量表达，如粮食产量、水资源提供量、洪水调蓄量、污染净化量、土壤保持量、固碳量、自然景观吸引的旅游人数等，但由于计量单位的不同，不同生态系统产品产量和服务量难以加总。因此，仅仅依靠功能量指标，难以获得一个地区以及一个国家在一段时间的生态系统产品与服务产出总量。为了获得生态系统生产总值，就需要借助价格，将不同生态系统产品产量与服务量转化为货币单位表示产出，然后加总为生态系统生产总值。

另外，欧阳志云还指出生态系统生产总值核算的基本任务有三个，即核算生态系统产品与服务的功能量、确定生态系统产品与服务的价格、核算生态系统产品与服务的价值量。生态系统生产总值不仅可以用来认识和了解生态系统自身的状况以及变化，还可用来评估生态系统对于社会经济发展的支撑作用和对人类福祉的贡献。生态系统生产总值的增长、稳定或降低反映了生态系统对经济社会发展支撑作用的变化趋势，因此生态系统生产总值核算还可以用来评估可持续发展水平与状况，考核一个地区或国家生态保护的成效，还可以作为评估生态文明建设进展的指标之一。同时，由于生态系统类型和地理位置的不同，不同地区的生态系统生产总值与构成会有地域差异，通过分析生态系统产品流通方向和生态系统服务的覆盖范围评估不同地区间的生态关联，明确生态产品与服务净提供地区与净消费地区，从而可以为生态保护和生态补偿提供定量的科学依据。

在报告中，欧阳志云认为对生态功能进行价值核算已经具备了相应的基础，因为近年来，生态系统服务功能评估取得长足进展，越来越多的生态系统服务功能类型为人们所认识，生态系统服务功能量的评价方法也在不断发展成熟，为核算生态系统生产总值奠定了基础。同时，现行的国民经济核算体系可以为生态系统产品的核算提供较全面的数据，环境监测、水文监测、草地监测、森林资源清查和湿地调查体系可以为生态系统调节服务功能的核算提供数据和参数，已基本具备开展国家或地区尺度的生态系统生产总值核算的技术基础。

最后，他强调指出由于生态系统生产总值还是一个全新的概念，为了建立生态系统生产总值核算机制，成为考核一个国家或地区生态保护成效和生态效益的指标，还需要开展如下几方面的工作：

一是建立国家生态系统核算框架与指标体系，以及标准化的核算方法。由于生态系统产品与服务功能类型多，不同国家和地区差异大，这个框架应能满足不同的地区评价需要。

二是加强生态系统产品与服务监测评估和技术研究，重点建设生态系统调节服务功能的监测体系，为生态系统生产总值核算提供基础数据。

三是要进一步开展生态系统调节服务价格确定方法研究，完善生态系统调节功能和文化功能的定价方法。

四是以生态系统生产总值核算为基础，将生态效益纳入经济社会发展评价体系，评估和考核我国及各地区生态文明建设进展和所面临的问题。①

五　GEP 核算体系是促进绿色发展的强大动力

由于 GEP 是一套通过计算森林、荒漠、湿地等生态系统以及农田、牧场、水产养殖场等人工生态系统的生产总值，来衡量和展示生态系统状况的统计与核算体系，因此它与绿色发展具有极为密切的关系。所谓绿色发展，从根本上说来就是要在经济不断发展的同时，能够最大限度地满足人民对呼吸新鲜干净的空气、享受蓝天白

---

① 《欧阳志云：生态核算工作需建立国家核算框架与指标体系》，中国政协网（http：//cppcc. china. com. cn/2013-12/05/content_ 30809914. htm）。

云青山绿水这样一种美好环境的热切渴望。GEP 概念的提出，填补了国内外对自然生态资产核算指标的空白。现在，我们如果真正用 GEP 核算体系来量化评估生态系统价值和绿色发展，就能从根本上扭转重 GDP 总量而轻视环境污染的错误倾向，这对于改善当前生态环境、推进绿色发展具有重要的现实意义。

有专家指出，早在 2005 年，我国就有绿色 GDP 核算的项目，即计算试点省份扣除生态环境成本之后的 GDP 增幅。不过，绿色 GDP 核算试点几年之后，由于各地政府认识上的不足，目前基本处于半停滞状态。而且，在中央再三强调科学发展的背景下，一些地方之所以仍然敢于上马一些对生态环境影响大的工程，主要还是政绩观在作怪，因为单纯的 GDP 核算，算出来的是政绩，其对生态环境的破坏则缺乏具体的衡量。如果将 GEP 核算纳进来，地方领导就会重新掂量。现在，党中央一直强调要转变发展思路，要把环境保护和绿色发展放在更加重要的位置上，这就为各地进行 GEP 核算体系的实践探索开辟了广阔的道路。事实上，GEP 或者说绿色 GDP，能够从多方面加快我国的生态文明建设，是促进绿色发展的强大动力。

第一，有利于建立全面的、科学的考核评价激励机制。各级党委政府是推进绿色发展的决策者和执行者，要有效地推进绿色发展，深化生态文明建设，就必须把生态环境的改善状况作为各级党政领导干部绩效考核的重要依据。而实行 GEP 核算体系，重新评估各种生态产品的实际价值，就能够从具体生态指标上为各级党委政府确立奋斗的目标和方向，从而引导干部进一步转变观念，真正树立绿水青山也是生产力的意识，强化推进绿色发展的动机，积极促进生态环境的根本好转。

第二，有利于促进国家生态区的保护和发展。国家在 2011 年已经颁布了《全国主题功能规划》，明确了哪些地方重点开发，哪些地方限制开发或禁止开发。在那些限制开发或禁止开发的生态功能区，虽然拥有丰富自然资源和良好生态环境，但整体经济往往还是处于欠发达的状况。只有实施 GEP 核算体系，按照科学的标准来衡量计算生态产品实际价值，使生态保护区的老百姓也能享有与经济发达地区一样的基本公共服务和收入回报，才能促使生态保护区的党委政府和广大干部群众、真正从根本上转变发展思路，适应不同主体功能定位的要求，形成良性发展格局，实现分工协作、错位发展。

第三，有利于建立和健全绿色发展的制度机制。森林、湿地和水域等自然环境为人类提供了多种多样的环境产品和生态服务，这种环境服务大多是间接提供的，提供者和受益者在空间上的分离，往往导致环境服务市场难以发育。因此，在市场经济条件下，要真正有效地促进绿色发展，就必须建立健全相应的市场机制，也就是说不但要能科学地评估生态产品的价值，而且能够使这些生态产品进行交易。比如说生态公益林补偿制度、排污权交易制度、碳排放交易制度、环境污染责任保险制度、绿色信贷和绿色税收制度，等等。只有这些制度都建立和健全起来了，绿色发展的路子才能越走越宽广。

第二节 盐田 GEP 核算系统的基本框架和计算方法

一 盐田 GEP 核算系统的诞生

党的十八大召开之后，盐田区委、区政府敏锐地观察到生态文明建设所具有的突出现实意义，在总结过去工作的基础上，决心将全区的绿色发展和生态文明建设提升到一个更高层次。为此，如何打破唯 GDP 的政绩观？如何推进建设美好盐田的实践进程？这些都成为盐田区委、区政府领导着重思考并决心大胆探索的重要课题。为此，在 2013 年年初召开的中共盐田区四届三次党代会上，明确提出了创建国家生态文明示范区、将生态文明建设作为全区工作主轴的工作目标，并制定出台了《创建国家生态文明示范区的决定》《生态文明建设三年行动方案（2013—2015）》和《盐田区生态文明建设中长期规划》等几个重要决定，在《盐田区生态文明建设中长期规划》中就确定了 GEP 核算研究项目。

此时，正当"生态文明建设指标框架体系国际研讨会暨中国首个生态系统生产总值（GEP）项目启动会"在北京召开，盐田区有关领导从电视上看到这一新闻，即刻启程前往库布齐实地考察调研。经过实地考察，使他们感到十分震撼，库布齐沙漠治理项目给他们带来了两点重要的启示：一是好的环境是怎么来的，二是对不良环境人类可以有怎么样的作为。这就更坚定了他们要算一算环境账的决心。

从库布齐回来没多久，盐田区有关部门就着手建起第一套 GEP 核算体系。但由于过多借鉴库布齐对自然生态系统的核算方法，还不能系统地反映人口密集的城市生态特点，结果还是缺乏针对性。因为城市是一个"社会—经济—自然"高度复合的系统，仅仅靠自然生态系统的自我降解、自然修复，已无法满足城市人口高度集聚、生产高度集中的人居环境需求，只有充分发挥人的智慧，并依赖人们的自觉行动，才能弥补自然生态系统自我修复的不足。

于是，在第二次建立的 GEP 核算体系中，盐田又尝试着将环境指标与经济指标融合在一起，但是又使整个指标体系显得过于繁杂，不仅对体系中环境指标核算及经济指标核算的科学性产生了影响，也使得整个体系在实际运用中难以落地，成为一个大而无用的"花架子"。这一次教训又使他们认识到：GEP 的计算必须有一套很成熟、精细的规则，这一点仅靠在现有计算体系中改变计算法则是很难实现的，应该坚持科学性和实用性相统一的原则，创新一套独立于 GDP 核算体系之外的城市 GEP 核算体系。这套核算体系必须在对自然生态系统生产总值核算的基础上，增加对人居环境生态系统生产总值的核算，其中就包括对水、气、声、渣（固废处理）、节能减排、环境健康等价值核算。

通过不断的实践探索，2015 年 1 月，盐田区首创的全国城市 GEP 核算系统正式出台。这套核算系统有别于目前已经开展的针对海洋、湖泊、林地等自然生态系统的 GEP 核算体系，包含了盐田所具有的山、海、港、城等诸多要素特点，并力图通过城市管理、生态工程等方式，来弥补自然生态系统自我修复的不足。这套体系在贵州等地建立的 GEP 理论基础上，又开辟了一个新的思路，发展完善了"城市 GEP"的概念。

城市 GEP 核算体系公布之后，时任盐田区委书记郭永航在接受媒体采访时强调：推行"城市 GEP"，不是要否定 GDP，而是运行"城市 GEP"和 GDP 双核算机制，要让经济增长更加可持续，更直观反映生态文明建设成绩。在盐田区的领导们看来，城市 GEP 作为单独体系来核算，一方面为 GDP 的增长框定了限制条件，戴上了"紧箍圈"，另一方面操作起来也可行、更简单。盐田区今后将实行 GDP 和 GEP 双核算、双运行、双提升工作机制。通过监控经济社会发展过程中"城市 GEP"的变化，随时了解和评估生态系统的发展状况。同时，还着手将 GEP 纳入到政绩考核体系和生态文明考核体系，尝试推进干部离任 GEP 审计，改变唯 GDP 政绩观，真正让生态资源指数成为政府决策的行为指引和硬约束。在具体实施过程中，每年年初将根据城市 GEP 增加计划的要求，将城市生态规划建设管理任务分解到不同单位、部门落实，年底再进行任务完成情况的考核。对完成、超额完成任务或促进城市 GEP 提升的单位，给予年度考核加分；对没有完成任务或影响城市 GEP 指标的单位，以区政府的名义给予通报批评。

二　盐田 GEP 指标体系的基本框架

　　盐田区在国内首创的"城市 GEP"核算体系，是以辖区经济、社会、自然环境状况和生态文明建设实践为基础，委托专业机构经过科学研究而编制完成的成果，主要是在自然生态系统生产总值核算的基础上，增加人居环境生态系统生产总值核算，将自然资源和人居环境价值同步评估。这套指标体系遵循党的十八届三中全会通过的《中共中央关于深化改革若干重大问题的决定》所提出来的"完善发展成果考核评价机制，纠正单纯以经济增长速度评定政绩的偏向"的要求，以城市生态系统理论和可持续发展思想为依据，在总结国内外生态系统价值研究的基础上，构建符合盐田区特色的城市 GEP 核算体系，明确核算因子和核算方法，为逐步将 GEP 纳入政绩考核体系和生态文明考核体系提供了技术支撑。该项研究成果有助于完善发展成果考核评价体系，也为其他地区生态文明制度建设做出示范，是盐田区绿色发展水平提升到一个新阶段的显著标志。

　　盐田城市 GEP 核算体系立足于自身的经济、社会、自然环境状况等各方面的现实基础，充分借鉴了国内外生态系统服务功能价值和环境质量价值量化的有关研究成果，并参考了国内现有的 GEP 核算案例。这套城市 GEP 核算体系具体分为三级指标：

一级指标 2 个，包括"自然生态系统价值"和"人居环境生态系统价值"；二级指标 11 个，包括生态产品、生态调节、生态文化、大气环境维持与改善、水环境维持与改善、土壤环境维持与改善、生态环境维持与改善、声环境价值、合理处理固废、节能减排、环境健康；三级指标 28 个，包括直接可为人类利用的食物、木材、水资源等价值，间接提供的水土保持、固碳产氧、净化大气等生态调节功能及源于生态景观美学的文化服务功能，水、气、声、渣、碳减排、污染物减排等指标。这套核算体系在具备通用性的同时，也要充分考虑不同特点。因此，指标的设置具有普遍性，不管农村还是城市，都设置了 28 个指标要素，但具体核算项目可能有所不同，比如针对盐田港环境污染治理压力较大的现实，其主要核算项目就是节能减排。（见表 7—1）

三　盐田"GEP"指标体系的核算方法

城市 GEP 核算指标体系主要分为"自然生态系统价值"和"人居环境生态系统价值"这两大部分，对这两大系统进行赋值和统计，必须采用不同的方法进行。

（一）"自然生态系统价值"核算方法

在实际操作中，盐田对自然生态系统价值的核算又分为三个层面进行，一是"生态产品价值核算"，二是"生态调节服务价值核算"，三是"生态文化服务价值核算"。

"生态产品价值核算"的方法比较实，因为生态产品是指生态系统为人类提供的最终产品。可以先分别核算各类产品的产量，再根据公式计算出生态系统产品总经济价值。对于具有实际市场和市场价格的产品，可以直接以其产品的市场价格作为这类生态系统产品的经济价值的评估方法，生态系统产品的产量也可根据市场调查和统计得到直观的、准确的数据。

表 7—1 盐田区城市 GEP 核算指标体系框架

一级指标	二级指标	三级指标	核算内容
城市生态系统生产总值	自然生态系统价值	生态产品	农业产品	农业产品价值
			林业产品	林业产品价值
			渔业产品	渔业产品价值
			淡水资源	淡水资源价值
		生态调节	土壤保持	保持土壤肥力价值和减轻泥沙淤积价值
			涵养水源	涵养水源价值
			净化水质	净化水质价值
			固碳释氧	生态系统固碳和产氧价值
			净化大气	生产负离子价值、吸收污染物价值和滞尘价值
			降低噪声	生态系统降低噪声价值
			调节气候	植物蒸腾和水面蒸发价值
			洪水调蓄	湖泊调蓄和水库调蓄价值
			维持生物多样性	维持生物多样性价值
		生态文化	文化服务	景观的观赏游憩价值和景观贡献价值
	人居环境生态系统价值	大气环境维持与改善	大气环境维持	大气环境维持价值
			大气环境改善	大气环境改善价值
		水环境维持与保持	水环境维持	水环境维持价值
			水环境改善	水环境改善价值
		土壤环境维持与保护	土壤环境维持与保护	土壤环境维持与保护价值
		生态环境维持与改善	生态环境维持	生态环境维持价值
			生态环境改善	生态环境改善价值
		声环境价值	声环境价值	声环境舒适性服务价值
		合理处置固废	固废处理	固废处理价值
			固废减量	固废减量价值
			固废资源化利用	固废资源化利用价值
		节能减排	污染物减排	污染物减排价值
			碳减排	碳减排价值
		环境健康	环境健康	环境健康价值

"生态调节服务价值核算"的方法则较为复杂，一般采用替代市场技术，它是以"影子价格"和消费者剩余来表达生态系统服务的经济价值，评价的方法较为多样，如影子价格法、市场价值法、替代工程法和旅行费用法等。在盐田区城市 GEP 核算体系中，生态调节服务功能包括土壤保持、涵养水源、净化水质、固碳产氧、净化大气、降低噪声、气候调节、洪水调蓄、维持生物多样性九个方面。首先分别核算各指标的功能量，确定各项功能的价格，最后根据公式计算出生态调节服务的总经济价值。

"生态文化服务价值核算"的方法也分为两个方面。在计算盐田区景观的文化服务价值部分，主要考虑盐田区自然与人工生态景观的观赏游憩价值和生态景观、滨海景观的存在对社会的贡献价值。盐田区主要自然和人工生态景观有：东部华侨城生态景区、梧桐山国家森林公园、大梅沙海滨公园、小梅沙海滨度假村、盐田区绿道等。因此，在计算生态文化服务价值时，首先就是统计其观赏游憩价值，具体说就是研究运用旅行消费法来核算生态系统的观赏游憩价值。观赏游憩价值是当自然景观所承载的自然资源被人们消费时，满足游览者观赏游玩需求的那部分功能和价值，也就是目前的自然资源通过商品和服务的形式为人们提供的福利为消费者支出与消费者剩余之和。盐田在制定这一指标体系中，通过有效的 300 份问卷和参考同类型、具有一定代表性的其他景观的研究成果，来确定消费者支付意愿。其次，就是计算景观的贡献价值。景观贡献价值包括生态景观贡献价值和海滨景观贡献价值。在计算生态景观贡献价值部分，假设生态景观被破坏而丧失了观赏游玩的功能，盐田以景区的重建成本和重建所需的时间成本来替代计算生态景观贡献价值。在计算海滨景观贡献价值部分，根据内涵资产定价法，通过比较海景房与非海景房之间的价格差异，建立半对数函数模型中引入虚拟变量，可以评估出滨海景观所拥有的经济价值。

（二）"人居环境生态系统价值"的核算方法

在人居环境生态系统价值核算中，主要采用的是替代工程法和防护费用法。具体分为以下几个方面：

其一，是大气环境维持价值和大气环境改善价值。大气环境维持价值是指盐田区大气环境质量维持在一定状态所具有的价值，假设盐田区大气环境处于一个极端恶劣的情况，需要花费一定资金去治理和恢复，因此可以参考北京市大气污染治理成本来计算盐田区大气环境维持价值。大气环境质量改善价值可以采用条件价值法，以居民的对大气质量改善的支付意愿来计算。

其二，是水环境维持价值和水环境改善价值。参照已达到较好成效并仍在继续恢复的深圳龙岗河的单位河长治理成本（17755.35万元/公里）来替代计算盐田区河流水环境质量维持价值。以盐田区实际水质情况和污水处理厂将污水净化处理达到某类等级所需的处理成本来替代计算水环境质量改善价值。

其三，是土壤环境维持与保护价值。假设区内建设用地（19.60平方公里）全部遭到污染，为了使该类土地恢复到可用作商业和居住的程度，盐田区需要花费一定的财力来做修复治理工作。因此，可以根据受污染土地单位治理成本对盐田区土壤污染治理所需成本进行估算。

其四，是生态环境维持与改善价值。假设盐田区所有生态资源用地均被破坏最终变为草木稀疏的裸土地，以生态环境修复所需成本来计算生态环境维持价值；以保护和改善生态环境所需要的生态环境建设（包括边坡治理、管网建设、雨污分流建设、城区绿化等）的投入来计算生态环境质量改善价值。

其五，是声环境价值。盐田区的城市 GEP 指标体系核算方法参考前人研究成果，运用逆向思维方式，借助环境评价中的污染损失率模型，从环境污染损失反推出环境要素的价值。即用噪声对人造成的伤害损失来近似衡量良好声环境所创造的价值。

其六，是合理处置固态废物所创造的价值。盐田区产生的主要固体废物包括工业固体废物、城市生活垃圾及餐厨垃圾。在合理处置固废所创造的价值部分，可以分为固废减量价值、固废处理价值和固废资源化利用价值这三部分来计算。

其七，是节能减排所创造的价值。这里所讲的节能减排主要是指通过各种先进技术、工程措施和高效管理实现的大气污染物减排和碳减排。大气污染物减排主要包括通过工程、结构、管理三类措施实现的污染物的削减量。而碳减排则根据数据统计及转换计算，如盐田区 2013 年通过推广自行车出行而产生的碳减排量为 4.98 万吨，盐田国际龙门吊的"油改电"项目通过改柴油驱动为电力驱动年减少二氧化碳排放 6.6 万吨，盐田港拖车"油改气"项目实现碳减排量约为 9235 吨，并采用欧盟碳交易价格 1200 元/吨来替代计算盐田区碳减排的价值。

其八，是环境健康的价值。此核算方法是通过采用逆向思维，主要从空气污染对人体健康造成经济损失的角度来反推出环境健康价值。健康损失可以从两方面来考虑，一是由于空气污染而使发病率（致病率）增加产生的居民医疗费、误工费的损失；二是由于空气污染而使居民寿命减短造成的损失，表现为死亡率（致死率）增加。

根据这一指标核算体系，基于盐田区 2013 年高分辨率遥感影像，并结合所收集到的数据资料，对盐田区域的生态系统进行分类，先分别测算出自然生态系统价值和人居生态系统价值，最后计算出盐田区 2013 年的生态系统生产总值。根据这套系统的初步核算，2013 年盐田区城市 GEP 为 1015.4 亿元，是当年 GDP（408.51 亿元）的 2.49 倍。以盐田区 2013 年常住人口 21.39 万人计，人均 GEP 为 47.47 万元。以盐田辖区面积 74.63 平方公里计，单位面积 GEP 为 13.6 亿元/平方公里。其中，自然生态系统总价值为 660.88 亿元，占 65.09%；人居环境生态系统总价值为 354.52 亿元，占 34.91%。由此可见，盐田区城市 GEP 价值较高，自然生态服务价值占了 GEP 很重要的一部分，说明盐田区相当重视自然环境保护，自然生态功能维持在相当好的状态。除此之外，盐田区通过建造环境污染物净化设施、实施生态修复工程等措施人为努力改善了城市环境，也正因为有人为的参与建设，使城市中的生态景观变得更有吸引力更具价值，提高了其在城市中的贡献。

第三节　专家学者对盐田GEP指标体系的积极评价

为深入地探讨开展城市GEP核算的实践意义，进一步完善城市GEP指标体系，2015年4月27日，由中共深圳市盐田区委、盐田区人民政府、深圳市委改革办、深圳市发展和改革委员会、深圳市人居环境委员会、深圳市统计局等联合主办的"城市GEP创新、融合、发展——美丽中国的盐田探索"主题高峰论坛在盐田举行。中国生态文明研究与促进会常务副会长、原国家环保总局副局长、党组副书记祝光耀，中国环境科学研究院院长、中国工程院院士孟伟，联合国文明联盟内阁成员、国际生态安全合作组织创始主席蒋明君，联合国人居署驻华代表张振山，中国科学院生态环境中心党委书记、副主任欧阳志云先生，国家环境保护部自然生态保护司副司长邱启文，国务院发展研究中心资源与环境政策研究所副所长、研究员谷树忠等领导和专家学者以及深圳市的有关部门领导、专家出席了会议。

根据出席会议的各位领导和专家的发言，关于盐田首次提出城市GEP核算指标体系，人们可以从以下几个方面来认识其理论上和实践方面的积极意义。

一　开展城市GEP核算体系的探索是重要的创新

开展城市生态系统生产总值核算体系的探索与研究，通过GEP和GDP双核算、双运行、双提升的机制，寻找美丽中国特别是美丽盐田量化考核的新途径，这是一件非常有意义的工作。所以，祝光耀就指出，长期以来，全球以社会生产总值作为衡量区经济发展水平的主要指标，虽然对推动区域经济、社会的发展起到了积极的作用，但是其忽略资源、环境成本，单纯追求发展速度的导向，在实践中易成为非理性发展的自身的诱因，唯GDP的政绩考核标准和方法必然会暴露自己负面的效应。建立城市的GEP体系关注的是生态系统的运行状况，通过GEP的核算评估后衡量城市生态系统的状

况、具体变化，评价和分析生态系统对人类经济、社会发展的支撑
作用，也是对人类付出的贡献。将 GEP 作为政绩考核体系和生态文
明建设的考核体系，对于改变唯 GDP 的政绩观，使生态资源资产的
保护、管制真正成为政府政策的硬要求，这是一项具有创新性、挑
战性很强的工作。为此，他期待这一个评价体系通过不断的完善、
提升，能为盐田的科学发展、可持续发展做出贡献，并且也为其他
的地区提供有益的借鉴和参考。期盼盐田区在生态文明建设的征程
上不断地进取、勇于担当、继续努力，为全省和全国生态文明建设
做出新的、重要的贡献。

蒋明君在演讲中认为，由于气候变化和环境破坏引发的环境灾
难和生态灾难正对世界产生深刻的影响，如何处理好发展与稳定的
关系、如何解决环境危机和资源安全、如何推进经济与生态协调发
展，这些都是当前的重要课题。盐田区创新开展的城市 GEP 核算为
美丽中国的基层实践特别是深圳"四个全面"建设带来了新的探索、
新的气象、新的格局，也积极主动顺应当前生态文明建设的新要求。
这套评价体系着眼于区域生态文明建设和经济社会协调可持续发展，
丰富了生态文明建设成果的评价机制，因此，他相信城市 GEP 和
GDP 的协调机制的建设和推广，不仅对中国乃至整个世界城市生态
系统安全格局将产生深刻的影响，而且具有非常重要的现实意义和
深远的战略意义。他还表示，联合国文明联盟与国际生态安全合作
组织将加强与中国和丝绸之路沿线国家在生态、环境与可持续发展
方面的合作，使城市 GEP——美丽中国的盐田探索成果成为中国与
其他国家增进相互了解、不断加深友谊、保护自然环境、加强生态
文明建设，努力构建生态安全格局的重要桥梁。

城市发展有它的社会属性，也有它的自然属性，对城市的认识
两者不可偏废。在设定城市发展价值观时，需要有全面、理性的判
断。关注城市的自然属性，将城市视为一个生态空间，城市文明自
然应该包括生态的空间合理性、历史传承性和物种间的包容性。它
也应该适合多样性的物种繁衍生息，多样性的自然形态合理分布，
多样性的自然资源消长平衡。所以，乐正在演讲中认为，宜人与和
谐应该成为城市发展的永恒主题。现在盐田区政府提出探讨 GEP 核

算的科学性、应用性的标准，实现 GDP 和 GEP 双核算、双运行、双提升，为建设美丽中国探索新路径，这是找到了未来我们中国城市发展一个新的关节点。他还强调，过去由于人们对城市自然属性认识不足，导致人们对城市发展的评价体系出现了偏颇。因此，应该重新设定评价城市文明的标准，把人与自然生态的融合发展作为城市价值的评价尺度。城市 GEP 就是试图对城市的自然属性和人居环境状况进行系统评价的新体系，就是使我们在考核城市的经济价值、社会价值的同时也要考核它的生态价值。所以，构建城市 GEP 体系是把宜人和谐的城市发展价值观制度化的试验，是努力把发展的生态效益体系化、标准化的勇敢尝试，城市 GEP 和 GDP 双考核是发展型政府的一次转型和自我革命，是破解发展成果考核难题的一次闯关，是城市从片面发展走向自然融合的文明觉醒。最后他还表示，要建设一个新的对城市发展价值的考核体系是非常困难的，但是尽管面临着很多困难，GEP 核算仍是值得我们期待的，这是整个国家或者是整个中国城市发展的大事。现在由盐田区先行了一步，率先探索，这是小区办大事，值得期待。

谷树忠在演讲中首先就指出，GEP 源于可持续发展思想，并在理念上与其高度一致，同时 GEP 与中国的科学发展和生态文明建设的理念、目标和要求也是高度一致的，符合我们的总体发展趋势和要求的。他认为，可以从六个方面的契合度来认识开展城市 GEP 核算的必要性，第一是契合国家的生态文明建设，因为生态文明建设的核心内容就是资源节约、环境保护、生态保育以及空间的优化，这是核心的内容。从这个意义来讲，GEP 是契合生态文明建设的。第二是契合党和政府执政理念转变，我们正在经历执政理念的全面而深刻的变革，集中体现在干部考核制度的重大变革上。第三是契合我们新型城镇化发展的战略和规划，尤其契合我们消除城市病、期盼更高的发展要求和更新的发展目标这样一种强烈的呼声。第四是契合多元化融合发展的趋势，新兴工业化、新型城镇化、信息化、农业现代化和绿色化，五化融合是当代发展的特色，GEP 特别契合"绿色化"转型发展这样的目标和要求。第五是契合生态系统管理理念，农、林、水、草等人工生态系统加上自然生态系统都需要管理，

GEP 就提供了这样一种平台、一种目标和指向，那么着眼于生态系统的结构、功能、效率的优化是生态系统管理的主要核心内容。第六就是契合城市的形象和品位的提升，GEP 这项工作做好了，也会提升我们城市的形象和品质。

同时，谷树忠在演讲中还分析了城市 GEP 核算指标体系的创新性。他认为，第一就是理念创新，城市 GEP 基于城市生命体与城市生态系统的理念以及城市可持续发展的理念，是对传统城市发展和城市管理理念的创新；第二是理论创新，城市 GEP 有助于推进城市可持续发展、生态学理论的创新，推进环境、资源科学的创新，乃至推动国土空间以及其管制理论创新等；第三是方法创新，城市 GEP 对可持续发展、绿色发展以及城市健康发展提供了新的方法，对这些方面的工作具有显著的改善和改进作用；第四是管理创新，城市 GEP 对传统的管理目标、路径和方法将会产生重大的修正作用，乃至矫正作用，因此，这些创新性是不言而喻的。

二　城市 GEP 是促进绿色发展的制度保障

2015 年 3 月 25 日中央政治局通过了《关于加快推进生态文明建设的意见》，进一步强调要把生态文明建设融入经济、政治、文化、社会建设的各个方面和全过程，牢固树立绿水青山就是金山银山的理念，对生态文明建设的基本方针、基本路径、基本动力、重要支撑和工作方式等进行了深入的阐述，提出了明确的要求。并强调必须把制度建设作为推动生态文明建设的重中之重。要按照国家治理体系和治理能力现代化的要求，着力破解制约生态文明建设的体制机制的障碍，以资源环境生态红线管制、自然资产产出源头管制、自然资源负债表确定离任审计作为突破口，深化生态文明体制改革，尽快出台相关的改革方案。建立系统、完善的制度体系，这是对全国生态建设提出的新的更高的要求。为此，祝光耀指出，环境保护部已召开专题会议，重新启动绿色 GDP 的研究。盐田开展的城市 GEP 核算体系研究，是我国生态文明制度研究的一项重要的探索，也是落实中央整体部署的具体行动。为此，他非常希望各位与会的专家学者对城市 GEP 的核心理论、体系研究探索积极地建言献策，广泛深入地进行交流，为该体系的建立、完善做出积极的贡献。

邱启文在演讲中肯定了开展城市 GEP 核算是一项重大的生态文明制度的探索与创新。他指出，党的十八大，十八届三中、四中全会对生态文明建设做出了全面部署，都强调加强生态文明制度建设。习总书记关于生态文明建设系列重要讲话，也多次强调绿水青山就是金山银山，要用制度保护生态环境，把资源消耗、环境损害、生态效益等体现生态文明建设状况的指标纳入经济社会文明发展的评价体系，建立体现生态文明要求的目标体系、考核办法、奖惩机制，使之成为推进生态文明建设的重要导向和约束。深圳作为我国改革开放的窗口，在国内较早地编制了生态文明建设的行动纲领，制定了深圳市生态文明建设的考核制度，在生态文明建设尤其是制度创新方面做了大量有益的探索，发挥了很好的引领和示范的作用。盐田区是我国华南地区首个获得"国家生态区"命名的地区，也是国家生态文明建设试点的地区，2013 年就编制完成了生态文明的建设规划，目前正在开展国家生态文明建设示范区工作。而国家生态文明建设示范区要求从优化生态空间、发展生态经济、保护生态环境、倡导生态生活、完善生态制度和弘扬生态文化六个方面开展全面的建设，其中制度建设是生态文明建设的应有之义和重要的任务。盐田区在全国率先开展城市 GEP 核算是生态文明制度创新的具体体现，通过城市 GEP 的核算开展 GDP 与 GEP 双考核，有利于引导人们牢固树立绿水青山就是金山银山的理念，改变简单唯 GDP 论英雄的政绩观，对加快推进生态文明建设、建设美丽中国具有重要的实践探索意义。

孟伟在演讲中，首先就肯定了深圳市和盐田区在建设生态文明方面所做出的努力。他指出，我们之所以搞 GEP 也好、搞自然资源资产也好，都是十八大以来中央确定的一个基本的方针，大家都在积极地探索。在这方面，深圳市包括盐田区做了大量的、创新性的工作，都是非常值得赞赏的。他说他在全国跑了不少地方，盐田区在这方面的创新还是非常明显的，值得赞赏！习总书记和中央政治局对生态文明的建设、对自然资产的要求做出了一系列的部署，应该讲这方面的工作是一个长期任务，要久久为功。一个地方的 GDP

再好也不行，要把 GEP 或者叫自然资源资产放到很大的权重上来评价，我们的发展以破坏环境为代价是不可取的，新的《环境保护法》也公布了，中央的一系列决策也说了，我们一定要坚持节约优先、保护优先、自然恢复这样一个基本的价值观。他指出，中国工程院从 2013 年启动了《生态文明建设若干战略问题研究》，五月中旬准备启动生态文明建设的二期研究，这次主要从四个方面来进行研究，包括国家生态文明指标体系的研究，这个研究与今天这个会议主题是高度契合的。这方面的研究要进一步聚焦在构建生态文明建设体系上，对于城市来讲，如何搞好城市建设、管理好固体废弃物，如何把城市管理和提高资源利用效率，把循环经济、低碳发展、绿色经济综合在一起，我们专门安排了中国工程院的院士来牵头研究，也可以考虑在不同的地区选择一些示范区，结合中国工程院的项目持续地推进。我们的指标体系是基于这样的指导思想，总体上来讲是要可统计、可量化、可评价这样的一个体系。现在是一个探索阶段，就是要百花齐放，大家都去做实验，在广泛试点工作的基础上再去不断地总结经验，不断地形成一些共识。

孟伟在演讲中还强调指出，习近平总书记提出来要建立"山水林田湖一体化"的系统设计思想。没有水就没有蒸气的传输，没有蒸气的传输就没有降雨，没有降雨就没有森林和土壤。所以说，盐田区作为国家水土保持生态文明区，也是体现了系统设计的一个非常重要的思想。然环境污染问题也给盐田区带来一些潜在的挑战，是条件上的挑战，希望盐田区能够保持在深圳市的优势、在全国的优势，继续努力，做得更好。盐田区 70 多平方公里面积，其中基本生态控制线是 50 多平方公里，占总面积的 68%，这是非常好的自然条件。另外，人口密度比较小，第三产业比较发达，占到 GDP 的80%，应该说这些数字都非常好的。

孟伟说，十年以前给深圳市做的一个生态建设的规划方案，叫四横六纵。盐田区在深圳市接近 2000 平方公里的范围内只占 70 多平方公里，但生态是连续的、整体的、系统的，仅仅考虑盐田是不够的。保护好了盐田区的生态系统，如果关联系统不保护好也是不可能的。这四纵六横对盐田来讲，是处在一个关键地带，处于东西部的过渡带。盐田区有梧桐山、七娘山，作为深圳的后花园，南澳、大鹏、葵涌等这一线是非常好的自然生态系统。深圳拥有大亚湾、深圳湾、大鹏湾，他个人认为大鹏湾是最好的。但盐田也存在一些挑战。如何在"四横六纵"的基础上来考虑生态系统的服务功能和完整性，这是必须加以关注的问题。盐田区的生态服务功能主要应该体现在土壤的保持、水源的涵养、碳汇、生物多样性的保护等方面。应该以深圳市和东部海湾为整体深入分析盐田区生态资产的价值与作用，以生态资产评估为依据，分析研究盐田区生态资源利用的"天花板"，引导经济结构调整。

孟伟表示，他很高兴地看到深圳市环科院的核算结果，2014 年盐田区在 GDP 增长了 10% 的基础上，GEP 仍增长了 5%，说明在高速经济发展的同时 GEP 仍然保持增长的态势，还是非常值得称道的，这种核算的模式应该保持下去。像盐田区特别是深圳特区，如果有条件应该由深圳市制定地方的标准，国家的环境保护法已经明确授权给地方可以制定相应的法律，包括制定一些生态资产核算的技术规划、技术细则和自然资产核算的管理办法。这个方面如果有所突破的话，相信能给全国非常好的示范和引领作用。最后，孟伟建议建立生态资产的管控制度和管理决策的责任制度，他觉得盐田区是有决心建立这套制度体系的。环境问题也好，生态问题也好，是经济问题，也是社会问题，又是政治问题，应作为社会管理的重要组成部分，要付出必要的管理成本。五位一体四化同步再走上一个绿色化，其中绿色化，或者叫绿色发展是非常重要的一个理念，应该要非常明确地突出和介绍。所以推进经济发展不以牺牲环境为代价，不以牺牲生态系统的健康为代价，应该自然、顺应自然、保护自然，盐田区委、区政府推动城市 GEP 核算这项工作，其目的、其宗旨也就在这个方面。

三　盐田城市 GEP 核算体系具有科学性

一个区域或一个城市是一个"社会—经济—自然"组成的复合系统，它的可持续性应是经济高效、社会公平、生态健康的综合。经济指标有 GDP，这代表了一个国家或地区的经济中所生产出的全部最终产品及劳务的价值，也是各国普遍采用的经济核算体系。但人类社会赖以生存的自然生态系统，目前尚缺乏与现行的国民经济统计的核算体系来接轨。对此，欧阳志云在演讲中指出，生态系统创造与维持了地球生命支持系统，形成了人类生存与发展所必需的条件，维持氧等大气化学成分的稳定、水循环等，为人类提供了食品、木材和其他原材料、粮食、淡水能源等。生态系统服务是指人类从生态系统中获得的利益，但长期以来人类在发展过程中将必需的生活条件和生产条件都当成是当然的或者说是免费的。现在生态系统对人类的贡献是国内外关注的热点议题，联合国 2003 年启动了全球生态系统评估，还启动了生物多样性和生态系统服务性的平台，联合国统计署、世界银行、欧盟等国际组织，以及澳大利亚、美国、加拿大等国家都在探索怎么用生态系统服务的评估来促进经济的发展。他还强调，我国对生态系统的服务也较为重视，国务院颁布的主体功能区域就是基于重点生态功能区的空间特征来确定的，环境保护部与中国科学院刚刚完成了全国生态环境十年调查与评估。党的十八大提出了生态文明建设重点领域，即加强生态文明制度建设，把资源消耗、环境损害、生态效益纳入经济社会发展评价体系。十八届三中全会进一步明确要求："将生态效益纳入考核体系，要探索编制自然资源资产负债表。"而对生态系统生产总值进行核算，就成为了开展生态效益核算的科学依据，对此盐田做了大量的探索工作，GEP 核算内容有生态资产核算、生态资产投资核算、生态系统生产总值核算。在这些方面，特别是在城市建设中增加绿地、增加物资的循环、增加净化能力，盐田区的这些探索提供了一个很好的思路，也形成了一个基本的框架。我们下一步的工作就是建立国家框架指标体系以及标准化的核算方法，这个要通过大量的案例来实现，而盐田已经走在前面了。

谷树忠在演讲中指出了盐田城市 GEP 核算的重要进展，他认为：盐田是国内第一个系统开展城市 GEP 核算工作的城区，这一点是毫无疑问的，应该说是库布齐之后开展工作比较早的。另外盐田构建了城市 GEP 指标体系，由三级指标构成，三级指标有 28 个，基本上是站得住脚的。另外还计算出了盐田城市 GEP 的核算结果，当然这个结果是初步的，也可能存在对结果的不同看法，因数据的问题、方法的问题、历史和现实对比的问题，也有可能引起对数据有疑惑。再有是明确地提出了双核算、双运行、双提升的"三双"思路，给人以震撼，这说明 GEP 的理念的思路已经影响到盐田区委区政府的决策，这一点十分难得。再就是盐田开始了推进城市 GEP 的相关工作，那么其他城市也会效仿，盐田可以成为城市 GEP 的探路者、实践者、先行者和引领者，现在是探路者、实践者，能不能提升到先行者和引领者，这点是很值得期待的。同时，谷树忠也谈到了盐田创新城市 GEP 核算系统的重要启示。他指出，第一点启示就是 GEP 理念开始深入人心，这一点与国际潮流和发展趋势是相吻合的，与我国生态文明建设的目标和要求是一致的，与公民环境觉悟时代的特征也是一致的。第二点启示就是这项工作是重新审视城市发展历程的好方法，而党委、政府是否重视，又是这项工作成败的关键。事实上绿色 GDP 走过弯路，现在绿色 GDP 是重启。另外，开展城市 GEP 必须有数据支撑，必须建立健全资源、环境、生态监测、统计、调查、评估体系，提供科学、准确、及时、可信的数据支撑。第三点启示就是 GEP 确实有助于认识我们的生态或生态文明的级差红利的问题，特别是城市 GEP 有助于测算我们城市的级差红利。总之，城市 GEP 的启示是：理念比方法更重要，探索比观望更重要，过程比结果更重要，参与比主导更重要。

四 城市 GEP 核算体系面临的挑战和完善的途径

在演讲中，与会的专家学者除了充分肯定盐田城市 GEP 核算体系提出来的理论和实践意义之外，也谈到了该体系所面临的挑战和完善的途径。

关于挑战性，谷树忠指出在城市地区开展 GEP 和其他地区开展 GEP 相比有更多的挑战性：一是系统边界的挑战。城市系统的边界在哪里？这个问题确实是比较复杂的，是城市建成区、市辖区，还是受城市影响的区域？这个决定了城市 GEP 核算的结果。建成区可能太小了，因此城市 GEP 核算系统的边界问题值得我们去探索。二是人工干预的挑战。城市生态系统是复杂的、复合的系统，受人工的干预比较大，干扰的因素比较多，而且也复杂，怎么处理好这个问题？在这方面盐田做了初步的探索。三是城市功能多样性的挑战。因为城市功能是多样的，除了生态功能外，还有人口和产业聚集功能、文化功能、政治功能等一些功能，尽管城市 GEP 侧重于生态功能的核算与评估，但其他功能也要兼顾到，这个也是一个复杂的问题。四是生态平衡的挑战。因为在城市化发展的进程中，会留下比较深的生态足迹，会对生态系统产生或多或少的影响，结果往往产生城市生态赤字的问题。可喜的是看到盐田区没有出现生态赤字，那么这种情况如果放到其他区情况又是怎么样的？五是城乡关系的挑战。这是否导致我们城乡关系的倒置？乡村对城镇的依附转向城镇对乡村的依附，这种情况有可能出现，也可能导致新的城市危机出现。六是综合效应的挑战。这涉及城市化的正外部性与负外部性的重新审视，有可能影响城市化的进程，这也是一个让人担心的问题。处理好的话会对我们城市化的发展有利，进程只是一个传统的进程，路径就可以起到矫正作用而不是阻滞作用。七是核算方法的挑战。核算中需要将生态服务评价与城市功能评价有机地结合起来，包括指标的选择、耦合等，这些困难是比较多的，自己原来也从事过相关的研究，发现确实比较难办。其中就有数据支撑的挑战性，因为 GEP 核算需要大量的数据支撑，所需的数据有与没有就是个问题。即使有了，还有个真与假的问题、共享性与可得性的问题，以及时间频率的问题等，这些都是我们在 GEP 核算中可能面临的数据问题。数据的真实性和数据的合法性也往往存在一定的矛盾，在这个问题上我们应该引起警觉。八是核算结果的挑战。GEP 的提出对地方党委和政府政绩考核的冲击应该是比较大的，开展 GEP 核算的相关工作，需要所在地党委和政府比较大的勇气胆识。为此，他特地向盐田区委、区政府表示钦佩之意，并相信这项工作会继续坚持下去。

此外，谷树忠还对完善盐田城市 GEP 核算体系提出了几点建议。第一，从理论到实践，科学家要走向决策者，并且用实践验证来促进科学理论的发展。第二，从封闭到开放，着眼于城市开放系统，关注物质、能量、信息、技术、人员等流动性及其对 GEP 的影响。第三，要体现陆海统筹的理念，从陆地到海洋再到陆海统筹。第四，从单一到综合，要体现城市多功能综合分析基础之上的 GEP。第五，从理念到行动，将科学核算结果转化成政策变量，将核算指标转化为管理目标。第六，将 GEP 指标转化为工作考核指标，谁来考核？考核谁？考核结果是做什么的？这些问题都是非常关键的。

汪俊三在演讲中站在专业技术的角度对城市 GEP 做出了评价。他说，这个核算指标系统意义非常重大，这在我们国家里面是第一个。它的内容比较全面，指标体系是比较合理的，估值和计算方法也是基本正确的，计算出来的结果基本上是可信的。他也指出，根据自己的工作实践，觉得生态的定量评价、生态的估值评价是非常难的，所以他提出三个值得非常关注的问题。第一就是指标体系，这个指标体系不能把主要的、产值很大的、生态功能很大的指标体系漏了，比如植被里面的水保的指标体系，它对水资源、水文的稳定非常重要，千万不能漏掉了。第二个就是估值非常重要，不能把生物多样化功能仅用野生动物来估值，这里就相差了几十倍、几百倍、上千倍，所以估值也是非常重要的一个环节。第三个是资料的统一。这三个问题把握好了，核算报告拿出来以后，它的结果基本上就是正确的。

有鉴于此，汪俊三认为：关于城市 GEP 指标体系的构建原则，首先就是要能反映生态系统的功能，这个就是功能估价，要以增值指标为主。其次，是要考虑生态系统结构生态系统的指标涉及的面是非常广的。为什么生态系统的评价模式很难拿出来呢？因为一个参数涉及方方面面，面很广而且它是可变的。这个内容是横向的指标体系，主要的几个指标比如说植被的问题，这个不能漏。再次，就是指标一定要多层次。因为生态系统跟其他的系统不一样，它是一个链条的反映，一个变了其他跟着变，所以构建 GEP 指标体系第三个需注意的问题就是要多层次、多层面，这里就有一个一级指标、二级指标、三级指标的问题。最后，就是可操作性的问题，没有可操作性的数据就统计不起来。他还认为，核算指标体系可以一环接一环地不断延伸，所以应该设立边界，否则就不好比较。具体到哪一个层次为止，实际上有个三级指标体系就可以了，盐田区的核算报告书也是这么做的。其中第一个指标体系是虚的，第二个指标体系、第三个指标体系才是真的效应指标体系。指标体系分为三级，一般都是反映两级效应，再做下去就很难做了，也很复杂了。譬如植被，植被里面就有涵养水源的指标，包括土壤里面的持水量，这个就要做到生活用水、农业灌水、工业用水，再做下去就很难做了。

另外，他还指出，指标体系还有一个时间尺度和统一量纲的问题。核算报告一般是年度增值为计算标的的，生产量是年度值的增长，但生物量是多年的累计量，这些很简单的、很基础的都要分清楚。在调查的时候，年度有决策失误什么的，这些都要说清楚。量纲也要统一，平方公里就是平方公里，吨就是吨，如果量纲不统一，统计出来的结果也是不正确的，不可比的。

在演讲中，汪俊三还对核算指标的设置提出了一些具体的意见和建议。首先他认为盐田的城市 GEP 核算指标体系中的生态调节这个指标设置得好，这是最重要的，它的产值也是最大的，要把精力放在这个地方，这个体系一错、一有误差的话，整个结果也是有误差的。其次是关于指标的取舍问题，土地资源特别是耕地、农业生态系统的保护方面，它的效应是非常之高的，这个指标如何设置应该很好地加以考虑。另外就是指标系统里面生态功能指标也非常重要，现在后面的维护指标很多，这里面有没有跟前面的指标重复了？前面的指标有数值、有质量，我们投入的维护功能也是有数量、质量的，估值的时候有没有重复？怎么分拨？这个问题值得探讨。关于指标体系的估值的方法，汪俊三认为还应该增加一个机会成本法，生物多样性的价值应该用机会成本法来计算。然后每个核算指标都应该有自己的核算模式，主要指标应至少两个以上的核实模式。最后汪俊三表示，深圳有很多东西包括科研都走在前面，他希望这个项目还可以做下去，希望可以总结分析出检验模式、预测模式、推算模式。

第四节　盐田 GEP 项目的广泛社会效应

一　盐田 GEP 项目引起社会舆论的强烈反响

　　盐田首次提出的"城市 GEP"核算系统，吸收 GEP、绿色 GDP 概念的合理成分，有效弥补了 GDP 核算未能衡量资源消耗和环境破坏的缺陷，为衡量地区的生态文明建设成果提供了科学规范的核算体系框架。同时，盐田区一方面将"城市 GEP"指标转化为生态文明建设工作任务，纳入全部 46 个党委政府部门绩效考核、干部考核体系，使其成为生态文明建设的重要制度保障。另一方面，盐田区还积极构建"城市 GEP"提升的民众参与机制，比如建设城市慢行系统，大力提倡市民使用节能减排的公共自行车，而群众骑行越多，"城市 GEP"的相关数值就越高。2014 年，盐田人均 GDP 为深圳全市第三，在 GDP 增长 8.9% 的情况下，"城市 GEP"增长 5.4%，初步实现"城市 GEP"与 GDP 的双提升。盐田区在深圳率先建成"国家水土保持生态文明区"以来，连续两年其公众生态文明意识和公众城市环境满意率都位居深圳首位。因此，盐田的城市 GEP 核算系统一提出，就受到了广泛的关注。

　　2015 年 1 月 21 日，盐田区发布首个"城市 GEP"核算体系之后，《深圳特区报》《21 世纪经济报道》《南方日报》《中国青年报》《中国经济时报》《中国环境报》便纷纷从不同角度对该项目进行了报道，并给予了积极的评价。而在 4 月 23 日，《学习时报》则以《春天对话："美丽中国"盐田在践行》为题，对该项目给予了充分的关注。文章认为，"习近平总书记在参加十二届全国人大三次会议江西代表团审议时的讲话中指出，环境就是民生，要着力推动生态环境保护，像保护眼睛一样保护生态环境，像对待生命一样对待生态环境。这正是群众向往的美好生活。深圳市盐田区作为华南地区首个国家级生态区，多年来一路坚守，一路创新，积极探索生态文明建设新机制，走出一条不以牺牲生态环境为代价，经济、社会与自然共荣共生的独特道路——推行'GDP 与 GEP'双核算、双运行、双提升机制，打造'美好城区'的路子"。文章还指出："建区以来，盐田历届区委、区政府坚持把'生态优先'的理念贯穿于各项工作的始终，既倍加珍惜'天生丽质'，更不懈发力'后天保养'，坚定绿色生态是不竭的财富和后劲这一执政理念。正因为这样，盐田现在实行'GDP 与 GEP'双核算、双提升，既考虑经济发展，更考虑环境承载能力。应该说，这也正是今天的盐田人在秉承'像保护自己的眼睛一样保护生态环境'，'让百姓在良好生态中诗意栖居'等承诺上，又一次创新，又一次闪亮地'接力'，他们用自己的智慧和双手将'生态文明'四个字刻画得熠熠生辉"。

2015 年 4 月 28 日，在"城市 GEP 创新、融合、发展——美丽中国的盐田探索"主题高峰论坛举行的翌日，人民网即以《深圳盐田 GDP 和 GEP 双核算为建设美丽中国贡献方法论》为题报道了这次会议的盛况。报道用三个小标题概括了盐田城市 GEP 核算系统的积极意义，那就是，第一，具有创新性，是新城市发展观的制度化试验；第二，具有科学性，其指标体系、估值方法基本合理；第三，具有示范性，即不提供套用模式但贡献方法论。

2015 年 6 月 26 日，谷树忠在《中国经济时报》发表题为《GDP 和 GEP 双核算：深圳盐田的探索》的署名文章，文章认为："需要特别指出的是，我国也有若干地区开展了 GEP 核算研究和应用。但盐田的 GEP 核算是在自然生态系统生产总值核算的基础上，更加突出了城市生态系统的重要性、特殊性，增加了人居环境生态系统生产总值核算，包括水、气、声、渣（固废处理）、节能减排、环境健康等价值核算，更加强调通过城市规划、城市管理、城市建设等方式对人居生态环境进行维护和提升所创造的生态价值。因此说，盐田的城市 GEP 核算更有助于认识和评价城市化进程及其生态效应，从而更加有助于校正城市化进程，实现绿色城镇化。"

二　盐田 GEP 项目获中国政府创新最佳实践奖

盐田区在"城市 GEP"项目公开发布并受到专家学者肯定之后，便申报了"2015 年度中国政府创新最佳实践"奖。"2015 年度中国政府创新最佳实践"奖的前身是"中国地方政府创新奖"，是我国首个由学术机构按照科学的评估程序和评选标准产生的"政府创新奖"，2000年由中央编译局比较政治与经济研究中心、中央党校世界政党比较研究中心和北京大学中国政府创新研究中心联合创办，每两年评选一次，已评选了七届。"中国地方政府创新奖"的主要目标，是通过该项评选活动，发现各级政府在制度创新、机构改革和公共服务中的先进事例，宣传、交流和推广各级政府创新的先进经验。通过对政府创新最佳实践项目的评选，鼓励各级党政机关积极进行体制创新，推进国家治理现代化。通过对政府创新实践的科学研究，创立和发展具有中国特色的政府创新和制度创新理论。在前七届的"中国地方政府创新奖"评选中，广东每届均有项目获优胜奖，获奖数量居全国第一。在2015年的申报项目中，网络技术尤其是新信息技术在提升国家治理能力和公共服务质量创新中的运用较以往增多。

"2015年度中国政府创新最佳实践"自2015年4月15日启动，到2015年9月30日申请截止，该案例征集活动共收到119个申请项目，项目广泛分布在立法改革、完善决策机制、透明政府、绩效管理、社会保障、社会治理等方面。组委会组织初选小组对申报项目进行了资格审查和初评。课题组经资格审查和初选，选出60个候选项目。随后，从全国专家库中随机抽选15人按照创新程度、参与程度、效益程度、重要程度、节约程度、推广程度六条标准，对初选项目进行认真评阅，投票选出了21个入围项目。

2015年12月12日，在第八届中国政府创新最佳实践交流对话会上，"2015年度中国政府创新最佳实践"进入最终评审阶段。此前，盐田区"城市GEP"项目已顺利通过初选、复评。当天上午，中共深圳市盐田区委常委、宣传部长吴定海做项目陈述并回答全国选拔委员会专家组提问。最终，广东省深圳市盐田区人民政府、山东省青岛市等10个"第八届中国政府创新最佳实践"入围项目获奖，广东有三个项目榜上有名。除盐田区的城市生态系统生产总值核算体系及运用项目之外，佛山市顺德区人民政府的公共决策咨询委员会制度也被授予"中国政府创新最佳实践"，广东省总工会的"工人在线"网上综合服务平台项目摘得"公共服务最佳实践"奖项。盐田、顺德和"工人在线"的杰出实践，为推进国家治理现代化提供了宝贵的经验。①

---

① 《广东三项目为国家治理现代化提供"广东经验"》，新华网广东频道（http://www.gd.xinhuanet.com/newscenter/2015-12/13/c_1117442944.htm）。

第八章

迈向美丽中国的典范城区

盐田建区之后,特别是近 10 年以来,在绿色发展和生态文明建设方面不断取得突出的成绩,曾先后获得 10 余个国家级奖项和数量不菲的省、市级奖项和荣誉,其生态文明建设的成绩始终保持在全市领先的地位。到 2014 年,盐田区更是连续四年在全市生态文明建设考核中蝉联第一。为此,《中国青年报》于 2015 年 3 月 12 日曾以《深圳盐田:迈向美丽中国典范城区》为题,对盐田的生态文明建设进行了长篇报道,并用盐田区领导的话来说:"盐田已经为'美好城区'画了一幅像,正向着经济高质高效、社会文明和谐、环境优美宜居、人民富裕幸福的目标迈进,力争成为美丽中国的典范城区。"

2014 年 10 月 8 日,时任盐田区人民政府区长杜玲在《学习时报》上发表了题为《五个关键词盐田区生态文明建设的经验与启示》的文章,对盐田区认真抓好生态文明建设、坚持绿色发展、建设美好城区的基本经验做了简要深刻的总结。文章认为,"制度"是生态文明建设的保障,"绿色"是生态文明建设的基础,"人居"是生态文明建设的核心,"持续"是生态文明建设的前提,"文化"是生态文明建设的内核。制度、绿色、人居、持续、文化这五个词既是理解盐田发展的关键,也是具有普遍意义的生态文明建设经验总结。关于"制度"建设和"绿色"发展的问题,前面已经做了较为详细的叙述。因此,在本书的最后一章,将着重探讨"持续""人居"和"文化"这三个关键词的丰富内涵,以解析盐田成功的奥秘。

第一节　以持续不断的努力为条件

像爱护眼睛一样保护好盐田的生态环境，这是盐田全区人民的共同心愿，也是历届盐田区委、区政府在经济社会发展过程中坚定不移地遵循的基本原则。十多年来，盐田区正是依靠这种持续不断的努力奋斗，一步一步地迈向新的高度，才取得今天这样令人瞩目的成绩。

从盐田区经济社会建设总的指导思想来看，盐田区的第一次党代会上，就提出了"建设现代化旅游海港城区"的目标，第二次党代会提出了经济社会发展"精品战略"，第三次党代会提出的是"特色提升战略"，第四次党代会则提出了打造"新品质新盐田"的目标。从具体奋斗目标来看，盐田区先后提出了创建国家生态区、国家水土保持生态文明区、国家生态文明示范区等任务。这些表述虽然各有所侧重，标准也在不断地提升，但其中有一个一脉相承的主线，那就是把坚持绿色发展、保护好生态环境放在极其重要的位置之上，没有发生许多地方经常出现的"新官不理旧政""一个领导一个调"的现象。正是这种历届区委、区政府领导班子对维护青山绿水责任的神圣坚守，这种功成不必在我的无私胸怀，才支撑着这样一场恒久不断的生态文明建设和绿色发展的接力赛。

一　成功创建国家生态区

高标准、高起点，这是盐田在绿色发展和生态文明建设方面的一个重要特征。因此，在盐田建区后不久，随着各项工作逐步走上正轨，创建国家级生态区的奋斗目标便提上了盐田区委、区政府的议事日程。

创建"国家生态县（市、区）"，这是根据可持续发展战略、为推动区域社会经济可持续发展而提出的一项重要生态建设举措。国家生态县（市、区）是一个生态品牌，也是一种荣誉，它代表着某县（或县级市、区）在生态建设上取得的巨大成就。因此，要创建国家级生态区，就必须做到生态保护与经济发展的相互协调，要把经济发展建立在生态得到有效保护的基础之上，这是一种以人为本的发展，是一种全面协调可持续的发展。盐田决心创建国家生态区，这既意味着盐田在生态建设方面已具有坚实的基础，也充分表明盐田区委、区政府在全面推进生态文明建设和绿色发展方面为自己树立了新的更高的目标。

（一）城区面貌"一年一变样，三年大变样"

2003 年 5 月，也就是盐田建区五周年之际，中共盐田区第二次党代表大会召开。这次会议全面回顾和总结了盐田建区以来五年发展的成就和不足，也讨论并制定了未来五年发展的基本设想和规划。会议强调，根据深圳市委三届六次全会提出要把深圳建设成为"高科技城市、现代物流枢纽城市、区域性的金融中心城市、美丽的海滨旅游城市、高品位的文化和生态城市"的要求，在今后的 5 年中，盐田区要进一步发挥物流枢纽、海滨旅游、文化和生态等特色优势，努力实施精品战略，全面建设现代化的旅游海港城区，使盐田成为现代化的物流枢纽城区、优美的滨海旅游城区和高品位的文化、生态城区。为此必须强化"四大支柱"，塑造盐田区的鲜明特色和产业优势。

为了实现这一目标，盐田一方面大力推进"净畅宁工程"，积极推进对"城中厂"的搬迁改造工作，另一方面又积极开展对盐田整体环境面貌的整治工作。2004 年 3 月，盐田区委正式提出了"一年一变样，三年大变样"的要求。具体来讲，就是要在较短的时间里，集中力量做好以下四件工作。

一是要集中力量搬迁一片旧村。即调整好盐田港后方陆域原有规划，积极推进后方陆域旧村整体搬迁的前期准备工作。旧城旧村改造办公室要全力以赴做好统筹全区的旧城旧村改造工作，要以暗径东村、大梅沙村为试点改造单位，完成两个村的改造规划方案，争取年内实施改造。

二是改造两个片区。即按照"绿化、美化、整洁、有序"的要求，在沙头角片区，对主要干道、社区的街景和隧道口、海涛路等重要节点进行改造，对永久性建筑物实行"穿衣戴帽"式的规划改造。同时选择东和公园和东起林场、西至区人民医院等两个片区进行改造示范。

三是整治三条道路。即整治好深盐路、深沙路和沙盐路三条道路。要推进这三条道路的景观环境改造工程，对沿街建筑进行改造深度分类，突出重要建筑、节点。要改造道路两边街景立面、环境和灯光夜景工程，完善中英文双语旅游标识系统，全面提升沙头角片区城市景观及环境面貌。

四是推进四项工程。即推进工业入园、环境保护、绿化美化、交通畅顺四项工程。工业入园工程，就是要按照市政府的部署，实施"厂房再造产业置换工程"，建成北山工业区，搬迁鹏湾工业区，发挥园区的集聚效应，增强工业发展后劲，同时积极稳妥地推进老工业区的改造，促进产业置换和升级。环境保护工程，就是要对沙头角、盐田、梅沙片区的污水管网进行综合改造，实现污水统一、集中处理。实施水环境综合治理，并着手治理"两河一湾"，搞好盐田河、沙头角河和沙头角湾域的综合整治。绿化美化工程，就是要用一年左右的时间完成大梅沙片区的绿化系统工程建设，完成深盐路绿化改造和官吓路等街头绿地建设。同时加大违法建筑拆除力度，坚决制止违法抢建、抢种行为，继续整治盐田港后方陆域的环境脏乱差问题。交通畅顺工程，就是要加快盐排高速公路建设进程，年内还要动工建设第二通道，完成沿港路拓宽改造、疏港专用道、梧桐山立交规划设计。要进一步调整完善区内现有道路网络结构，实施深盐路畅通工程，高标准建设南环路，改造城市次干道，实现疏港交通和城市内部交通的有机分离。

为了保证实现"一年一变样，三年大变样"的目标，盐田区采取了坚决有力的措施。这一年，盐田区拿出 5000 万元，决定对深盐路两侧的建筑物实行综合整治改造，实现美化盐田的"第一变"。原先从市区驱车过梧桐山隧道一进盐田，眼前立刻会有一个明显的视觉落差，贯穿盐田中心城区的主干道深盐路两侧的建筑景观与市内建筑景观相比，现代化气息明显差了很多。落后的城区面貌，直接影响着盐田区的整体形象，也影响了辖区居民的居住环境和生活质量。为了从实际出发尽快改变主要街区的建筑景观，盐田区决定对这些建筑物实施"穿衣戴帽"式的改造，也就是在不改变现有建筑物结构的基础上，采用新型建筑材料重新装饰建筑物外立面颜色和质感，并加建一批"画龙点睛"的装饰性建筑，将目前错落凌乱、乱搭乱建现象严重的旧城区改造成为风格统一、现代感浓厚的"新"城。这是一种投入小、见效快的对旧建筑物的改造方式。为此，区里的有关部门及时拿出了各种改造方案，并拿出规划效果图在区行政中心进行展出，广泛听取各方面意见。最后，结合盐田区建设现代化旅游海港城区的总体目标，按照国际化城市和突出海滨特色的要求，决定深盐路的"穿衣戴帽"工程采用"现代"风格，即采用色彩明快的新型建筑材料、铝合金塑钢门窗以及现代化屋顶设计，通过对沿街旧建筑的"美容整形"，形成时尚的现代街区风格。通过这次改造，盐田主要街道的环境面貌发生了巨大的变化，给来到沙头角的人有一种"眼前一亮"的感觉。

除此之外，盐田区还广泛深入开展"梳理行动"。全区近50万平方米乱搭建筑全部被拆除，共拆除违法建筑9000平方米，使违法抢建风潮得到有效遏制，并荣获"市容环境综合整治梳理行动标兵单位"称号。在实施街景改造工程取得阶段性成果的同时，中英街的修复改造全面展开，深沙路、沙盐路街景改造进入施工阶段。还开展暗径东村、径口村改造试点的前期工作，积极推进盐田三村、盐田四村和西山吓村整体搬迁，城中村改造工作顺利推进。并建设了一批现代化公厕和垃圾中转站，全面提高了环卫基础设施的档次和水平，环卫管理市场化也顺利推进，城中村全部实行了专业化清扫保洁，成为全市城中村环卫专业化程度最高的行政区，被评为"鹏城市容环卫杯竞赛优胜单位"。

这里需要指出的是，在促使城区面貌发生显著变化的过程中，盐田区还特别注重城市的绿化工作。在完成建设1400余亩生态风景林的同时，一批花坛绿地、街头小品相继建成，新增及改造绿化面积近30万平方米。沙头角作为盐田最成熟的居住区，10余个街心公园和绿化小品基本实现了"使绿色覆盖沙头角每一块空地"的目标。而城区绿化的另一重点则是大梅沙内湖周围片区，区政府决定投资5000万元对那里实施绿化景观综合改造。大梅沙片区是盐田区旅游产业的龙头，但始终存在着整体档次不高的硬伤。为此，大梅沙片区绿化改造着力突出了滨海生态特色，在改造 2000 亩山体立面绿化的同时，扩增城市公共绿化面积，以全面提升大梅沙旅游度假休闲区的档次。

（二）向"国家生态区"的冲刺

在实施"一年一变样，三年大变样"的目标管理过程中，盐田区又瞄准了另一个更高的目标，向着创建"国家生态区"冲刺。

根据《全国生态县、生态市创建工作考核方案》，国家生态县区的考核指标包括 5 项基本条件和 22 项建设指标，涵盖了经济发展、生态环境保护、社会进步的方方面面，而且每项指标都有量化分值，创建国家级生态县，是经济、社会、生态等全面发展和进步的综合检验，是授予一个地区综合实力提升的荣誉奖章。正因为如此，盐田区就把创建"国家生态示范区"作为奋斗目标，及时地提到了全区广大干部群众面前，并将此作为促进盐田生态建设不断迈向新台阶的重要推动力。而按照《2001 年全国生态示范区建设试点考核验收指标》的规定，据当时测算，在其中的 26 项指标中盐田区已有 18 项指标符合国家生态示范区考核要求，有些指标还优于最高标准，另外有 8 项指标在盐田区没有涉及。为了加强对创建工作的组织领导，盐田区特意成立了创建工作领导小组，并制定出具体的创建实施方案。

2005 年 4 月，为了保证各项创建工作的顺利实行，盐田区委又确立了"营造环境、调整结构、深化改革、强化教育、和谐发展"的总体思路和建设"和谐盐田""效益盐田"的发展目标。在生态建设方面，提出了"营造优美环境，提升城区形象和品位"的工作要求，具体要求做好以下几方面的工作：一是继续实施街景改造工程，抓好城市主干道和街头空地的绿化景观改造，深入开展"清拆违建""穿衣戴帽""清无"整治行动。二是积极推进城中村的改造工作，坚持"拆除一片，绿化一片，美化一片"的旧城改造方针，使城市绿化覆盖率达到 65%。同时要全面启动中心区中轴线建设，做好中心区建设前的绿化美化工作，突出盐田依山傍海的风情和特色，使之成为体现盐田形象和品位的标志。三是要全面净化辖区水域环境，加快盐田河和沙头角河环境综合治理的步伐，使之成为造福辖区百姓的景观河，并力争在年底前使沙头角湾域水质达到不黑不臭的功能目标，并同步建设高标准的海滨栈道，着力营造亲水环境，促进人与大海的和谐，凸现盐田滨海风情特色，使之成为市民观海休闲和旅游的新亮点。另外，还要加大沙头角、盐田、梅沙片区的污水管网综合改造工程建设力度，确保全区在2006年年底前污水处理率达到95%以上。

2005年5月，盐田区正式向国家环保总局提出申报全国首批"国家生态区"。5月9日，盐田区召开动员大会，全面启动创建工作。区委、区政府认为，创建过程就是以更高标准为老百姓办实事、全面提高辖区生活质量、进一步改善居住环境的过程。通过在环境保护、经济发展和社会进步等方面数十项指标上不断向"国家标准"靠拢，使盐田区力争在未来几年内成为深圳最适合居住的现代化生态旅游海港城区。

2006年3月，在盐田区二届人大五次会议上，盐田提出了创建资源节约型、环境友好型城区的目标，其基本思路就是加大资源和环境保护力度，综合治理水环境，发展循环经济，推进能源、资源的节约和合理高效利用，促进经济发展与资源和环境相协调，实现节约发展、清洁发展和可持续发展。为此，盐田区提出了三个创建的目标，一是加大环境保护力度，维护山海资源生态价值，创建国家生态区。二是强化水污染治理，创建水环境综合治理示范区。三是提高资源利用效率，创建节能环保示范区。这三项创建工作相互联系、相互促进，而其中具有重要指标意义的就是创建国家生态区。

随着发展循环经济、低碳经济取得明显成效和水污染治理工作的顺利推进，盐田辖区的生态环境也得到明显改善。同时，在短短的几年中，盐田的"净畅宁工程"、"梳理行动"、违建清拆和"清无"等工作也都取得了重大成果，荣获"市容环境综合整治梳理行动标兵单位"称号，"清无"工作综合评分居全市之首。正是由于盐田区委、区政府始终坚持把建设优美的投资环境和舒适的人居环境作为中心工作来抓，使盐田城区的整体形象大为提升，城区面貌大大改善。到2006年，盐田区所提出来的"一年一变样，三年大变样"目标已基本实现。

2006年10月，盐田区召开了三届人大一次会议。在这次会议上所做的政府工作报告中，要求全区从战略高度加大现有生态环境资源的保护力度，在产业发展方面要按照循环经济理念的要求，通过规划制定、政策发布、能耗指标、环保标准等引导社会投资，严格限制高耗能、高耗水、高污染的产业，坚持污染型企业一个不能引进，资源消耗型项目一个不审批，通过产业政策引导把低档次的产业逐步转移出去，或通过技术改造提高产业发展水平，并提出要继续营造生态风景林，保护森林资源，强化生态资源优势，提高生态环境质量，确保2007年年底通过首批国家生态区验收。

为了早日建成国家生态区，盐田区委、区政府始终坚持政府主导的原则，将创建国家生态区工作纳入了《盐田区国民经济和社会发展"十一五"规划》，先后制定并实施了《盐田区落实科学发展观指标体系》《盐田区建设节约型社会的指导意见》《盐田区循环经济发展白皮书》《盐田区全面推进循环经济发展近期实施方案（2006—2008年）》等一系列政策措施，规划了生态环境和生态经济3大类主导型生态功能区、10个生态功能分区及5类30项生态区建设重点工程项目，总投资规模达18.8亿元，先期投资3.31亿元。

（三）盐田被授予"国家生态区"的荣誉称号

2007年3月，广东省环保局组成考察小组，对盐田区的国家生态区创建工作进行一次全面考核。由省环保局领导、有关院校、科研所等单位9名环保专家组成的考核组，在盐田区和深圳市环保局领导陪同下，先后前往盐田区沙头角栈道、盐田国际集装箱码头、先进微电子厂、沙头角河、盐田河和大梅沙、东部华侨城等地，通过实地察看、听汇报、查资料等方式，对照国家生态区的各项指标体系，考核检查了盐田区污水排放、工业废水处理、废气处理、节能降耗、生态保护等情况。经过专家们的现场考察、研读相关资料和会议讨论后，认为盐田的创建工作领导重视、措施得力、成效显著。为此，广东省环保局、广东省专家考核小组宣布：一致同意盐田区国家生态区创建工作通过省级考核，可按程序报请国家环保总局考核研究。

2007 年 6 月，国家环保总局技术考核组对盐田区创建国家生态区工作进行了为期两天的考核验收。经过认真的考评，考核组一致认为，盐田的生态区建设工作扎实，力度大，其中，他们的环境与经济协调发展的模式走在了全国前列。技术考核组对盐田区的创建国家生态区工作给予了高度肯定，认为盐田创建国家生态区档案齐全、资料完整、数据可靠，各项指标均已达到国家生态市（区）建设指标，具备了申请国家级生态区考核验收的条件。

2007 年 7 月 27 日，由国家环保总局有关领导率领的考核验收组奔赴盐田区，对该区创建国家生态区工作进行最后的考核验收，其考核组成员包括中国社会科学院、中国环境科学研究院、广东省环境保护局和深圳市环保局的专家和有关人员。考核验收组在 6 月下旬由国家环保总局技术考核组所做考核的基础上，又现场考察了盐田生态区建设情况，对盐田河治理等进行实地检查、验收，听取了盐田区委、区政府关于创建生态区的工作汇报，观看了生态区创建专题片，查阅了相关档案资料，对盐田创建生态区的 6 项基本条件和有关指标逐一进行了核查。经过两天的考核验收，考核组在意见反馈会上对盐田区创建国家生态区的工作给予了充分肯定，一致认为盐田区开展生态区创建工作以来，始终把生态保护与建设作为盐田发展的生命线，努力打造高品位生态城区，逐步走出了一条生态保护与经济建设协调发展的生态主导型道路。考核组高度评价盐田区创建国家生态区的工作思路清晰，措施得力，特色明显，成效显著，为深圳、广东乃至全国的创建工作提供了很好的经验。

考察组负责人在考核反馈会上做总结发言时说，盐田区创建国家生态区工作为深圳、广东乃至全国的创建工作提供了很好的经验，考核验收组通过后，下一步将向全国公示，如果通过公示，就可以正式授牌。他认为，盐田区把创建生态区作为贯彻科学发展观、构建资源节约型、环境友好型社会的重要载体，坚持生态保护优先的发展战略，环境治理成效显著，循环经济发展水平不断提高，产业结构进一步优化，环境保障能力不断提高，生态文明风尚初步形成，高品位生态品牌牢固树立，初步形成了经济、社会和环境相互协调、相互促进的良好局面，其做法和经验在全国同类地区具有典型示范意义。他希望深圳市、盐田区能够总结经验，不断创新，深化创建工作。他强调，生态区创建只有起点，没有终点，要不断完善机制，让老百姓享受到创建带来的实惠，生态区的创建要经得起历史的检验，经得起社会的永远认同。①

2008年8月1日，盐田区被国家环保部正式授予"国家生态区"称号，盐田也因此成为广东省乃至华南地区第一个"国家生态区"。

8月12日，时任深圳市委书记刘玉浦作出批示："祝贺盐田区被国家环保部授予'国家生态区'称号，望盐田区继续努力，全面推进区域环境综合整治，强化生态环境建设，打造高品位海滨生态城市。"

二　建成国家水土保持生态文明区

在获得"国家生态区"的荣誉称号之后，盐田区再接再厉，自找差距，又瞄上了新的目标。

2008年8月14日，在刘玉浦书记对盐田区被授予"国家生态区"称号做出批示的第三天，盐田区委、区政府领导就来到深圳市环保局，与环保局领导和专家进行座谈，探讨如何将生态环境建设做得更好，把"国家生态区"的"招牌"擦得更亮。在座谈会上，盐田区领导急切地向专家们询问一系列的问题，比如说"盐田区多雨，怎样学习新加坡，在建筑上安装雨水回收系统，基本上满足全区的应急供水？""盐田区的污水处理回用率、海水利用率较低，如何想办法在这些方面有所突破？""盐田的太阳能资源非常丰富，怎样加大太阳能等清洁能源的利用？""对建设垃圾实施分类管理和循环利用，市里能否在盐田进行试点？"等。

盐田区领导之所以极端关注上述问题，这是因为他们深切地认识到，和世界上的先进国家和地区相比，盐田区的生态建设还有不少提升空间。比如同新加坡这样的世界生态建设先进城市相比，盐田区在许多方面都存在着较大的差距：

---

① 《创建国家生态区盐田通过考核验收》，《深圳特区报》2006年7月30日。

一是在发展规划的前瞻性和刚性方面还需要加强，生态建设的各项政策和标准也有待进一步完善，税收、补贴等优惠政策还没有出台，危机意识、国际化意识、可持续发展意识和"以人为本"意识也有待进一步强化，现代化、精细化和法制化管理水平有待进一步提高。

二是生态人居建设还需完善，在生态人居建设上还缺乏因地制宜的措施和要求。比如新加坡就针对当地降雨较多的特点，在建筑上安装雨水回收系统，房子周围建有蓄水池，使一半的国土面积成为集雨区，蓄水池收集的雨水可满足全国 2—3 个月的应急供水。新加坡还对建筑实施绿色认证，安装遮阴通风系统，不开空调也很凉爽，比深圳市的公共建筑能耗要低很多。同时，还对建筑垃圾实施分类管理和循环利用，日产建筑垃圾仅为深圳市的 1/8，但其中 98% 得到处理，50%—60% 的建筑垃圾实现了循环利用，而盐田的建筑垃圾大多填埋处理，回收利用率仅为 20%。

三是资源节约应用还有很大改善空间。例如，新加坡每天利用污水制作新生水 25 万立方米，占日需水量的 15%；利用海水生产淡水 13.6 万立方米，占日需水量的 10%；人均日用水量 158 公升，万元人民币 GDP 耗水量 4.6 吨。与新加坡相比，盐田区的雨水回收系统不完善，污水处理回用率、海水利用率较低；人均日用水量 293 升，是新加坡的 1.9 倍；万元 GDP 耗水量 11.14 吨，为新加坡的 2.4 倍。另外，太阳能路灯等部分节能产品成本较高，盐田循环经济产业化示范项目的推广工作有待进一步增强。

四是公众参与积极性亟须提高。在公众参与方面，社团组织的作用没有得到充分发展，在循环经济发展中缺少效益高、与群众生活密切相关的项目，部分企业和群众参与的积极性不高。如垃圾分类回收工作投入少，规范性不够，推广力度不大，群众参与少，尚未成为日常生活习惯。[①] 正是由于盐田区领导能够正视自己的差距，因此便不断激发出自我加压、自我提升的勇气和力量。

---

① 《瞄准国际一流　擦亮生态招牌》，《深圳商报》2008 年 8 月 19 日。

（一）提出实施十大生态提升工程

在比照世界先进水平、认真寻找自身差距的基础上，于2008年8月15日召开的盐田区委三届四十次常委（扩大）会议就提出，为了进一步巩固和提升"国家生态区"的建设成果，盐田区将全面贯彻落实科学发展观，大力实施十大生态改善（提升）工程，这十大工程分别是：

一是实施"正本清源、雨污分流"工程。要积极开展清源行动，进一步完善全区一体化污水收集和处理系统，在全市率先完成全区旧村和小区排水管网改造工程，确保全区污水处理率保持在95%以上。要全面开展涵盖空中、地表、地下的全方位、立体式梳理行动，完成全区排水达标单位创建工作，力争洗车、洗浴、游泳、水上娱乐等耗水行业全面安装使用循环用水设施和其他节约用水设施。

二是实施水环境质量改善工程。要加快推进沙头角河的综合治理，推动盐田河生态补水项目建设，使辖区河流彻底实现不黑不臭。切实加强饮用水源保护，做好水土保持和生态修复工作。加强对海洋资源的保护和管理，促进岸线资源的合理利用。建立长效管理机制，落实沙头角湾等公共海域漂浮物定期清理制度，实现辖区海域管理的全覆盖。

三是实施中水回用系统建设工程。积极开展中水回用规划工作，进一步完善中水回用装置，推进中水取水点示范项目建设，提高中水利用率，将深度处理后的污水用于绿化和市政道路清洗用水，实现水资源的循环再利用。分期实施中水回用管网系统建设，逐步将中水回用于盐田河等河流生态景观用水和居民冲厕用水。同时，要加强雨洪资源利用，开展雨水利用系统建设。

四是实施"蓝天行动"工程。强力推进盐田三村、盐田四村和西山吓村整体搬迁，加快城中村（旧村）整体改造和老住宅区综合整治的工作进度，不断改善居民居住环境。以田心、太平洋等旧工业区改造为突破口，推动产业园区整合，进一步推动旧工业区功能转型和升级。大力实施盐田港区后方陆域粉尘、噪声污染专项整治，逐步开展停车场出入口硬底化和片区绿化美化建设。

五是实施绿色人居建设工程。严格执行绿色建筑标准，实施绿色设计和绿色施工，积极开展绿色建筑认证，加强建筑节能改造。实施建筑物太阳能屋顶和绿化屋顶改造，新建的广场、公园、绿地、道路等公共市政场所的用电设施，全部以太阳能综合利用为核心进行设计、建设和管理。建设绿色交通系统，实施公交优先发展战略，协调推进深盐二通道全面通车，推动轨道交通 8 号线建设。推进绿色物流建设，鼓励使用和推广清洁燃料汽车等节能环保型交通工具，协调开展汽车尾气污染防治，争取在盐田和沙头角片区增设 3 个汽车尾气监控点。

六是实施生态修复和改善工程。严格保护生态控制线，全面实施生态风景林和公共绿地建设，2008 年完成小梅沙生态公园建设和100 公顷生态风景林建设。要多种树、种大树，力争辖区主要道路和绿化小区成景、成带、成林。加快边坡治理进度，推进科威石场生态恢复工程建设，对破坏的山体及时进行精细生态修复，建设一批边坡治理示范工程。

七是实施生态示范社区和绿色系列创建工程。推进小梅沙片区改造，力争将小梅沙建设成为先进的绿色生态示范社区。深入建设绿色政府，实施行政机关事业单位办公场所节能、节水、节材改造，建立健全绿色采购机制。深化绿色系列创建活动，创建生态环境保护教育展示基地，实施环保节约型示范学校建设，积极创建省级以上生态社区和绿色学校。全面发挥社团组织的作用，推动建立沙头角海滨栈道环保义工服务点。建立居民培训机制，培养居民的良好消费行为，进一步提高居民的环保意识。

八是实施循环经济和节能减排示范工程。持续开展"鹏城减废"行动，全面实施结构减排、工程减排和管理减排体系建设。积极支持东部华侨城实施资源节约和生态系统项目，建设污水深化处理示范工程。积极推进盐田港国际集装箱码头实施"绿色港口计划"。积极支持万科总部绿色建筑示范工程建设，鼓励和支持各酒店宾馆实行节能改造，争取辖区星级酒店 100% 成为"绿色旅游饭店"。全力支持沙头角保税区企业进行节能改造，推进北山工业区建设工业生态园区。积极拓展地下空间，充分利用地下空间安排市政配套设施，推进地下停车场等地下场所建设。

九是实施废弃物回收处理和再利用工程。大力推进生活垃圾综合利用，建立废旧电子电器等固体废弃物的收集与处理体系，加强企业原材料消耗和处置管理。完善社区生活垃圾回收网络，实现垃圾分类回收和无害化处理。建设建筑垃圾填埋和处理场，建立新型墙体材料生产示范基地，推广使用粉煤灰、建筑垃圾等废弃物加工生产的再生墙体材料。实现垃圾产生量"零增长"，可燃垃圾"零填埋"，建筑垃圾30%综合利用，生活垃圾100%无害化处理。

十是实施环境管理体制建设工程。不断完善环境网格化监测和环境监督管理全覆盖体系建设，进一步提高环境保护现代化和精细化管理水平。建立健全环境保护政策体系、长效投入机制和技术支持体系，引进和推广EMC、太阳能、网络运输信息技术等一批经济社会效益好、资源消耗低、节能环保、适合盐田实际的新技术，并鼓励在区综合体育馆、游泳馆、华大基因科研基地等重大项目建设中应用。制定生态环境保护的物质补偿与激励政策，重点支持有条件的港口物流、旅游、高新技术企业进行节能降耗、清洁生产和资源综合利用方面的技术改造，全面提升支柱产业核心竞争力和可持续发展水平。

盐田区所提出这十大工程，是一个全面推进全区生态文明建设和绿色发展的重大举措。这十大工程的逐步实施，对提升盐田区的生态文明建设水平起到了重要的作用。

（二）荣获"国家水土保持生态文明县（区）"称号

在盐田所推出的十大生态提升工程中，其中第六项是"实施生态修复和改善工程"，第十项是"实施环境管理体制建设工程"。而在随后的工作实践中，随着盐田于2009年8月被水利部正式确认为全国第一批水土保持监督管理能力建设试点区，这两项工程实际上也就成为了盐田区生态文明建设的两个着力点。

关于盐田如何全方位地加强和提升水土保持工作，本书的第四章已经做了较为详细的叙述。在水土保持工作的各个方面均取得显著成绩的基础上，盐田区于2012年正式向广东省水利厅提出国家水土保持生态文明区的创建申请。2013年3月，广东省水利厅在深圳市组织召开了盐田区"国家水土保持生态文明县（区）"省级初评会议。盐田区人民政府以及区环境保护和水务局等 21 个创建国家水土保持生态文明区工作领导小组成员单位的代表和特邀的中国科学院广州分院、华南农业大学、水利部珠江水利委员会、深圳市水务局等单位的专家共 28 人参加了会议。

在评审会上，与会专家和代表考察了小梅沙海滨栈道（盐田区环保示范点）、东部华侨城天麓一区边坡（企业自主治理边坡示范点）、盐田区水土保持监测站（机构设置示范点）、盐田河双拥公园（清洁小流域示范点）、深盐二通道梧桐山立交边坡（裸露山体缺口示范点）等示范现场，观看了盐田区创建国家水土保持生态文明县（区）宣传片，听取了创建组的工作汇报，审查了有关资料和图件。

经过认真的讨论和答疑，初评专家组认为：盐田区委、区政府立足于建设现代化国际化先进滨海城区的战略，高度重视水土保持工作，建立了水土保持工作政府责任制，将水土保持工作纳入国民经济和社会发展规划，并列入政府的重要议事议程和政府各部门的年度绩效考核内容，指导思想正确，目标明确，机构健全，制度完善，责任到位，形成了政府统一领导、水保统一规划、多部门协作配合、广大群众参与的水土保持工作机制。在水土保持生态文明建设方面，围绕全面打造"新品质新盐田"的目标，落实了任务和资金，实施了"消灭岩土裸露战役"、改善水源保护林、对岩石裸露边坡进行生态复绿、开展城市绿化提升行动等，经过多年努力，区域内已形成完善的水土流失综合防护体系，水土流失综合治理程度达到 75%，土壤侵蚀量减少 65%，林草保存面积占宜林宜草面积的 92.5%，治理度 80% 以上的小流域面积占区域应治理小流域总面积的 86.4%；在水土保持监督管理能力建设方面，被命名为第一批全国水土保持监督管理能力建设县（区），建立起了市、区、街道三位一体的水土保持监督管理网络；水土保持"三同时"制度得到全面落实，生产建设项目水土保持方案申报率达到 100%、实施率达到 98%、验收率达到 97%，人为水土流失得到有效控制。在新技术创新上，积极探索新的生态复绿技术并运用到早期大开发建设形成的大面积裸露岩质边坡治理中，建立了科技与生产实践相结合的机制，总结出符合当地的水土流失防治模式；积极开展了水土流失动态和量化监测，科学评价水土保持效益，建立了水土保持档案数据库，档案资料完整齐全。通过多年水土保持生态环境建设，发展旅游产业作为特色产业，带动了当地经济发展，改善了人居环境，提高了居民收入和公众的水土保持意识，为盐田区可持续发展奠定了坚实基础。

为此，专家组一致认为：盐田区水土保持机构健全、水土保持生态工程建设管理规范、综合效益显著、档案材料齐全，水土保持生态文明建设工作达到了国家水土保持生态文明县（区）考评标准，同意通过省级初评，并推荐参加水利部"国家水土保持生态文明县（区）"评选。①

2013年5月，由国家水利部、广东省水利厅等组成的评审专家组对盐田区创建"国家水土保持生态文明区"进行了全面考核验收。在验收会上，专家组认为：盐田区高度重视水土保持生态文明建设，思路创新、机制完善、基础工作扎实，防治模式科学，建设成效显著，示范作用突出，达到了国家水土保持生态文明（县）区考评标准，同意通过评审。中国科学院生态环境研究中心院士傅伯杰，水利部水土保持司副司长邓家富，广东省水利厅副厅长张英奇，时任盐田区委副书记、区长杜玲等专家和领导参加评审会议。评审会上，杜玲代表盐田区委、区政府，对国家水利部及验收专家组各位领导和评审专家等到盐田区检查水土保持工作表示热烈欢迎。并通过"美丽""转型""创新"三个关键词，对盐田区创建国家水土保持生态文明区的情况作汇报，杜玲表示，"美丽的盐田"，得益于水土保持生态文明建设的扎实推进；而"转型的盐田"，不断在探索具有盐田特色的水土保持生态建设模式；"创新的盐田"则正以实干精神努力争创国家水土保持生态文明区。

经过专家组讨论质询后，评审专家组给盐田区水土保持生态文明县（区）考评打分，最终盐田区顺利通过了国家水土保持生态文明区验收。与此同时，验收组专家对盐田区水土保持工作提出了不

---

① 《盐田区通过"国家水土保持生态文明县（区）"省级初评》，深圳市政府网站（ht-tp：//www.sz.gov.cn/cn/xxgk/bmdt/201303/t20130327_ 2120454.htm）。

少建议，专家左长清建议盐田区把水土保持工作的材料进行重新整理，把工作中的特色突出出来，为市、省乃至国家起到示范引领作用，同时建议盐田区多与大中院校科研单位合作，把水土保持工作推向新台阶。

中国科学院生态环境研究中心院士傅伯杰认为，盐田区在水土保持工作方面创建了新理念、新模式、新举措，并开创了城市水土保持与生态修复新技术、新方法。"盐田区在生态方面保持了山水自然美；在人文方面，生态保护理念深入社区、深入市民；在国土生态空间优化方面，则创建了生态底线，并且盐田区在开发过程中坚持守住这条底线。"

随后，由国家水利部、广东省水利厅等组成的评审专家组对盐田区创建"国家水土保持生态文明区"进行验收。验收组一行分别检查了小梅沙海滨栈道、万科东海岸社区、万科总部、东信石场、盐田河双拥公园段、梧桐山立交边坡治理工程现场六个视察点。检查组一行每到一个视察点，都认真视察其基本情况，并积极提问、发表建议，盐田区环水局等部门负责人也——给予回答。

在万科东海岸社区，检查组参观了社区系列宣传栏，据社区工作站负责人介绍，万科东海岸社区历来以"创绿色社区、建和谐家园"为目标，已实现社区各类生态指标全面达标和可持续发展，并先后获得"广东省绿色社区""广东省宜居社区""广东省宜居环境范例奖""深圳市绿色社区""深圳市市容环境达标社区""深圳市园林式花园式社区"等一系列奖项。

在有着"漂浮的地平线"之称的万科总部，检查组了解了部分楼体的构造及主要功能。据了解，从建筑设计到采光，从水源利用到温控，整个区域设计秉持"环保低碳"的理念，节约资源的同时充分发挥经济效益，达到立体景观与周边生态的平衡统一。

在大水坑岩石高边坡，检查组仔细询问了边坡情况。据悉，大水坑岩石高边坡原为东信石场采石区，由于多年的无序开采，裸露山体缺口边坡十分危险，并对景观造成严重破坏。2004年，相关单位开始启动东信石场整治工作，先期对标高125米以上实施整治，2008年，整治成果通过市国土局组织的阶段性验收。与此同时，市、区政府及社会各界对大水坑东信石场标高 125 米以下边坡的复绿整治工作也高度重视，全部复绿整治工作计划将于 2014 年 3 月完工。

在盐田河，检查组一行查看了河流沿途情况。盐田河河道全长 6.61 公里，流经盐田检查站、盐田四村、洪安围等地，城镇面积 12 平方公里，沿岸居住人口 11 万。2004 年，盐田区投资近一亿元开始以污水治理、景观改造和提高防洪标准为主要内容的清洁型小流域综合治理。经过工程措施，基本实现了河水不黑不臭、逐渐变清的目标，并形成了上下游贯通长 3.5 公里的滨河公园。为进一步巩固治理效果，盐田区政府于 2012 年决定实施盐田河河道修复提升工程，包括绿化、栈道、文化墙、清淤等，同时对盐田河两岸截污工程和截污系统做进一步改造和完善，提升截污能力，对照明不足、植物老化、木板变形等情况进行修复，该项目被盐田区政府列为 2013 年十件民生实事之一。

验收组在查看了梧桐山立交岩石边坡复绿整治项目后，频频点头称赞，认为该整治项目成果非常成功。据相关负责人介绍，为使盐排高速公路、盐坝高速公路和深盐二通道三个出入盐田港的重要通道实现互联互通，该立交施工于是对这一带山体挖掘岩石，故形成大面积岩石边坡裸露。该复绿项目从 2008 年 5 月开始施工，2009 年 6 月完工，施工期 1 年零 1 个月，复绿面积约 11 万平方米，绿化覆盖率达到 90% 以上。

2013 年 5 月 7 日，盐田区顺利通过水利部专家组对创建"国家水土保持生态文明县（区）"的验收评审，6 月正式获得国家水利部颁发"国家水土保持生态文明县（区）"的授牌，成为华南地区乃至珠江流域首个获得"国家水土保持生态文明县（区）"殊荣的县级行政区。

三　积极创建国家生态文明示范区

短短的几年时间里，盐田连续获得"国家生态区"和"国家水土保持生态文明县（区）"两项殊荣。相对一个成立不过十来年的城区，这应该说是非常了不起的成就。但是，这一切对于盐田来说，只不过是新长征的起点。盐田并没有躺在功劳簿上骄傲自满，而是自我加压，提出了新的更加宏伟的奋斗目标，那就是积极创建国家生态文明示范区。

2013年，《国务院关于加快发展节能环保产业的意见》（国发〔2013〕30号）中提出，要在全国范围内选择有代表性的100个地区开展国家生态文明先行示范区建设，以探索符合我国国情的生态文明建设模式。为做好这项工作，同年12月，国家发展改革委联合财政部、国土资源部、水利部、农业部、国家林业局制定下发了《国家生态文明先行示范区建设方案（试行）》。

该方案提出的主要目标是：通过5年左右的努力，先行示范地区基本形成符合主体功能定位的开发格局，资源循环利用体系初步建立，节能减排和碳强度指标下降幅度超过上级政府下达的约束性指标，资源产出率、单位建设用地生产总值、万元工业增加值用水量、农业灌溉水有效利用系数、城镇（乡）生活污水处理率、生活垃圾无害化处理率等处于全国或本省（市）前列，城镇供水水源地全面达标，森林、草原、湖泊、湿地等面积逐步增加、质量逐步提高，水土流失和沙化、荒漠化、石漠化土地面积明显减少，耕地质量稳步提高，物种得到有效保护，覆盖全社会的生态文化体系基本建立，绿色生活方式普遍推行，最严格的耕地保护制度、水资源管理制度、环境保护制度得到有效落实，生态文明制度建设取得重大突破，形成可复制、可推广的生态文明建设典型模式。方案提出的主要任务有：科学谋划空间开发格局，调整优化产业结构，着力推动绿色循环低碳发展，节约集约利用资源，加大生态系统和环境保护力度，建立生态文化体系，创新体制机制，加强基础能力建设等。①

也就在2013年，盐田区就在全市率先提出了创建国家生态文明示范区的奋斗目标，决心坚定不移地将生态文明建设和绿色发展作为全区工作的重心和主轴，力图走出一条经济社会与自然生态和谐

---

① 《六部委制定国家生态文明先行示范区试行方案》，经济参考网（http: // jjckb. xinhuanet. com/2013-12/13/content_ 481971. htm）。

发展、共同进步的示范道路。

（一）制定《盐田区生态文明建设中长期规划（2013—2020 年）》

2014 年 5 月 15 日，盐田区委区政府正式编制下发了《盐田区生态文明建设中长期规划（2013—2020 年）》，明确指出"本规划总结回顾我区生态文明建设的历程和成效，分析当前面临的形势，进一步明确我区生态文明建设的总体目标和重点任务，是我区生态文明建设的基础性、指导性、纲领性文件"；"规划基准年为 2012 年，规划期限为 2013—2020 年，其中 2013—2015 年为全面建设期，2016—2020 年为深化拓展期"。

该《规划》在肯定前期工作成绩的基础上，分析了盐田在生态文明建设方面所面临的难题与挑战，这主要是：一是土地、水等资源总量较小，支撑保障能力不足。随着经济社会发展，资源需求增加，城市旧改难度较大，进展缓慢，资源供需矛盾更加突出，破解资源约束难度加大。二是区内生态文明制度体系与生态文明建设的要求还不相适应，资源环境有偿使用制度尚不健全，社会资本参与生态环保投资的积极性不高，企业承担生态文明责任的机制缺乏，监督、评价考核机制不够完善。三是社会发展处于新的转型期，医疗、教育等基础建设依然薄弱，而居民对公共服务能力和水平的期望值不断提高，社会保障和政治参与等民生诉求日趋强烈，公共安全问题依然存在，影响社会和谐稳定的隐患尚未根除，基层社会建设和管理创新力度仍需加强。四是盐田港对我国、深圳市和盐田区的经济社会发展具有重要的贡献，但港口发展也带来了空气污染、高能耗、高碳排放、海洋油污染等一系列问题。盐田港绿色发展问题是盐田区生态文明建设的重点和难点，绿色港口发展刻不容缓。五是近年来城区开发建设导致生态安全受到威胁，如何协调生态保护与开发建设的关系，建立高效共赢的生态文明创新机制，保障区域生态安全，推动区域可持续发展，这些都是盐田生态文明建设所面临的巨大挑战。

为此，《规划》确定了生态建设的指导思想与规划目标。其指导思想就是要全面贯彻落实党的十八大精神，以科学发展观为指导，以提高可持续发展水平和人民生活水平为出发点，以建设资源节约型和环境友好型社会为核心，以科技进步为支撑，以创新体制机制为动力，以培育生态意识、发展生态经济、保障生态安全、建设生态社会、完善生态制度为主要任务，动员全社会力量共同建设生态文明，基本形成节约能源资源和保护生态环境的产业结构、增长方式和消费模式，率先建成在全国有引领效应、广泛影响的国家生态文明试点示范区。

而其基本原则就是：绿色发展，生态优先；因地制宜，彰显特色；重点突破，整体提升；制度创新，典型示范；党政主导，社会参与。要全面履行政府职能，建立健全政策体系，发挥各级党委、政府在生态文明建设中的组织引导协调推动作用，广泛调动社会各界参与的积极性，形成政府主导、部门协作、全社会共同参与的生态文明建设工作格局。

《规划》所要达到的总体目标就是：充分发挥盐田区位优势、资源环境优势和经济特色，全面建设区域生态文明，着力创新和完善体制机制，加快经济转型升级，促进经济社会发展与人口资源环境相协调，不断繁荣生态文化，形成符合生态文明理念的经济结构、增长方式、消费模式和道德文化体系，将盐田打造成经济繁荣、低碳高效、生态良好、幸福安康、社会和谐的现代化国际化先进滨海城区，最终全面建成国家生态文明建设试点示范区，成为"美丽深圳""美丽中国"的典范城区。

此外，《规划》还明确了近期所要达到的目标和具体的指标体系。要求到2015年，全面推进国家生态文明建设试点示范区工作，基本形成节约资源和保护环境的空间格局、产业结构、生产方式、生活方式，各项生态文明建设指标达到国内一流水平，辖区居民收入水平、文明素质和环境满意度全面提高，基本达到国家生态文明建设试点示范区要求。

同时，《规划》还特别提出要"创新绿色生态制度"，首先就是要推进"五位一体"的融合发展，将生态文明建设充分融入政治建设全过程，创新机制体制，完善法律法规，建立完善有助于生态文明建设的法律法规体系、管理体系、行政审批体系、金融体系和协商民主决策体系。在执政理念中充分体现生态文明。将生态文明涉及的要素充分融入经济建设全过程，促进"生态文明建设"与"经济建设"融合。推动"生态文明建设"与"社会建设"融合，在推进生态文明过程建设"两型社会"、和谐社会。大力推进生态文化宣传与培育，培育具有盐田地方特色的生态文化，推动"生态文明建设"与"文化建设"的融合发展。

其次，就是要创新绿色行政管理体制，建立生态文明建设考核考评机制。研究制定盐田区生态文明建设考核办法，用于对区直部门事业单位、驻盐单位、各街道生态文明建设工作的考核，保障生态文明建设的实施效果。建立盐田区生态文明考核考评机制，将生态文明建设考核结果纳入党政领导班子和领导干部的专项考核和年度考核，作为领导干部选拔任用的重要依据之一，并逐步将生态文明建设工作占党政实绩考核的比例提高至22%以上。

最后，就是要建立完善GEP核算机制，要提高管理者和全社会对GEP的认识，重视GEP核算与管理运用，纠正单纯以经济增长速度评定政绩的偏向。研究建立盐田区GEP核算体系构建原则、技术方法与框架，建立GEP核算体系。开展GEP定期监测评估试点，逐步完善GEP核算体系。制定GEP管理运用办法和细则，将GEP核算结果纳入国民生产总值核算，在政府工作报告中公布，逐步推动生产总值核算体系变革。实施GEP动态考评机制，逐步将GEP纳入政绩考核体系和生态文明考核体系，促进GEP持续增长。这也就预示着前面第八章所叙述的"城市GEP"核算体系的出台。

（二）盐田区被确定为第二批"国家生态文明先行示范区"建设名单

2014年7月，经深圳市政府审核推荐，盐田区代表深圳市参加省级审核申报"国家生态文明先行示范区"的评选。为此，同年的9月24日上午，盐田区在区行政中心会议室召开国家生态文明先行示范区申报工作会议，会议听取了盐田区环水局关于国家生态文明先行示范区申报进展情况的汇报，并对生态文明系列制度建设计划进行了讨论。分管此项工作的区政府领导在会上指出，国家生态文明先行示范区申报工作是一个你追我赶的工作，充满着竞争与挑战，各相关部门要高度重视，进入工作的一级状态，加快申报的步伐，不可有任何的迟疑，各个部门要以平常心态面对挑战与压力，克服各种困难，努力把申报工作做好做实。

2014年10月9日，时任盐田区委书记郭永航在《深圳特区报》上发表题为《争创国家生态文明示范区着力打造美好盐田》的署名文章，文章认为，"作为深圳市建区最晚、面积最小、人口最少的行政区，优美的生态环境和良好的自然禀赋，是盐田最具魅力、最富竞争力的独特资源和宝贵财富"，"只有将生态优势转化为可持续发展的核心优势，以生态文明引领经济、社会、文化永续发展，力争在全市率先走出一条生产发展、生活富裕、生态良好的文明发展道路，在更高层次上实现人与自然、人与社会、环境与发展和谐统一，才能实现全面打造'新品质新盐田'、加快建设现代化国际化先进滨海城区的发展目标，才能真正建成美好盐田"。

2015年6月，国家发展改革委等部门联合下发了《关于请组织申报第二批生态文明先行示范区的通知》（发改环资〔2015〕1447号），启动了第二批生态文明先行示范工作。随着深圳市委、市政府对创建国家生态文明先行示范区工作的重视，大鹏新区也和盐田区一起，被确定为深圳东部湾区生态文明先行示范区进行申报。2015年10月16日，《深圳市东部湾区（盐田区、大鹏新区）生态文明先行示范区实施方案（2015—2020）》论证会在北京召开。按照国家发展改革委、财政部、国土资源部、住房和建设部、水利部、农业部、国家林业局《关于请组织申报第二批生态文明先行示范区的通知》的要求精神，深圳市环科院作为技术协作单位参与了该方案的指标编写工作。在论证会上，深圳市从基础条件、意义目的、主要指标、主要任务、重点工程以及保障措施等几个方面对《深圳市东部湾区（盐田区、大鹏新区）生态文明先行示范区实施方案（2015—2020）》进行了简要汇报。参加会议各位专家在听取了汇报之后，对方案给予了高度评价，并从高标准要求的角度，就指标体系、制度创新以及方案编写方式等方面提出了方案的修改完善意见。

在各地积极申报的基础上，国家发展改革委、科技部、财政部、国土资源部、环境保护部、住房和城乡建设部、水利部、农业部、国家林业局九部门委托物资节能中心从生态文明相关领域选取专家组成专家组，对申报地区的《生态文明先行示范区建设实施方案》逐一进行了集中论证和复核把关。根据论证和复核结果，2015年12月7日，国家发展改革委公示了《第二批生态文明先行示范区建设名单》，广东省深圳东部湾区（盐田区、大鹏新区）被列入名单之内。

2015年12月31日，国家发展和改革委员会、科技部、财政部、国土资源部、环境保护部、住房和城乡建设部、水利部、农业部、国家林业局联合下文，公布了全国第二批生态文明先行示范区建设地区名单，其中就包括了广东省深圳东部湾区（盐田区、大鹏新区），深圳东部湾区生态文明制度创新的重点是：探索建立GEP（生态系统生产总值）核算体系；建设生态文明法治体系；建立资源环境承载能力监测预警机制；建立生态文明建设社会行动体系。在这些制度创新方面，可以说盐田都可以提供比较成熟的做法和经验。

（三）加快创建国家生态文明先行示范区的步伐

自建区以来，盐田历届区委、区政府始终遵循"一张蓝图绘到底"的原则，牢固树立绿色发展理念，坚持发展与保护并重，努力做好生态文明建设这篇大文章，持之以恒地走"不求大而全、只求小而优"的特色发展之路，没有因为经济体量小、空间约束紧，就走以牺牲生态环境为代价的发展道路；没有因为是一个小区，就降低环境保护的标准，放弃对生态品质的追求。而随着第二批国家生态文明示范区建设名单的确定，盐田更是加快了创建工作的步伐。

2016年1月29日下午，盐田区召开加快建设国家生态文明先行示范区动员会。会议印发了盐田区委、区政府的1号文件：《关于加快建设国家生态文明先行示范区的决定》，对盐田区的生态文明建设进行大手笔、高标准的谋划和部署。未来五年，盐田区将紧紧围绕"美好城区"建设，全面推进绿色发展、循环发展、低碳发展，率先建成在全国有引领作用的国家生态文明先行示范区，加快建设"美丽中国"的典范城区。盐田区委书记杜玲在动员会上强调，盐田被列为全国第二批生态文明先行示范区建设单位，是全区奋力迈向"美丽中国"典范城区的"起跑线"，是仅拿到了决赛的"入场券"，真正的大赛还在后面。

《决定》提出，盐田区要用五年的时间实现六大目标：

一是国土空间开发格局不断优化。要严格按照主体功能和生态功能定位，科学合理布局生态空间、生产空间、生活空间，有效控制陆海空间开发强度、城市空间规模。

二是绿色生态产业不断完善。要坚持生态优先的原则，以资源环境承载力为约束，合理布局产业新格局，使产业结构明显优化。旅游业总收入超过 140 亿元，第三产业增加值占 GDP 比重达 85% 左右。

三是资源集约节约利用更加高效。要优化能源生产和消费结构，对能源、水资源实行消费总量控制，超额完成主要污染物减排目标任务。非化石能源占一次能源消费比重提高到 25%，资源产出率提高 19.8%，万元 GDP 能耗、水耗年均分别下降 2%。

四是生态环境质量稳中有升。要持续优化大气、水、土壤环境质量，进一步丰富生物多样性。空气质量指数（AQI）达到优良天数占比达 97.5%，各类水体环境功能区水质达标率保持在 100%，森林覆盖率保持在 65% 以上，人均公园绿地面积提高到 24 平方米。

五是全民参与格局初步形成。要全面实施生态文明建设全民行动计划，使生态文化体系初具雏形，生态文明建设国际交流合作不断深入，文明创建、环保宣教等活动更有成效，绿色、低碳生活方式有效推广。政府绿色采购比例要达到 98% 以上；公共交通出行率达 60% 以上；生态文明知识普及率达 98% 以上；党政干部参加生态文明培训比例达 100%。

六是生态文明制度体系全面构建。要进一步完善城市 GEP 与 GDP "双核算、双运行、双提升" 机制，基本确立生态文明建设法治体系，初步形成生态文明建设社会行动体系，探索实施资源环境承载力监测预警机制。生态文明建设占党政绩效考核比重不低于 20%，重要污染源环境监管信息公开率达 100%。

此外，盐田区政府还专门制定了国家生态文明先行示范区建设的 "行动方案" 和 "全民行动计划" 两大落实措施。《盐田区国家生态文明先行示范区建设行动方案》是建设先行示范区的政府行动指南，也是政府各部门间的任务分解表。它从优化国土空间开发格局、优化产业结构、节约利用资源、加大生态环境保护力度、推动绿色循环低碳发展、建立生态文化体系、加强基础能力建设七方面，将政府的整体任务分 36 个子项来分步实施，未来 5 年，盐田区将投入 300 多亿元全面实施 36 项先行示范区重点项目的建设。《盐田区生态文明建设全民行动计划》是盐田区政府在发挥认识统一、资源凝聚和示范引领等作用的同时，为充分调动市场的积极性制定的一个全民行动指南，也是全社会参与的任务分解表。它是以探索建设生态文明"碳币"体系和生态文明公众平台为核心，从物质、精神两个层面激励生态文明行为，推动社区、家庭、学校和企业全面参与生态文明建设，提高全社会绿色生产方式和消费方式的价值理念，树立绿色生活典范，通过全面提升全民生态文明意识水平，着力打造"人人参与、人人行动、人人享有"生态文明新格局。①

实际上，从 2015 年盐田区的各项统计数据来看，其在生态文明建设和坚持走绿色发展道路方面取得了显著成效。这一年，盐田实现本区生产总值 487.23 亿元，比上年增长 8.9%；公共财政预算收入 36.49 亿元，增长 38.1%；税收总额 73.16 亿元，增长 24.0%。同时，其发展质量也得到进一步提升。三产比例为 0：17.01：82.99；每平方公里 GDP 产出和税收分别为 6.46 亿元、0.96 亿元，分别增长 7.1% 和 21.5%；人均 GDP3.4 万美元，继续位居全市前列。万元 GDP 能耗 0.402 吨标准煤、水耗 6.33 立方米、建设用地 4.15 平方米，分别下降 4.4%、8.4%、6.5%。这一年，盐田的生态环境得到持续改善，区有关部门支持盐田港集装箱码头完成 2 套移动式岸电设施建设，资助 246 台拖车"油改气"，完成 50 个快速充电桩和 140 个慢速充电桩建设任务。大力推进"雨污分流"改造，排水达标小区覆盖率提高至 72%，城市污水集中处理率达 98%。饮用水源、地表水、近岸海域等各类环境要素均达到功能区要求，是全市唯一无黑臭水体的行政区，盐田河继续保持为全市水质最好的河流之一。2015 年，盐田区实现全市生态文明建设考核"四连冠"，

---

① 《盐田：加快建设国家生态文明先行示范区》，《深圳特区报》2016 年 2 月 1 日。

全年环境空气优良天数 356 天，优良率为 97.5%，PM2.5 年均浓度为 25 微克/立方米，下降 10.7%，达到欧盟标准，继续保持全市最优。这些都充分表明，盐田在创建国家生态文明先行示范区方面，其态度是十分坚决的，措施是非常有力的，成果也是相当喜人的。

第二节　以建设优美和谐的人居环境为核心

民为邦本，本固邦宁。不断改善生态环境，保持社会的和谐稳定，努力为广大群众提供安全舒适的人居环境，这既是中国特色社会主义"五位一体"建设总体布局中的重要内容，也是坚持绿色发展、建设美丽中国的必然要求。

"将生态文明建设作为民心工程、民生工程来抓"，这不但是盐田在生态文明建设方面一句响亮的口号，而且是踏踏实实的细致行动。例如为解决黄金珠宝产业对居民环境的污染问题，盐田区斥资1000 万元补贴黄金珠宝加工企业对废气防治设施进行升级改造，指导、推动环保企业探索"鼓泡"等先进治理技术，并首创了"无色无味无噪"的感官排放标准，环保工作人员必须去现场看、去排气口闻，看看排放的时候还有没有白雾和刺鼻的酸味，能不能听到噪声，以最大限度保障公众的环境权益，让老百姓放心满意。再比如在 2013 年，盐田区将环境"又黑又臭"的避风塘整治列入十大民生实事，区环水局通过组织工人连续加班加点，只用 65 天就完成原本需要 120 天才能完成的工程。在当时施工的过程中，需要砌一面防护墙，必须要将石头填进内塘，但居民怕扔石头产生的震动会影响房屋结构，局领导遂多次去现场进行协商沟通，做通了居民的工作，使施工得以顺利进行。

正因为盐田的生态文明建设始终将群众需求作为工作导向，在不断提升全区各环境要素质量的同时，让市民群众享受到了深圳最好的生态福利，因而赢得了全区广大群众的深切理解和大力支持。这样一来，不仅破解了一系列生态文明建设的难题，还打造出了生态文明建设的"盐田模式"，创造出了"盐田标准"，真正走出了一条生产发展、生活富裕、生态良好的可持续发展示范性道路，让广大居民和游客享受到更蓝的天、更绿的地、更洁净的水和更清新的空气。就拿上一节提到的空气和水的质量为例，2013 年盐田辖区的空气优良天数为 340 天，比全市平均优良天数多 12 天，优良率为93.15%，PM2.5 年均浓度为 35.58 微克/立方米，比上年下降3.8%，全市最低；盐田河水质各项指标均达到功能区标准，水环境质量连续多年全市第一，饮用水源水质达标率稳定保持在 100%，排水达标小区创建数量和覆盖率全市第一；全区区域环境噪声达标率在全市并列第一；道路交通噪声达标率在全市名列前茅；全区森林覆盖率达 67%，在全市名列前茅。2014 年，盐田区的环境空气优良率 98.1%，继续保持全市领先水平，PM2.5 日均浓度 28 微克/立方米，同比下降 20.7%，为全市最低。盐田区的生活污水收集处理率稳定在 97% 以上，保持国内领先，成为全市唯一河流、海域、饮用水源均达标的行政区。

为了不断提升辖区的人居环境质量，盐田优先选择对经济社会发展、区域环境改善、生态制度和生态文化建设有重大影响的重点领域和区域为突破口，积极实施绿道网络和公共自行车建设、优质饮用水入户工程、垃圾减量分类、环境在线监测监控系统等具有突出特色的生态建设示范带动项目，并都取得了可喜的成果。其中垃圾减量分类处理工作曾先后获得了"广东省宜居环境范例奖"和"中国人居环境范例奖"，而公共自行车慢行交通系统也荣获"广东省宜居环境范例奖"。关于垃圾减量分类工作，我们已经在发展循环经济这一章中做了较为详细的介绍，这里就着重介绍一下其他的几项工作。

一　全面建设绿道网络

衣、食、住、行是民生的首要问题，也是良好的人居环境必须首先解决好的事情。因此，为给市民提供良好的出行条件，盐田狠抓了绿道网络和公共自行车慢行交通系统两大基础建设。

2006 年年底，作为建设"和谐盐田"和"效益盐田"、打造现代海滨城区的一项具体措施，盐田区在沙头角海滨拆除了边防护栏，建成全长 2.5 公里滨海休闲栈道，彻底改变了沙头角居民靠海却无缘亲近大海的尴尬历史。滨海休闲栈道体现了滨水风情和海洋特色，分"街之幽""海之韵""城之秀""山之雄"四个主题，设计上将景观、景点融入主题中，通过雕塑、小品等来呼应盐田的"山—城—海"特色。滨海休闲栈道建成后，成为市民休闲、亲水、戏水的好去处。

2008 年，为落实市委、市政府"将深圳建设成为环境优美的滨海生态城市"的规划，以及实现"便民、利民、惠民"的要求，在沙头角滨海休闲栈道取得成功的基础上，盐田区便着手建一条连接沙头角和大小梅沙滨水海岸线的步行廊道。按照当时深圳市规划局滨海分局的设计，规划中的滨海休闲栈道西起沙头角滨海栈道东端，接二十九号路，走深盐路与协和路、三十二号路，会合于沿港路，穿行明珠立交下，然后顺铁路向东接盐田河滨水廊道，穿海鲜街，再经盘山路到大梅沙。整个滨海休闲栈道将沿盐田区全长 19.5 公里的海岸线而建，可以把梧桐山、明斯克航母、盐田港等旅游景点串联起来，实现区域旅游产业一体化。盐田滨海休闲栈道建成后，与深圳湾滨海休闲带形成东西呼应之势，进一步丰富深圳滨海生活内涵，凸显深圳滨海城市特色。虽然该项目不属于盐田十大生态改善工程之列，但对于提升盐田城区生态环境质量至关重要。2008 年年底，这条海滨栈道项目纳入了深圳市政府投资工程，因而使该项目规划得到了进一步完善，其工程进度也得以大大加快。

除了大梅沙海滨栈道之外，值得一提的还有以永安社区深埋绿化点为起点、溪冲洞背村为终点的省立 2 号绿道。这条绿道跨越龙岗、坪山，全长 33.8 公里，沿途山峦秀美，景色秀丽，繁花奇木不绝，溪流瀑布出没。此外，由彩色沥青铺设而成的社区绿道全长 58.5 公里，基本沿市政道路人行道建设，方便自行车骑行；登山环道系统则包括梧桐山片区、三洲田—大梅沙片区及小三洲—小梅沙片区登山道，全长 141.5 公里。目前盐田区建成的绿道总长已达 253.3 公里，是全市绿道平均密度的 3 倍多。

盐田的绿道网与公园编织在一起，让盐田满目绿色，生物多样性得以进一步丰富。据统计，盐田全区森林覆盖率达 67%，区内发现了桫椤、穗花杉等珍稀濒危物种，并有蟒蛇、穿山甲等国家重点保护动物。

在绿道建设的过程中，盐田首先是考虑要让辖区居民享受美好的生态环境，因此，绿道网系统的建设始终坚持把群众"欢迎不欢迎、接受不接受、使用不使用"作为评判建设成败的根本标准。在绿道建设和使用中尽可能地满足群众的实际愿望和需求，早做谋划问计于民，积极采纳群众的合理化建议，在绿道沿途增设了驿站、卫生间、休闲凳、户外健身器材等便民设施，使绿道更加人性化，将绿道打造成了"绿色舒心"之道。

同时，盐田又在绿道建设中希望通过科学示范，强化市民的环保理念，特别是在大、小梅沙海域和三洲田等生态敏感地区，绿色环保更是盐田绿道建设的重要内容。盐田区的绿道大多沿山边、路边、水边蜿蜒穿行，像大梅沙的海滨栈道，其部分绿道路面基本是沿海岸线而建。为了有效地保护自然环境面貌，施工都是采用边挖形式，尽量减少对山体、植物等破坏，最大限度地保护和利用了现有的自然和人工植被，使绿道与周边景观相协调，与健身、休闲、观光的功能相一致。施工中还尽量使用生态环保材料，建设可移动、可拆卸、非永久性设施，这样既可减少土建工程、节约成本，又做到了废旧物资的循环利用，节约资源，为绿道"锦上添花"。因此，人们穿行于盐田的绿道上，只要稍加留意，就可随处发现风光能互补路灯、废旧汽车轮胎、枕木、环保砖……这样一些能体现环保理念的"宝贝"。

在盐田绿道网间，可以迎着朝阳踏浪听海，送着日落观山品绿。绵延不绝的绿道在都市繁华紧张的气息中，为盐田书写出一道生态绿色的"慢生活"指南。这些绿道特别是大梅沙海滨栈道的建设，给居民和游客带来了优美的休闲环境，也得到了他们的高度赞赏，由于附近海水水质优良、山上植被茂密还有侏罗纪时代留下的千奇百怪的火山岩，有网友盛赞这条海滨栈道是"中国最美栈道"；而一些居民和游人也称赞说："我就住在这附近。自从海滨栈道修好了以后，休息时到这边来吹吹海风，觉得很舒畅。海滨栈道不仅丰富了周边居民的业余生活，更提高了生活质量"；"栈道沿途风景很美，一家人来到海滨栈道散散步、看看海、聊聊天，很开心"。①

二　发展自行车慢行系统

世界许多大城市在其发展过程中，随着城区面积的扩大，对出行交通系统的压力也越来越大。实践早已证明，如果单纯依靠高度机动化的交通出行系统，空气污染、噪声污染、资源消耗、交通事故、空间资源占用等都是难以解决的大问题，也会对城市的社会环境和生态环境造成巨大的冲击。而自行车作为绿色交通工具，已有200多年的历史。自 20 世纪 70 年代以来，受到能源危机的影响和出于环境保护的需要，自行车因具有节能环保、灵活便利的突出优点重新受到了人们的关注，并重现魅力。特别是近些年来，不少城市都开始大力提倡发展自行车交通，并采取了很多有力的措施。

从建设美好的人居环境和发展低碳经济的角度来讲，自行车交通具有不少优点，一是这种交通方式由于自行车价格低廉，维修简单因此出行费用较低；二是无污染，噪声小，使用灵活方便，因此具有环保节能的特点；三是行驶与停放占用的空间较小，可以缓和城市路面的拥挤状态；四是与公共交通相比，自行车交通不受固定站点限制，自主性大、可达性高；五是骑自行车需要消耗体力，还是一种锻炼身体的好方式。虽然自行车出行也有行驶速度较慢、易受风雨天气影响等不利的地方，但总体来讲其优势还是十分明显的，已被人们视为适应人口稠密城市地区的一种廉价、可靠的交通工具。

从国外的自行车交通发展情况来看，大体经历了城市交通机动化以前的"前自行车时代"和机动化后的"后自行车时代"两个阶段。20 世纪 70 年代早期，特别是 1973 年世界石油危机后，小汽车交通的缺点逐渐暴露出来，自行车的优点日益为人们所认识，欧洲许多国家又掀起"自行车热"，自行车使用量增长迅速，自行车交通进入了后自行车时代。例如在丹麦首都哥本哈根，自行车交通规划已成为城市道路规划不可分割的一部分，自行车交通与机动车交通、步行交通一样被视为独立的交通系统。哥本哈根早在 20 世纪 60—

---

① 《观山品海的都市"慢生活"》，《经济日报》2014 年 7 月 22 日。

70 年代就已经形成了局部的自行车路网，现在自行车路网已遍布市中心地区，路网总长超过 300 公里。虽然很多市民都拥有了小汽车，但许多人依然继续使用自行车，约有 1/3 的市民选择骑自行车上班，自行车已经成为被社会广为接受的交通工具，自行车交通亦成为城市交通的重要组成部分。

在中国，自行车曾经是城市居民的主要出行方式，但随着经济的快速发展和人民生活水平的提高，自行车出行又渐渐淡出了人们的视野。为促进城市交通节能减排，促进城市交通发展模式的转变，住房和城乡建设部于 2010 年 6 月在全国范围内开展"城市步行和自行车交通系统示范项目"，首批示范项目确定 6 个城市。2011 年 7 月，深圳、株洲、厦门、常德、三亚、寿光六市经住建部批准，成为全国第二批"城市步行和自行车交通系统示范项目"候选城市。《深圳市综合交通"十二五"发展规划》明确提出：深圳将全力构建安全、宜人的慢行交通环境，重点完善轨道站点和大型公交场站周边步行和自行车设施；同时加强无障碍设施建设，并结合《深圳市绿道网专项规划》，推动慢行休闲廊道建设。至 2015 年，努力实现全市形成 500 公里以上自行车专用道的目标。

盐田对建设公共自行车交通系统的工作极为重视，不但将其看作是促进城市公共交通系统绿色、良性以及可持续性发展的重要举措，而且将其作为一项实实在在的便民、利民、惠民的民生工程，为辖区居民提供便捷、绿色、休闲、健身的出行方式，加快优美人居环境的建设步伐。为此，盐田专门成立了以区长为组长、相关职能部门主要负责人为成员的公共自行车交通系统建设管理领导小组，决心利用盐田得天独厚的自然资源优势和畅通的公共自行车道，在深圳市率先推进公共自行车交通系统建设。

为把这一民生实事项目办细、办实、办出成效，盐田在认真学习借鉴国内公共自行车系统推广较早、实施力度较大、效果较好的杭州、武汉、上海闵行、常熟、株洲等城市经验的基础上，对全区的公共自行车系统给予了明确定位，即坚持"政府主导，市场运作"的模式，践行"低碳、环保"理念，建设"品质一流，国内领先"的公共自行车交通系统，为广大市民和游客提供便捷、绿色、休闲、健身的出行方式，将其打造成为盐田区一道亮丽的风景线，进一步擦亮盐田"国家生态区"这张闪亮名片，成为"低碳生态示范区"的一个亮点工程。该项目也被列为区政府 2011 年民生实事项目之一。

公共自行车交通系统从总体结构上划分为管理中心、客服站点及自行车自助租赁站点三大部分。管理中心主要承担公共自行车服务系统的数据管理、计费管理、支付结算管理、自行车电子标签以及用户卡的发行管理、日常运营管理、通信控制管理、系统维护和监控调度管理等职能。客服点主要承担用户卡的发行、挂失、修改密码、退卡、销卡等业务，以及提供业务咨询、报障、投诉处理等服务。自行车自助租赁站点由公共自行车、智能停车柱、租赁管理箱等设备组成，是借车、还车的平台。根据规划设计，盐田的一期工程建成了 177 个自行车自助租赁站点、8500 个锁柱、6500 辆公共自行车。在适合骑公共自行车的建城区内，以任一点为圆心，以 300—500 米为半径范围内，有公共自行车租、还车驿站站点，基本实现了城区内公共自行车租赁服务的全覆盖，无盲点。所有驿站站点均设立了可交互的信息处理和发布终端。2013 年开始实施公共自行车服务系统二期工程，增加 41 个自行车自助租赁站点、1900 个锁柱、1000 辆公共自行车。

2011 年 12 月 28 日上午，盐田区公共自行车交通系统启动仪式在沙头角海景路隆重举行，标志着盐田区公共自行车交通系统正式启用，盐田区成为深圳首个实现公共自行车全区贯通的行政区。截至 2016 年 3 月 30 日，发放市骑行卡 8 万余张，完成公共自行车租借 5469 万余车次。仅 1 月 8 日当天，租借车达 1.6 万余人次，达 4 万余车次。现每辆车平均每天的使用频率高达 6—7 次之多，远高于国内其他城市一般在 3—5 次的使用频率。

2012 年 3 月 14 日，时任省委常委、市委书记王荣到盐田调研时，曾视察了盐田的公共自行车交通系统，并在轻松租借、便捷骑行了公共自行车后盛赞：盐田区带了个好头。强调盐田区要打造"新品质新盐田"、加快建设现代化国际化先进滨海城区，当前还要切实推进低碳发展、倡导低碳生活，在"好"字上下功夫，在公共自行车交通系统、绿道建设等方面为全市做示范，进一步提升城市现代化水平和民生福利水平。

自行车交通系统的建成，为盐田的人居环境增添了亮丽的色彩，也赢得了当地百姓的交口称赞。如今，走在盐田的大街小巷，随处可见人们骑着一种统一样式、上面标着"绿动"的自行车。"这个公共自行车真是方便了我们这边的居民。像我上班路途只有3公里左右，如果坐车的话，梧桐路上的环巴要等很长时间，到深盐路上坐大巴，则要走很远的路，所以你看，大家都很愿意用！"家住沙头角、上班在海港大厦的李小姐对前来采访的记者这样表示。居住在海涛社区的廉先生也高兴地称赞："公共自行车给我提供的方便太多了！不用自己辛苦地天天搬自行车上楼，也不用担心丢自行车，想骑就骑，非常好！……我没有事的时候，就在海景路骑一骑车，既锻炼了身体，还观看了海边风景，多好！"[①]

随着盐田在全市范围内率先建成由省立绿道、城市绿道、社区绿道、海滨栈道与公共交通、自行车与步行交通慢行系统相互贯通、无缝链接的绿色交通出行链，初步形成国际一流、兼具滨海和山林特色的绿色慢行系统，盐田的人居环境显得更加舒适。因为公共自行车交通系统的实施，除解决公共交通的末端交通难题之外，还降低了城市家用摩托车、小汽车的使用量，减少了城市机动车辆尾气排放污染环境问题。据测算，平均每辆自行车每天行驶20公里，而小汽车每行驶20公里碳排放量近1.54千克，以每天有5000辆自行车代替轿车出行来计算，一天可减少的排碳量为7700千克，一年就可减少碳排放量2800吨，按深圳城市绿地每年可以固定碳排放3.41千克计算，相当于增加82万平方米的绿地。可以说，盐田居民正迎来一笔真正的民生福利。

随着自行车出行系统的逐步完善，辖区居民的生活质量也有了显著的提高。根据2014年3月份的统计数据，依据每日的借车人次估算，每天可减少区内出行的4.5万人次乘坐公交大巴或区内循环小巴交通工具。按每借还公共自行车一次，节省交通费用1元计算，

---

① 《六成居民出行首选自行车》，《深圳商报》2012年12月28日。

则每月可为市民节省 135 万元的出行费用，一年可为市民节省 1620 万元的出行费用。① 此外，公共自行车的推广使用，居民家用电动车、自行车的保有量大大减少，车辆乱停乱放现象也有效减少。由于盐田公共自行车慢行交通系统给辖区环境和居民生活所带来的深刻变化，该项目荣获了"广东省宜居环境范例奖"。

第三节　以打造浓郁的绿色文化为动力

党的十八大把生态文明建设纳入"五位一体"的建设布局中，从一定意义上讲生态文明就是绿色文明。在人类社会的早期，人们所从事的渔猎和农业生产活动，都与自然界呈现出紧密依存的关系，人类与环境关系的表现是绿色的。但是当人类进入工业社会发展阶段以后，大地的绿色面貌逐渐被黑色所淹没，使地球母亲不堪重负。现在，人们已经越来越清楚地认识到绿色环境的宝贵，因此产生了各种各样的绿色生产、绿色消费、绿色产业、绿色贸易、绿色技术、绿色政治、绿色教育、绿色学校，等等，逐渐形成了鲜明的绿色文化。

文化，是人类一切活动过程和结果的总称，文化也是民族的血脉和灵魂。广义绿色文化即人类与环境的和谐共进，使人类实现可持续发展的文化，它包括持续农业、持续林业和一切不以牺牲环境为代价的绿色产业、生态工程、绿色企业，也包括有绿色象征意义的生态意识、生态哲学、环境美学、生态艺术、生态旅游，以及绿色运动、生态伦理学、生态教育等诸多方面。而狭义绿色文化则是专门指后者，也就是人们所常说的生态理念、生态意识、生态教育等。绿色文化是人类顺应自然、尊重自然、爱护自然、珍惜自然的结果。建设生态文明，顺应自然的行为是关键，尊重自然的理念是先导，珍爱自然的文化是灵魂。行为、理念、文化的一致性、协调性，是引领中国生态文明建设的必要条件。

---

① 《盐田居民乐享低碳环保绿色福利》《中国建设报》2014 年 12 月 1 日。

在建设生态文明、坚持绿色发展的过程中，盐田始终重视发展和普及绿色文化，坚持以提升公众生态文明意识为目的而深入开展生态文明的宣传教育工作。在认真总结本区生态文明建设经验的基础上，盐田善于把握好工作中的热点、重点和难点，不断改进、创新绿色文化宣传的内容、形式及手段，努力丰富绿色文化宣传的题材、风格和载体，增强了驾驭新兴媒体为环保服务的能力，从而切实提高了辖区公众的环境保护和绿色发展的意识，初步达到了生态文明理念家喻户晓、生态文明建设全社会共同参与、生态文明成果全民共享的目标。在2013年度和2014年度深圳市"公众对环境满意率和生态文明意识水平"的调查中，盐田区均位居全市第一。

一　大力营造绿色发展的社会环境

绿色生态环境是绿色生态文化发育成长的土壤。因此，要形成浓郁的绿色生态文化，为生态文明建设提供强大的精神动力，就离不开绿色生态环境这样一个社会基础。

前面我们已经提到，盐田在发展循环经济、低碳经济方面曾取得显著成绩。循环经济、低碳经济是绿色发展的主要途径，在发展循环经济、低碳经济的过程中，盐田一方面注重发挥政府的主导和表率作用，另一方面则积极构建包括企业、社区、学校等社会多个层面的循环经济发展体系，使绿色生产、绿色消费的理念很早就在机关、企业、学校和社区蔚然成风。从当时发展循环经济、低碳经济的情况来看，盐田区的绿色文化已初步呈现以下几个特点：

第一，是绿色政府建设取得了成效。在发展绿色经济方面，政府机关具有表率作用。为此，盐田区政府机关就积极带头推广使用节能环保新技术和新材料。例如前面曾提到的区行政文化中心，在建设和管理中全面贯彻节能、节材、环保理念，引入合同能源管理（EMC）节能新机制，对中央空调和照明系统进行了节能改造。同时，盐田还开发了全区的电子政务系统，基本实现了政府资源整合和信息共享，部分实现了无纸化办公。区委、区政府机关及行政事业单位食堂终止使用一次性餐具，并逐步减少使用签字笔等一次性办公用品。

第二，是绿色企业建设得到稳步的推进。企业在发展循环经济方面地位极为重要，也可以说是绿色经济的主体。盐田十分注重发挥企业的作用，积极开展绿色企业创建活动。例如，深圳先进微电子有限公司开展了清洁生产、资源和能源综合利用以及生态工业园区创建试点工作，通过实施节能改造、废物循环利用等措施，全年节约各类开支超过 400 万元。作为盐田旅游的龙头项目，东部华侨城更是力求经过多年的努力，率先成为发展循环经济的示范旅游景区。

第三，是绿色学校创建工作走在前列。充分利用校园广播、校内网、校报、宣传窗等多种形式，向学生和老师宣传循环经济和生态环保理念，普及循环经济知识，培养学生节约资源意识。开展"八个一"主题系列活动，积极营造"节约光荣，浪费可耻"的校园文化氛围。此时盐田区的绿色学校创建工作即已走在了全市前列，85%的学校被评为市级绿色学校，部分学校还被评为省级、国家级绿色学校。

第四，是绿色社区创建工作不断引向深入。积极推广在全区各社区建立废品回收工作站点，鼓励居民实行垃圾分类。2006 年 5 月，海山街道办选择翠堤雅居和海景小区为试点，建立垃圾分类制度，鼓励居民实行垃圾分类，提高废旧物品的再利用率；在全区推广沙头角街道东和社区"跳蚤市场"做法，发动社区少年儿童义卖旧书刊、旧文具和旧玩具等物品；大力提倡节约用水，辖区用水量稳中有降，例如在 2005 年全区用水总量就比 2004 年减少了 4.4%，万元 GDP 水耗仅为 19.04 立方米。而当时的盐田 18 个社区也已全部通过市级考评，成为深圳市绿色社区。①

在各个领域广泛开展的绿色创建活动，对于培育全社会的绿色生态文化起到了积极的作用。而绿色环保理念的深入人心，又成为盐田生态文明建设和绿色发展的强大动力。

---

① 盐田区人民政府：《深圳市盐田区循环经济发展白皮书》，2006 年 7 月 28 日。

二　利用"世界环境日"进行宣传教育活动

1972 年 6 月 5 日，联合国在瑞典首都斯德哥尔摩举行第一次人类环境会议，通过了著名的《人类环境宣言》及保护全球环境的"行动计划"，并提出了"为了这一代和将来世世代代保护和改善环境"的口号。这是人类历史上第一次在全世界范围内研究保护人类环境的会议。出席会议的 113 个国家和地区的 1300 名代表建议将大会开幕的这一天定为"世界环境日"。"世界环境日"的确立，反映了世界各国人民对环境问题重要性的认识提高到一个前所未有的高度，表达了人类对美好环境的无限向往和热烈追求。联合国环境规划署每年 6 月 5 日都要选择一个成员国举行"世界环境日"纪念活动，发表《环境现状的年度报告书》及表彰"全球 500 佳"，并根据当年的世界主要环境问题及环境热点，有针对性地制定"世界环境日"的主题。

正因为"世界环境日"在传播绿色生态文化方面具有重要意义，因此，从 2006 年开始，盐田就把每年的六月份定为环保宣传月。就在这一年，盐田决定开展具有自身特色的九大环保宣传教育活动。其中，包括"环保开放日"，"绿色社区、绿色学校"创建活动，"环保登山"活动，"青少年公益广告设计比赛"，"减少水环境污染"宣传活动，"少开一天车，多献一点绿"宣传咨询活动，"上门收取电子废弃物和废弃家电"活动，"创国家生态区，建设节约型绿色家庭"活动，争做"环保妈妈"和"环保小卫士"活动。

2006 年 6 月 5 日，盐田区举办了首个环保开放日，辖区市民 50 余人在环保专家的陪同下，对盐田污水处理厂、盐田河综合整治工程和盐田垃圾发电厂进行了现场考察。这次考察活动给市民代表留下了深刻的印象，他们看到了盐田的环境面貌正在迅速改变，也了解到现代化的污水、垃圾处理设备所发挥出来的巨大作用，强化了环境保护和绿色发展的意识。

2007 年 6 月初，为迎接第 36 个世界环境日的到来，盐田区以"人人参与，共建生态家园"为主题，通过开展一系列环保活动，普及环境科普、生态文明知识，提倡节能减排、循环利用、治污保洁的环保意识。6 月 3 日上午 9：30，来自辖区的 200 多名机关干部、学校学生、社区居民、企业员工代表来到盐田污水处理厂，参加了市民生态游。这一天虽然是周末，但厂里早已张贴好爱护环境、节约用水等横幅标语。在市民参观接待站，热心的工作人员一面给市民发放环保节水宣传材料，一面又生动地讲解污水处理和节约用水的有关知识。参观的市民还领到了带有环保宣传内容的小纪念品。一些市民虽然以前就知道污水处理厂，但一直没有来参观过。看过之后，不禁啧啧称奇。中英街社区居民刘大爷 80 多岁了，冒着日头参加生态游和清理沙滩的活动。他说，"看了污水处理厂，我大开眼界，有些居民原来对收污水处理费不理解，参观之后肯定就明白了，污水处理的成本可不小。参加沙滩的清理活动，我觉得很高兴，明年如果还有这样的活动，我还想来"①。而一些学生代表也纷纷表示，"水资源太珍贵了，今后一定要做节水标兵"。

这天的上午 11 点，百万市民"建生态城市，圆绿色梦想"活动之"人人参与共建生态家园"第五会场启动仪式，在盐田区大梅沙海滨公园太阳广场举行。盐田区委区政府领导和区委宣传部、区环保局等有关部门、各街道、大梅沙海滨公园、绿色社区、绿色学校和绿色企业的 100 多名代表，以及网上自愿报名参加的 100 名市民群众共同参加了这次活动，区领导还为盐田区义工联、区教育局和四个街道办的代表授予了环保志愿者旗帜。随后，市民和义工们便开展了清洁沙滩保护生态的活动。他们分成六个小组，对大梅沙沙滩进行了清理，塑料袋、纸屑、西瓜皮、烟头、小木棍等垃圾被清理干净，有细心的义工连瓜子壳都认真拾起。活动中，几个五六岁的小义工也随爸爸妈妈一起，仔细地捡拾垃圾。一些正在游玩的游客也加入到清理垃圾的队伍中来，还有些游客仔细翻阅活动现场发放的一些环保资料。正在进行清扫的环卫工人，用带柄的铁箕捡起垃圾来又快又方便，他们表示，"宁愿一人脏，换来大家净"，最高兴的是看到洁净的沙滩和游客开心的笑容。

正是这样一次次的环保体验活动，使广大市民不但加深了对环

---

① 《人人参与共建生态家园》，《深圳商报》2007 年 6 月 4 日。

保工作重要性的了解，而且吸引了他们积极投入到环保工作中来。盐田的山美、海美、人更美。盐田人对家园的衷心热爱萌发了他们深厚的生态情结，强烈的环境保护和绿色发展意识更加激发广大市民自觉地维护盐田良好的生态环境。

50多岁的辖区居民刘惠宝对巍巍梧桐山有着不尽的感激之情。多年来他坚持登山，中风顽疾不治而愈。从此，刘老便开始自发修路，不仅自己爱护梧桐山上的一草一木，还在大树上面贴上自制标签，提醒游客保护树木，受到媒体和社会的广泛称赞。辖区退休居民李马奇积极参与"绿色家园"创建活动，在自家周边种植各种树木花草180多棵，绿化面积达300多平方米，荣获2006年深圳市市民环保奖；小梅沙海洋世界水族馆馆长周云昕倡导成立了保护海洋的民间组织——深圳市蓝色海洋环境保护协会，会员人数达百人以上，每年自发组织包括外国人、香港居民在内的环保志愿者开展海洋生态环境保护宣传教育活动，自发清除海底垃圾，并建立海洋自然生态环境保护站，保护和拯救濒危、珍稀海洋生物，取得了良好效果；海山街道鹏湾社区20多位居民自发组织老年环保义工队，利用早晚散步等时间，积极参加环保活动，义务清理乱张贴，人均清理达十几万张，为维护城区环境做出积极贡献……感人事迹不胜枚举。生态文化逐步融入辖区经济社会生活的方方面面，保护家园、爱护环境、节约资源已成为盐田人的自觉行动。[①]

随着环境保护和绿色发展的意识深入人心，盐田辖区的居民不但成为了生态建设的参与者，也是生态环境的保护者和监督者。目前在盐田，18名在基层的"两代表一委员"已成为环境保护的社会巡视员。从2011年到2013年，辖区群众对自身环境的关注与参与度迅速提升，环境信访案件从379宗上升到770宗。区委、区政府的案件处理率和回复率始终保持在100%，真正做到了利为民所谋。

三 影响广泛的"环保达人"评选活动

达人，按照一般的说法，是指在某一领域非常专业、出类拔萃

---

① 《生态文明风尚成盐田人自觉行动》，深圳新闻网（http://www.sznews.com/zhuanti/content/2009-08/17/content_3985964.htm）。

的人物，或者说是指某一方面的高手，即很精通此行的人。因此，所谓"环保达人"，就是对环保事业十分热爱、十分在行，并且做出了相当贡献的人士。

为了提升市民的环保意识，激励更多的社会各界人士投入生态文明建设中来，从 2013 年 10 月开始，盐田便开始了首届环保达人的工评选工作，这是盐田区深入开展生态文明建设的一项创新举措，得到了辖区群众的广泛关注和踊跃参与。在不到 3 个月的时间里，便有 115 人通过个人自荐、单位推荐和街道推荐等渠道报名参选，年龄最大的已有 80 岁高龄、年龄最小的仅 7 岁。其中，既有在节能减排方面贡献突出的"创新型"达人，热心组织和参与生态环保活动的"公益型"达人；也有长期从事环境教育工作的"学术型"达人，自觉践行生态理念的"生活型"达人。这些"环保达人"都在生活中和各自的岗位上，用自己的实际行动践行环保理念，参与环境保护，书写着动人的环保故事。

2013 年 12 月 17 日，盐田区首届环保达人评选终评会召开，与会领导和专家对成功入围的 20 名候选人的环保事迹进行逐一研判和评估。在终评会上，与会的领导和专家手头都有厚厚的一沓材料，除了候选人的报名表和公示名单之外，还有网络投票、现场投票和社区投票的数据统计，以及候选人事迹、获奖证书复印件等文件。对每一位候选人的环保事迹、贡献大小和所代表行业的典型性，领导和专家们都进行充分分析和讨论，并结合客观的投票数据，最终遴选出首届盐田区十佳环保达人。与会的盐田区领导表示，这次环保达人的评选，主要目的就是要通过环保达人的评选和宣传，带动辖区更多的市民自觉加入生态环保队伍当中，让环保生态成为普通群众的自觉意识。首届盐田区十佳环保达人最终评出不是终点，而是一个起步，希望达人们多多参与盐田区的生态文明建设，通过组织更多的活动，带动辖区居民践行生态环保，共建美丽盐田。而参加终评会的深圳市人居委宣教中心负责同志也表示，盐田区首届环保达人评选活动组织细致，参与广泛，评选程序严密，市里要向盐田学习取经。

2014 年 1 月 16 日下午，盐田区首届"环保达人"颁奖仪式在区影剧院隆重举行，刘汉源、李志豪、肖三庆、张孝珍、陈霄翔、宋作东、罗琛瑶、杨金龙、谢金文、董毅 10 位环保市民和盐田区委、区政府主要领导出席了仪式。来自辖区的机关干部、企事业单位代表、在校学生、驻盐部队和社区居民代表约 500 人共同见证了颁奖仪式的全过程。

"绿色环保，由我先行。"颁奖仪式上，十位"环保达人"接受区领导的颁奖，每人还说出一句精简的环保口号。时任区长杜玲还专门为杨旭聪颁发了"环保达人"特别奖。时任区委书记郭永航在颁奖仪式上表示，"环保达人"们用自己的一言一行，表达了对盐田这个美丽城区的热爱，诠释着对生态环保理念的理解。在他们的影响和带动下，越来越多的朋友正在加入生态文明建设的行列。生态文明已经逐步成为盐田人民的首要追求和共同财富。

盐田首届环保达人的评选活动，推选出了在生态文明理念传播、节能减排、污染治理、环境质量改善和环境教育等方面发挥出积极作用的辖区环保市民，很好地激励了那些为长期坚持参与生态文明公益活动、积极推动生态文明建设并且为盐田区环保事业做出积极贡献的社会各界人士，从而带动了更多的群众参与到生态文明建设和绿色发展的实践中来，构筑起了盐田区生态文明公众行动体系和良好的社会氛围。

2014 年 1 月 17 日，《深圳商报》以《盐田区表彰首届十佳"环保达人"》为题，报道了首届环保达人的感人事迹：

●刘汉源　推广垃圾减量分类的来深建设者

刘汉源是深圳市东海消杀清洁服务公司员工，主要负责沙头角街道垃圾分类试点单位（小区）创建工作，他积极配合协助区城管局启动盐田区第一个垃圾减量分类试点小区——梧桐苑小区。结合辖区单位（小区）实际特点及情况，研究制定了有计划分步骤的实施方案。截至目前，已成功启动元墩头村、广北肉菜市场、边检小区、田心市场等 39 个垃圾减量分类试点小区（单位）。在他的努力下，沙头角街道顺利完成了辖区内 130 多家餐饮企业的餐厨垃圾收运合同签订。

●李志豪　绿色港口节能减排的带头人

作为盐田国际环保委员会主席，李志豪负责盐田国际与环保节能的相关事务。为提高员工的环保意识，他组织了各种活动宣传环保。员工也越来越多地提出工作中有关环保的合理化建议，如：行政大楼冷凝水、雨水回收利用，废木材回收利用等。建议被采纳后，节约了大量的资源。李志豪还统筹所在单位的各部门推行 LNG 拖车、龙门吊油改电、混能动力等各环保项目。

●肖三庆　辖区水环境的治污能手

肖三庆是盐田污水处理厂厂长，他组织开展全厂存量资源调查，使厂内闲置、低效利用的资源得以发挥最大效能。带领厂技术团队认真研究，进行技术改造和革新，不断提升出水水质。2011 年，成功提高出水总氮去除率，为出水水质由一级 B标准提高至一级 A 标准提供了数据支持；2012 年，推动自来水管网系统查漏和改造，加大中水使用，减少了 11% 的自来水用量。

●张孝珍　辖区酒店节能的先锋

作为雅兰酒店总经理，张孝珍热衷绿色节能环保工作，把节约能源降低消耗当成企业提高经济效益的重要手段，探索将环境管理融入酒店经营管理之中，倡导绿色消费。她带领全体员工全面推进酒店绿色环保工作，使得雅兰酒店在 2004 年被市政府评为"绿色酒店"，2007 年被省政府评为"绿色酒店"。为推进酒店节能减排，她牵头对酒店中央热水系统进行改造，采用技术先进和节能效益最高的冷热回收型热泵热水设备生产热水，有效解决了问题。

●陈霄翔　播撒绿色种子的教育工作者

陈霄翔是盐田区外国语学校生物教师，他发挥生物专业优势和教师职业特长，将环境教育和环境保护带入课堂，带领一批又一批学生走入大自然，投身环保活动。"科技、环保、创新"是这位老师指导的中小学综合实践活动课程的最大特色。他组织的观鸟、观蝶、辨识植物等"体验自然"系列综合实践活动，受到学生、家长欢迎并多次获奖。参与组织红树林海滨生态公园野外研习等大型环境教育综合实践活动，探索出了一条师生共同参与环境教育教研的新思路。

●宋作东　推广清洁能源使用的来深建设者

宋作东是深圳市仁亨物业管理有限公司物业经理，他积极推动金海雅居住宅小区的天然气管道改造，在政府主导的大规模改造前，组织小区居民筹资 30 万元，仅用两个月时间就完成小区居民用户的天然气管道改造工作，使小区居民提前近一年用上天然气，成为盐田区老旧住宅区天然气管道改造工作的典范。为推动小区节能降耗，积极外请专业人员通过技术手段，投入资金对加压供水设备进行改造，使物业小区的用电量，从每月 1 万度降至每月 7000 度。

●罗琛瑶　热衷环保公益的环保小卫士

罗琛瑶是沙头角中学高一学生，也是学校环保社团社长。在小学和初中阶段，她就积极参加学校和社会上的环保活动，是学校的环保小能手。升入高中后，她牵头成立了学生环保社团，通过制作宣传展板、开设讲座等方式组织了多次环保宣传活动，向同学们宣传和普及了环保知识，赢得了老师和同学们的好评。

●杨金龙　绿色物流的领头雁

作为盐港明珠货运实业有限公司的带头人，杨金龙在盐田港码头"油改气"项目中，率先推行 LNG 替代柴油车，在深圳物流行业产生强大的示范效应。3 年来，其公司已经有 LNG 环保车 37 台，近两年还打算引进 100 台。他牵头公司与奇瑞商用车公司联合，对联合重卡天然气车辆全程监测及考核，进行节油项目竞赛，推出天然气车"节油计划"。他还带头落实加快淘汰黄标车工作，并于 2013 年年底完成公司全部营运黄标车淘汰工作。

●谢金文　清理"牛皮癣广告"超 200 万张

谢金文是海山街道鹏湾社区退休党员，从 2002 年年底开始，他参加清除乱张贴小广告（牛皮癣）的活动，一干就干了十多年。不管刮风下雨，不怕烈日暴晒，没被张贴者谩骂恐吓而停止，未因暴晒晕倒而却步，每天用五六个小时坚持铲除街头"牛皮癣广告"，共清除、上交乱张贴小广告 200 多万张。谢金文还坚持参加社区组织的登山环保、文明劝导、义工志愿服务等活动。还为创办和坚持鹏湾社区"夕阳美诗社"的发展，繁荣社区文化，促进社会和谐作出了不懈努力。

●董毅　一个爱山的山林守护人

他是盐田区登山协会和区义务护林队的发起人。2002 年就提出开发梧桐山绿道的思路，得到政府部门的积极回应。他坚持不懈地将休闲登山与护林防火、保护野生动植物等生态文明行动结合起来，影响、带动周边的人。十年间主动报告和自觉清理数起较大影响的非法毁林盗树行为，及时制止了一批捕杀野生动物行为。发起和组织深圳地区生物多样性图片展，唤起人们生态环境保护的意识。

●杨旭聪　梅沙海域的海洋清洁义工

杨旭聪是大梅沙原居民，他是一个自觉承担着一个爱海人的义务，多年坚守着海域清洁责任，在梅沙海浪中作出了奉献的公益青年。2012 年 3 月，他组建了深圳市梅沙海洋环保义工队，目前有海洋环保义工 1200 人。义工队成立以来，已出动海洋环保艇 147 艘次，清理海上漂浮垃圾 20 吨、海床垃圾 2 吨。他和队友们还开展了系列社区海洋环保活动，现在，又新组建了深圳市海洋生态环保服务中心，宣传梅沙海域的海洋生物多样性。

2015年11月，在成功举办了两届"环保达人"评选活动之后，盐田区第三届"环保达人"评选活动再次启程。为了扩大活动的覆盖面和影响力，这次主办方在往年的评选"环保达人"的基础上，还将评选出"环保标兵"和"环保之星"。三者可同时获得相应的荣誉称号和数额不等的物质奖励。这次环保达人的评选工作，将紧紧围绕着国家生态文明示范区的创建，大力普及生态文明理念，积极构建全民参与生态环保的公众行动体系，为全力推进盐田的生态文明建设水平，营造人人参与、共建共享的良好氛围，搭建一个广泛而持续的绿色正能量的传播平台。

四　创建国家生态文明先行示范区的全民行动

通过多种渠道和不同的方式，广泛开展绿色生态文化的宣传和普及工作，让环保理念成为市民的自觉行动，这是盐田在生态文明建设中的一大特点。

2016年1月12日，盐田区四届六次党代会确定当年为"城区品质提升年"，要实施城区的精准管理和全面治理，这也是建设美丽中国典范城区的必然要求。为此，盐田一方面借助当前发改、环保、国土、建设等多部门都在试点"多规合一"①的契机，适时开展盐田区"多规融合"规划编制协调制度研究工作，搭建适合盐田"多规合一"平台框架，提出符合盐田特色的"多规融合"发展建议和制度保障方案，围绕"美好城区"建设，积极推进山、海资源的特色化利用，努力提升盐田人居品质。

另一方面，为全面推动辖区生态文明建设，构建人人参与生态文明的全民行动体系，盐田又启动了建设国家生态文明先行示范区的全民行动计划。这个计划要求在政府、社区、家庭、学校、企业

---

① "多规合一"是指推动国民经济和社会发展规划、城乡规划、土地利用规划、生态环境保护规划等多个规划相互融合到一张可以明确边界线的市县域图上，实现一个市县一本规划、一张蓝图，解决现有的这些规划自成体系、内容冲突、缺乏衔接协调等突出问题。

及其他组织和机构六个社会领域，全面开展创建国家生态文明先行示范的全民行动，以更好地在全社会树立起绿色生产、绿色消费的价值理念。

建设好生态文明、倡导绿色生活需要全社会的广泛参与，因此，必须通过政府的"有形之手"和社会的"无形之手"共同加以推进，打造开放、共享的生态文化体系，让绿色生产、绿色消费、绿色出行、绿色居住成为辖区居民日常生活的习惯。

前面我们还提到，为了加快低碳经济发展步伐，盐田已经建立起碳币体系。这一体系的建立，对于有效地建设绿色生态文化同样具有十分重要的意义。因为在盐田区委、区政府看来，辖区的每一位市民既是优美环境的受益者，同时又是环境的参与者、影响者和改变者。能否改善和保护好盐田的环境，不但需要政府和企业的努力，而且也取决于每一个人的具体行动。因此，需要通过建立碳币交易体系，通过精神鼓励和物质奖励的方式，吸引更多的市民来参与发展绿色经济，并以此来增强全民的环境意识、节约意识、生态意识，使低碳消费、低碳出行、低碳办公等成为自觉行为，同时，也希望通过这一活动，鼓励市民积极传播低碳、节俭的绿色生活方式和消费模式，影响和带动身边所有人，让更多的人自觉、自愿地参与盐田生态文明建设，形成生态文明共建共享的新常态。

可以相信，在这样一系列具有创造性的举措促进下，盐田的绿色生态文化必将建设得越来越具有特色，也越来越富有成效。在浓郁而富有特色的绿色文化推动下，盐田要建设成美丽中国典范城区的目标，一定能够如期实现！

参考文献

1. 《马克思恩格斯全集》第 4 卷，人民出版社 1995 年版。

2. 《马克思恩格斯全集》第 42 卷，人民出版社 1979 年版。

3. 《马克思恩格斯全集》第 26 卷，人民出版社 1974 年版。

4. 《马克思恩格斯选集》第 3 卷，人民出版社 1972 年版。

5. 马克思：《资本论》第 3 卷，人民出版社 2004 年版。

6. 《毛泽东文集》第 6 卷，人民出版社 1999 年版。

7. 《毛泽东论林业》（新编本），中央文献出版社 2003 年版。

8. 《毛泽东文集》第 7 卷，人民出版社 1999 年版。

9. 《毛泽东年谱（1949—1976）》第 4 卷，中央文献出版社 2013 年版。

10. 《建国以来毛泽东文稿》第 1 册，中央文献出版社 1987 年版。

11. 《周恩来选集》下卷，人民出版社 1984 年版。

12. 《周恩来年谱》中卷，中央文献出版社 1997 年版。

13. 邓小平年谱（1975—1997）》，中央文献出版社 2004 年版。

14. 《邓小平文选》第 3 卷，人民出版社 1993 年版。

15. 《江泽民文选》第 1 卷，人民出版社 2006 年版。

16. 《江泽民文选》第 2 卷，人民出版社 2006 年版。

17. 《胡锦涛在中国科学院中国工程院院士大会上的讲话》，人民网（http：//politics. people. com. cn/GB/1024/11806267. html）。

18. 《习近平谈生态文明》，人民网（http：//cpc. people. com. cn/n/2014/0901/c164113-25580891. html）。

19. ［美］阿尔温·托夫勒：《第三次浪潮》，生活·读书·新知三联书店 1984 年版。

20. 《绿色发展，人类共同的事业》，《经济日报》2016 年 7 月 10 日。

21. ［美］米都斯等：《增长的极限》，四川人民出版社 1984 年版。

22. 段娟：《毛泽东生态经济思想对中国特色社会主义生态文明建设的启示》，《毛泽东思想研究》2014 年第 4 期。

23. 潘鈜：《中国共产党生态文明建设的历史考察》，《中国浦东干部学院学报》2014 年第 6 期。

24. 曹前发：《生态建设是造福子孙后代的伟大事业》，《红旗文稿》2014 年第 18 期。

25. 中共中央文献研究室编：《新时期环境保护重要文献选编》，中共中央文献出版社 2001 年版。

26. 国家环保总局、中央文献研究室：《新时期环境保护重要文献选编》，中央文献出版社 2001 年版。

27. 林震、冯天：《特别关注：邓小平生态治理思想探析》，人民网理论频道（http：//theory. people. com. cn/n/2014/0819/c40531 - 25495911. html）。

28. 胡鞍钢：《生态文明建设与绿色发展》，《林业经济》2013 年第 1 期。

29. 刘思华：《科学发展观视域中的绿色发展》，《当代经济研究》2011 年第 5 期。

后　记

　　坚持绿色发展、建设美丽中国，这是党的十八大向全党全国各族人民发出的伟大号召，也是实现中华民族伟大复兴的必由之路。多年来，盐田区历届党委政府秉承"绿水青山就是金山银山"的绿色发展理念，把生态文明建设和环境保护摆在突出的战略位置之上，集中全区之力努力建设美好城区，并先后获得国家生态区、国家水土保持生态文明县（区）等荣誉称号，还获得过"广东省宜居环境范例奖""中国人居环境范例奖""中国政府创新最佳实践奖"等多项大奖。盐田区在生态文明建设方面的成功实践，引起了《人民日报》《经济日报》《中国青年报》《南方日报》《深圳特区报》等新闻媒体的广泛关注，在全国产生了广泛的影响。

　　为了较为全面地总结盐田区在坚持绿色发展、建设生态文明方面的经验，探讨城市绿色发展的内在规律和实现途径，在中共深圳市盐田区委书记杜玲的主持下，深圳市委党校盐田分校承担了本书的资料收集和书稿的编写工作。本书由庄保、肖文红具体负责编写工作，郭宝铭、黄维钦、叶萍、吴晟晟、田丽、许洁忠、杨卫华、杨汉平等同志参加了该书的编写，全书由叶萍教授负责执笔统稿。该书承蒙盐田区环水局负责提供部分资料，在撰写过程中还参考了一些新闻媒体的有关报道并未能一一注明，在此我们一并致以衷心的谢意！

本书编写组

2017 年 2 月 20 日